塑料成型工艺及模具设计
（第2版）

主　编　林振清　张秀玲　沈言锦
副主编　汪　勇　孙玉新
主　审　叶久新
参　编　陆　唐　吕小艳　童　敏　徐文华
　　　　胡　钢　宁智群　张小聪　雷吉平　王仁志

北京理工大学出版社
BEIJING INSTITUTE OF TECHNOLOGY PRESS

内 容 简 介

本书为教育部高职高专规划教材，是根据现阶段职业教育模具专业人才培养的要求编写的。本书共分8章，第1、第2章介绍塑料成型的理论基础知识；第3、第4章详细地讲述塑料模具设计基础及注射模具的结构以及设计，这两章内容也是全书的重点；第5~8章扼要地介绍了其他几种主要的塑料成型工艺及模具设计要点。另外，对于标准注塑模架及选用也作了介绍。本书体现了理论与实际相结合的特点，具有较强的针对性、实用性和可操作性。本书可作为高职、高专、成人高校及本科院校举办的二级职业技术学院模具专业教材，也可供有关从事模具设计与制造的工程技术人员参考。

版权专有　侵权必究

图书在版编目（CIP）数据

塑料成型工艺及模具设计/林振清，张秀玲，沈言锦主编. —2版. —北京：北京理工大学出版社，2017.2（2023.1重印）

ISBN 978 – 7 – 5682 – 3589 – 1

Ⅰ.①塑…　Ⅱ.①林…②张…③沈…　Ⅲ.①塑料成型－工艺－高等学校－教材②塑料模具－设计－高等学校－教材　Ⅳ.①TQ320.66

中国版本图书馆CIP数据核字（2017）第013439号

出版发行 / 北京理工大学出版社有限责任公司	
社　　址 / 北京市海淀区中关村南大街5号	
邮　　编 / 100081	
电　　话 /（010）68914775（总编室）	
（010）82562903（教材售后服务热线）	
（010）68944723（其他图书服务热线）	
网　　址 / http://www.bitpress.com.cn	
经　　销 / 全国各地新华书店	
印　　刷 / 北京虎彩文化传播有限公司	
开　　本 / 787毫米×1092毫米　1/16	
印　　张 / 18.25	责任编辑 / 赵　岩
字　　数 / 411千字	文案编辑 / 梁　潇
版　　次 / 2017年2月第2版　2023年1月第5次印刷	责任校对 / 周瑞红
定　　价 / 49.80元	责任印制 / 李志强

图书出现印装质量问题，请拨打售后服务热线，本社负责调换

前　言

近年来，我国国民经济的高速、稳定的增长，促进了我国模具工业迅速发展、壮大，因此，模具设计与制造专业或相关的材料成型与控制专业已成为国内具有优势的热门专业之一，为了适应培养技术应用性人才的需要，根据高职高专模具专业人才培养的要求，贯彻理论知识以"必需、够用"为度，作者凭着几十年教学方面的经验，以及长期指导学生下厂实习的心得和体会，在参考国内外有关著作和论文的一些精华，并加以提炼、融会贯通的基础上，将高分子聚合物的特性，塑料的组成、工艺特性，各类塑料成型原理与工艺等基础知识做有选择性的重点介绍。本书注重应用性、易懂性及先进性。

全书共分 8 章，第 1、第 2 章介绍塑料成型的理论基础知识和塑料制品的设计原则；第 3、第 4 章详细地讲述注射成型工艺及注射模具的结构以及设计，这两章内容也是全书的重点，由于注射成型模具应用最为广泛，而且模具的结构最为复杂，因此，在第 4 章中用了较大的篇幅对塑料制件在模具中的位置与浇注系统设计、成型零部件设计、合模导向机构设计、推出机构设计、侧向分型与抽芯机构、温度调节系统等作了重点介绍；第 5~8 章扼要地介绍了其他几种主要的塑料成型工艺及模具设计要点。

本书的特点是：

◆ 全书在内容上注重对塑料成型工艺理论知识的提炼，着重模具设计的可操作性和实用性。

◆ 将各种塑料成型工艺与相应的模具结构、设计要点等内容融合为一体，以利于教学内容的连贯性和适应性，让读者能够充分地将这两方面的内容结合起来学习，以便尽快入门。

◆ 书中给出了一个典型结构塑件完整的注射模具设计实例，并对实例中的模具结构的确定、工艺计算、模架及标准件的选择等内容都论述得非常详细，这对于初学者具有很强的指导意义和参考价值。

◆ 为了便于教学和读者自学，本书配有供教师使用的授课型课件和供学生使用的自学型多媒体网络课件。在这两种课件中都加入了大量的图片、动画和视频等素材。

◆ 与本书配套且可供用户选购的，还有典型模具结构的二维和三维的教学挂图以及新型透明的教学模型。

本书可作为高职、高专院校的"模具设计与制造"专业的专业课教材，也可供从事模具设计与制造的工程技术人员参考。

本书由湖南机电职业技术学院林振清、湖南生物机电职业技术学院张秀玲、株洲职业技术学院沈言锦任主编；湖南机电职业技术学院汪勇、青岛港湾技术学院孙玉新任副主编。参加编写的人员还有：潇湘职业学院陆唐，湖南机电职业技术学院张小聪、宁智群，湖南电气职业技术学院吕小艳、童敏，湖南电子科技职业技术学院徐文华、胡钢，湖南涉外经济学院雷吉平、王仁志。湖南省"模具设计与制造"学会理事长、湖南大学模具研究所所长叶久新教授担任本书的主审，并提出了许多建设性的意见。本书在编写过程中还得到了湖南机电职业技术学院以及兄弟院校、有关企业专家的大力支持和帮助，在此一并表示感谢！同时也十分感谢所被引用文献的作者。

  由于编者水平有限，书中难免存在不当和错误之处，恳请广大读者批评指正。

编　者

目 录

绪论 ··· 1
0.1 塑料成型在塑料工业中的发展概况 ·· 1
　0.1.1 塑料及塑料工业的发展概况 ··· 1
　0.1.2 塑料成型在塑料工业生产中的地位 ·· 3
　0.1.3 塑料成型技术的发展方向 ··· 5
　0.1.4 塑料模具设计及加工技术的发展方向 ·· 6
0.2 塑件的生产工序 ··· 6
　0.2.1 塑件的生产 ·· 6
　0.2.2 塑件的生产工序流程 ··· 7
0.3 本课程内容、目标和学习要求 ·· 8
　0.3.1 本课程的主要内容 ·· 8
　0.3.2 学习本课程应达到的目标 ··· 8
　0.3.3 本课程学习要求 ··· 8

第1章 塑料概述 ·· 10
1.1 高聚物的分子结构与特性 ·· 10
　1.1.1 树脂简介 ·· 10
　1.1.2 高分子与低分子的区别 ··· 10
　1.1.3 高聚物的分子结构与特性 ·· 11
　1.1.4 结晶型与非结晶型高聚物的结构及性能 ··· 11
1.2 塑料的热力学性能及在成型过程中的变化 ··· 12
　1.2.1 塑料的热力学性能 ·· 12
　1.2.2 塑料的加工工艺性能 ·· 13
　1.2.3 高聚物的结晶 ·· 14
　1.2.4 塑料成型过程中的取向行为 ·· 15
　1.2.5 高聚物的降解 ·· 16
　1.2.6 聚合物的交联 ·· 17
1.3 塑料的组成与分类 ·· 18
　1.3.1 塑料的组成 ··· 18
　1.3.2 塑料的分类 ·· 19
1.4 塑料的工艺性能 ··· 20
　1.4.1 热塑性塑料的工艺性能 ··· 20
　1.4.2 热固性塑料的工艺性能 ·· 23

1.5 常用塑料	24
1.5.1 热塑性塑料	24
1.5.2 热固性塑料	30
1.6 复习思考题	31

第2章 塑料成型原理与工艺 … 33

2.1 注射成型原理与工艺	34
2.1.1 注射成型原理和特点	34
2.1.2 注射成型工艺过程	35
2.1.3 注射成型工艺条件选择	39
2.2 压缩成型原理与工艺	45
2.2.1 压缩成型原理和特点	45
2.2.2 压缩成型工艺过程	46
2.2.3 压缩成型工艺条件的选择	49
2.3 压注成型原理与工艺	51
2.3.1 压注成型工作原理和特点	51
2.3.2 压注成型的工艺过程和工艺条件	52
2.4 挤出成型原理与工艺	53
2.4.1 挤出成型原理	53
2.4.2 挤出成型的工艺过程	54
2.4.3 挤出成型工艺参数	55
2.5 塑料成型工艺的制订	57
2.5.1 塑件的分析	58
2.5.2 塑料成型方法及工艺过程的确定	58
2.5.3 成型设备和工具的选择	59
2.5.4 成型工艺条件的选择	59
2.5.5 工艺文件的制定	59
2.6 复习思考题	59

第3章 塑料模具设计基础 … 61

3.1 塑件的结构工艺性	62
3.1.1 塑件的尺寸、精度和表面质量	62
3.1.2 塑件的几何形状	66
3.1.3 塑料螺纹和齿轮	78
3.1.4 带嵌件的塑件设计	81
3.2 塑料模的分类和基本结构	85
3.2.1 塑料模的分类	85
3.2.2 塑料模的基本结构	87
3.3 塑料模分型面的选择	88
3.3.1 分型面及其基本形式	88
3.3.2 分型面的数量	89

3.3.3 分型面选择原则 … 89
3.4 成型零件的设计 … 92
　3.4.1 成型零件的结构设计 … 92
　3.4.2 成型零件的工作尺寸计算 … 95
3.5 结构零件的设计 … 114
　3.5.1 合模导向装置的设计 … 114
　3.5.2 支承零件的设计 … 118
3.6 塑料模的设计程序 … 120
　3.6.1 接受任务书 … 120
　3.6.2 搜集、分析和消化原始资料 … 120
　3.6.3 设计模塑成型工艺 … 121
　3.6.4 熟悉成型设备的技术规范 … 121
　3.6.5 确定模具结构 … 121
　3.6.6 模具设计的有关计算 … 122
　3.6.7 模具总体尺寸的确定与结构草图的绘制 … 122
　3.6.8 模具结构总装图和零件工作图的绘制 … 122
　3.6.9 校对、审图后用计算机出图 … 123
3.7 复习与思考 … 124

第4章 注射模具设计 … 126
4.1 注射模的分类及典型结构 … 127
　4.1.1 概述 … 127
　4.1.2 注射模的结构组成 … 127
　4.1.3 注射模的分类及典型结构 … 128
4.2 注射模与注射机的关系 … 131
　4.2.1 注射机的分类及技术规范 … 131
　4.2.2 注射机有关参数的校核 … 134
4.3 浇注系统的设计 … 140
　4.3.1 普通流道浇注系统设计 … 140
　4.3.2 热流道浇注系统的设计 … 148
　4.3.3 排气和引气系统的设计 … 150
4.4 推出机构的设计 … 152
　4.4.1 推出机构的结构组成 … 152
　4.4.2 简单推出机构 … 153
　4.4.3 二次推出机构 … 159
　4.4.4 双推出机构与顺序推出机构 … 163
　4.4.5 点浇口浇注系统凝料的自动推出机构 … 163
　4.4.6 带螺纹塑件的脱模机构 … 165
4.5 侧向分型与抽芯机构的设计 … 169
　4.5.1 概述 … 169

4.5.2	斜导柱侧向分型与抽芯机构	171
4.5.3	斜滑块分型与抽芯机构	178
4.5.4	其他形式的侧向分型抽芯机构	181

4.6 热固性塑料注射模设计简述 184
    4.6.1 概述 184
    4.6.2 模具设计要点 184
4.7 模具加热与冷却系统设计 186
    4.7.1 概述 186
    4.7.2 冷却系统设计 186
    4.7.3 冷却系统的结构设计 191
    4.7.4 冷却水道的计算 194
    4.7.5 加热系统设计 199
4.8 思考与练习 204

第5章 压缩模设计 207
5.1 压缩模结构及分类 208
    5.1.1 压缩模的基本结构 208
    5.1.2 压缩模的分类 209
5.2 压缩模与压力机的关系 211
    5.2.1 压力机种类 211
    5.2.2 压力机有关参数的校核 212
5.3 压缩模的设计 216
    5.3.1 塑件在模具内加压方向的确定 216
    5.3.2 凸凹模配合形式 218
    5.3.3 凹模加料室尺寸的计算 224
    5.3.4 压缩模脱模机构设计 226
    5.3.5 压缩模的侧向分型抽芯机构 232
5.4 复习与思考 234

第6章 压注模设计 236
6.1 压注模类型与结构 236
    6.1.1 压注模类型 236
    6.1.2 压注模结构 239
6.2 压注模结构设计 239
    6.2.1 加料室设计 239
    6.2.2 浇注系统设计 242
    6.2.3 排气槽设计 244
6.3 复习思考题 244

第7章 挤塑模设计 245
7.1 概述 245
    7.1.1 挤塑成型机头典型结构分析 245

7.1.2　挤出成型机头分类和设计原则 …………………………………………… 246
　　7.1.3　挤出成型机及辅助设备 …………………………………………………… 247
7.2　管材挤出成型机头 …………………………………………………………………… 248
　　7.2.1　挤出成型机头结构 …………………………………………………………… 248
　　7.2.2　工艺参数的确定 ……………………………………………………………… 249
　　7.2.3　管材的定径 …………………………………………………………………… 252
7.3　异型材挤出成型机头 ………………………………………………………………… 255
　　7.3.1　板式机头 ……………………………………………………………………… 255
　　7.3.2　流线型机头 …………………………………………………………………… 255
7.4　复习思考题 …………………………………………………………………………… 256

第8章　其他成型模具 …………………………………………………………………… 258
8.1　中空吹塑成型模具 …………………………………………………………………… 258
　　8.1.1　中空吹塑成型工艺分类 ……………………………………………………… 258
　　8.1.2　吹塑塑件设计 ………………………………………………………………… 261
　　8.1.3　吹塑模具设计 ………………………………………………………………… 262
8.2　真空成型模具 ………………………………………………………………………… 263
　　8.2.1　真空成型工艺分类 …………………………………………………………… 263
　　8.2.2　真空成型塑件设计 …………………………………………………………… 265
　　8.2.3　真空成型模具设计 …………………………………………………………… 266
8.3　压缩空气成型模具 …………………………………………………………………… 266
　　8.3.1　压缩空气成型工艺 …………………………………………………………… 266
　　8.3.2　压缩空气成型模具设计 ……………………………………………………… 267
8.4　复习与思考 …………………………………………………………………………… 268

附录 ………………………………………………………………………………………… 269
附录1　常用塑料名称中英文对照表 ……………………………………………………… 269
附录2　内地与港台（珠三角）地区模具与加工设备术语对照表 ……………………… 275
附录3　常用塑料的收缩率 ………………………………………………………………… 276
附录4　常用热塑性塑料的软化或熔融温度范围 ………………………………………… 276
附录5　常用塑料的质量（密度或比重）………………………………………………… 277
附录6　国产注塑机型号及主要技术性能参数（1）……………………………………… 277
附录7　国产注塑机型号及主要技术性能参数（2）……………………………………… 278

参考文献 …………………………………………………………………………………… 280

绪 论

配套资源

0.1 塑料成型在塑料工业中的发展概况

0.1.1 塑料及塑料工业的发展概况

塑料是以相对分子质量高的合成树脂为主要成分，并加入其他添加剂，在一定温度和压力下塑化成型的高分子合成材料。一般相对分子质量都大于一万，有的可达百万。在加热、加压条件下具有可塑性，在常温下为柔韧的固体。可以使用模具成型得到我们所需要的形状和尺寸的塑料制件。其他的添加剂主要有填充剂、增塑剂、固化剂、稳定剂等其他配合剂。

塑料工业是一门新兴的工业。塑料最初品种不多，对它们的本质理解不足，在塑件生产技术上，只能从塑料与某些材料如橡胶、木材、金属和陶瓷等制品的生产有若干相似之处而进行仿制。从 1910 年生产酚醛塑料开始，塑料品种渐多，在生产技术和方法上都有显著的改进。虽然塑料工业的发展只有近 100 年的历史，但其发展速度却十分迅速，1910 年世界塑料产量只有 2 万吨，到 2014 年产量达到了 2.99 亿吨。目前，塑料品种已有 300 多种，并且每年仍然在以 10% 左右的速度增长。

我国的塑料工业起步于 20 世纪 50 年代初期，新中国成立前夕，我国只有上海、广州、武汉等个别大城市有塑件加工厂，只有酚醛和赛璐珞两种塑料，1949 年全国塑料总产量仅有 200 吨，从 1958 年我国第一次人工合成酚醛塑料开始，我国的塑料工业得到迅猛发展，1958 年我国塑料产量为 2.4 万吨，1965 年为 13.9 万吨，70 年代中期引进的几套化工装置的建成投产，使塑料工业有了一次大的飞跃，1979 年产量为 94.8 万吨，1988 年猛增到 135.42 万吨，2000 年已达到 200 万吨。近 20 年来产量和品种都大大增加，许多新颖的工程塑料已投入批量生产。目前，我国的塑件总产量在世界上已跃居第二位。据统计，在世界范围内，塑料用量近几十年来几乎每 5 年翻一番，预计今后将以每 8 年翻一番的速度持续高速发展。2009 年，中国塑料加工工业协会会长廖正品在包头召开的首届中国塑料产业论坛上说，我国塑料工业发展前景广阔，西部地区发展潜力巨大。当今，中国塑料市场巨大，蕴藏着无限商机。今天，我国塑料制品已与钢铁、木材、水泥一起构成现代社会中的四大基础材料，是支撑现代高科技发展的重要材料之一；是信息、能源、工业、农业、交通运输乃至航空航天和海洋开发等国民经济各重要领域都不可缺少的生产资料；是人类生存和发展离不开的消费资料。近年来，全球塑料市场持续增长，全球塑料产量从 2012 年的 2.88 亿吨攀升 3.9% 至 2013 年的 2.99 亿吨，近几年全球塑料产量如下图 0-1 所示。

图 0-1 全球塑料产量

塑料制品业是我国轻工业的支柱产业。近年来,我国的塑料制品业快速发展,其增长速度远远高于世界塑料行业的平均增长速度,我国塑料产量从 2007 年的 3 305.23 万吨增长到 2014 年的 7 387.78 万吨,塑料制品消费量、产量居世界首位。如图 0-2 所示。

图 0-2 中国塑料产量

塑件的应用:

① 农业:薄膜、管道、片板、绳索和编织袋等,农田水利工程(多选用塑料管),农舍建筑。

② 交通运输:门把手、转向盘、仪表板等。

③ 电气工业:电线、电缆、开关、插头、插座绝缘体、家用电器、计算机(键盘套件、显示器外壳)等及各种通信设备等。

④ 通信产品:电话机、手机、传真机等外壳。

⑤ 日常生活用品:塑料桶、塑料盆、热水器外壳、塑料袋、航空茶杯、尼龙绳等。

⑥ 医疗:人工血管、输液器、输血袋、注射器、插管、检验用品、病人用具、手术室用品等。

塑料广泛应用于各个领域,品种繁多,性能也各不相同。归纳起来,塑料主要具有以下特性。

1. 塑料密度小、质量轻

大多数塑料密度在 $1.0 \sim 1.4 \text{ g/cm}^3$,约相当于钢材密度的 14% 和铝材密度的 50%;在同样体积下,塑件要比金属制品轻得多,采用塑料零件后对各种机械、车辆、飞机和航天器减轻质量、节省能耗具有非常重要的意义。

2. 比强度和比刚度高

塑料的强度和刚度虽然不如金属的好，但塑料密度小，所以其比强度（即强度和密度之比 σ/ρ）和比刚度（弹性模量和密度之比 E/ρ）相当高。如玻璃纤维增强塑料和碳纤维增强塑料的比强度和比刚度都比钢的好，该类塑料常用于制造人造卫星、火箭、导弹上的零件。

3. 绝缘性能好

塑料的绝缘性能好，介电损耗低，耐电弧特性，所以广泛应用于电机、电器和电子工业中做结构零件和绝缘材料，是电子工业中不可缺少的原材料。

4. 化学稳定性高

塑料对酸、碱和许多化学物品都有良好的耐腐蚀性能。因此，在化工设备及日用工业品中得到广泛应用。常用的耐腐蚀塑料是硬质，它可以加工成管道、容器和化工设备中的零部件。

5. 耐磨、自润滑性能以及减振、隔声性能都较好

塑料的摩擦系数小，耐磨性强，可以作为减摩材料，如用来制造轴承、齿轮等零件，适合用于转速不高、载荷不大的工作场合。塑料还具有优良的隔声和吸声性能。

6. 成型性能、着色性能好，且有多种防护性能（防水、防潮、防辐射）

塑料在一定的条件下具有良好的塑性，可以采用多种成型方法制作不同的制品。塑料的着色简单，着色范围广，可制成各种颜色，部分塑料的光学性能很好，具有良好的光泽，可制成透明性很高的塑件，如常用的有机玻璃、聚碳酸酯等。塑料还具有防水、防潮、防透气、防振、防辐射等多种防护性能。

塑料虽具有上述优异的特性，但在某些性能上也存在着不足之处，如机械强度和硬度远不及金属材料的高，耐热性也低于金属，导热性差，且吸湿性大，易老化等，塑料的这些缺点或多或少地影响和限制了它的应用范围。

从发展趋势看，对现有的各种聚合物进行改性仍是目前和今后一段时间内对塑料材料进行开发和应用研究的主要任务。主要是继续扩大和完善新的聚合物高分子材料品种，对各种添加剂继续向低毒、高效和非污染的方向发展，同时改善塑料的工艺加工性能、节约能耗、提高产品质量、满足高速加工设备和高效加工工艺的要求，并减少环境污染、提高配料的准确性和发挥助剂的协同效能。

0.1.2　塑料成型在塑料工业生产中的地位

塑料成型工业自1872年开始到现在已度过仿制、扩展和变革的时期。塑料成型是把塑料原材料加热到一定温度注入具有一定形状和尺寸的模具中，待其冷却后，获得塑件的过程。塑料成型工艺与模具是一门在生产实践中逐步发展起来，又直接为生产服务的应用型技术科学，是一种先进的加工方法。它的主要研究对象是塑料和塑件所采用的模具。

模具是铸造、锻压、冲压、塑料、玻璃、粉末冶金、陶瓷等行业的重要工艺装备，在现代工业生产中广泛地采用各种模具进行产品生产，模具的设计和制造水平在很大程度上反映和代表了一个国家机械工业的综合制造能力和水平。塑料模是模具的一种，是指用于成型塑料制件的模具，它是一种型腔模具的类型。

采用模具加工制造产品零件已涉及仪器仪表、家用电器、交通、通信和轻工业等各行业中，发达的工业国家，模具的工业产值已超过了传统的机床行业的产值。据日本1991年统计，其全国一万多家企业中，生产塑料模和冲压模的企业各占40%，模具工业已实现了高度的专业化、标准化、商品化；而韩国的模具工业专业厂中，有43%生产塑料模，44.8%生产冷冲模。随着工业塑料制件和日用塑料制件的品种和需求量的日益增加，并且产品的更新换代周期的日益缩短，塑料模在模具中的比例在逐步提高。

据中国产业信息网发布的《2016—2022年中国模具市场发展现状及未来趋势预测报告》中指出：2014年中国模具产量高达1 363.96万套，比去年同期下降4.6%。2010—2011年中国模具产量呈小幅度增长，增长率为6.5%。2012年产量增长高达102.1%，2013年产量相较于前一年大幅下降32.4%。据统计，截至2011年，我国规模以上模具企业数量为1 589家，资产总额达1 394.82亿元，实现产品销售收入1 639.88亿元，同比增长27.35%；利润总额107.10亿元，同比增长13.94%。2008—2009年，我国模具贸易情况受到全球金融危机影响，2008年进口减少，出口增加，且模具出口额小于进口额形成外贸逆差；2009年进出口额均出现下滑，出口下滑大于进口下滑，造成逆差上升；2010年起模具行业外贸实现顺差，2011年至2013年贸易顺差逐步扩大，且进出口总额均逐年上升，模具行业实现良好发展。2008—2013年模具产品进出口情况（单位：亿美元）如图0-3所示。

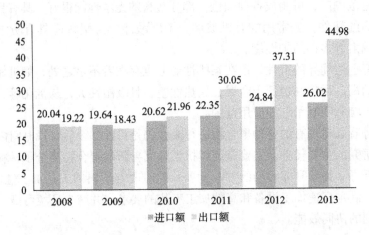

图0-3　2008—2013年模具产品进出口情况图

近年来全国范围内各类模具基地数量不断增加，使得模具制造配套服务的体系日趋完善。模具产业集聚生产基地的形成，使得模具行业本身及上下游产业配套协作更加便捷，促进模具生产成本降低、生产周期缩短，规模效应逐步体现。随着汽车、家电、电子通信行业的迅速发展，塑料模具有良好的发展前景。据中国模具工业协会估算，1亿元的塑料模具投入，将带动100亿元的产品产出。据统计，我国塑料模具销售总额占整个模具市场销售总额的45%左右。2011年我国各类模具销售额占比情况见图0-4所示。

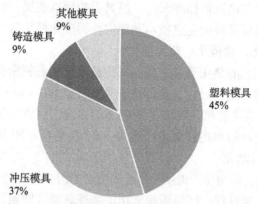

图 0-4 2011 年我国各类模具销售额占比情况图

在加工工业中，塑料成型是一种广泛应用的加工方法。生产过程易于实现机械化自动化，成型过程中设备操作简便，生产率高，成本较低，加工的塑料制件具有高度一致性，尤其适合在大批量的生产条件。塑料可加工成任意形状的塑料制件，且经塑料成型出来的制件，具有质量轻、强度好、耐腐蚀、绝缘性能好、色泽鲜艳、外观漂亮等优点。由于塑料成型在技术上和经济上的优良特点，高分子材料已进入所有工业领域以及人们的日常生活，并显示出其巨大的优越性和发展潜力。

当今世界把一个国家的高分子材料的消耗量和聚合物成型加工的工业水平，作为衡量一个国家工业发展水平的重要标志之一。可以说，离开聚合物成型加工工业，现代国民经济各部门和高科技领域不可能生存，更不可能发展。

0.1.3 塑料成型技术的发展方向

在现代塑料制件的生产中，影响制品生产和质量的三个重要因素为合理的加工工艺、高效的设备、先进的模具。因此，从塑料模的设计、制造以及模具材料的选择，是塑料成型技术的主要发展方向。

1. 塑料成型理论和成型工艺

模具设计已逐步向理论设计方面发展，目前为止，挤出成型的流动理论和数学模型已经建立，并在生产中得到应用；注射成型的流动理论尚在进一步研究中。完善和发展塑料成型理论，以便更好地指导实际生产以提高塑料产品的质量和生产效率。

2. 模具的标准化

为降低模具成本，缩短模具的制造周期，模具的标准化工作需要进一步加强。目前我国的模具标准化只有 20%，注射模方面关于模具零部件、模具技术条件和标准模架等有以下 16 个国家标准：

塑料注射模零件	GB/T 4169—2006
塑料注射模零件技术条件	GB/T 4170—2006
塑料成型模术语	GB/T 8846—2005
塑料注射模技术条件	GB/T 12554—2006
塑料注射模模架	GB/T 12555—2006
塑料注射模模架技术条件	GB/T 12556—2006

此外，还需要研究开发热流道标准元件、模具温控标准装置；精密标准模架、精密导向件系列；标准模板和模具标准件的先进技术和等向性标准化模块等。

3. 塑料制件的精密化、微型化、超大型化

为了满足各种工业产品的使用要求，塑料成型技术正朝着精密化、微型化、超大型化等方面发展。精密注射成型是塑件尺寸公差保持在 0.01~0.001 mm 的成型工艺方法，国内已经有注射量为 0.1 g 的微型注射机，可生产 0.05 g 的微型注射成型塑件；塑件的大型化要求有大型的成型设备，国产注射机的注射量已达 35 kg，合模力为 80 MN。

4. 生产的高效率、自动化

简化塑件的成型工艺，缩短生产周期，是提高生产率的有效办法。近年来，正在大力应用电子计算机来控制加工成型过程，已经研制成功了数控热固性塑料注射机、计算机群控注射机等。

0.1.4 塑料模具设计及加工技术的发展方向

塑料模具对塑料加工工艺的实现，保证塑件的形状、尺寸及公差起着极重要的作用。产品的生产和更新都是以模具制造和更新为前提的，高效率、全自动的设备只有配备了适应自动化生产的塑料模才有可能发挥其效能。由于工业塑件和日用塑件的品种和产量需求日益增加，对塑料模具也提出了越来越高的要求，因此推动了塑料模具不断向前发展。

1. 提高模具的使用寿命

模具材料的选用直接影响模具的加工成本、使用寿命及塑件成型的质量等，因此，应不断地采用新材料、新技术、新工艺，以提高模具的质量。

2. 模具加工技术的革新

为了提高加工精度，缩短模具的制造周期，塑料模具的加工已经广泛地应用了仿形加工、电加工、数控加工以及微机控制加工等先进的加工技术，并且使用了坐标镗、坐标磨和三坐标测量仪等精密加工和测量设备，超塑性成型和电铸成形型腔以及简易制模工艺等先进的型腔加工新工艺。

3. 推广应用 CAD/CAM

采用 CAD/CAM 进行产品设计以及模具设计、制造，比传统方式更迅捷、更方便、更合理，在缩短模具设计制造周期的同时可以更容易保证模具的制造质量。

4. 模具的"三化"

为适应模具工业的发展必须大力发展模具的标准化、系列化以及专业化，其中模具的标准化是前提条件，实现模具的"三化"有利于分工明确、配套协作，进一步提高模具的制造质量和缩短模具的生产制造周期。

0.2 塑件的生产工序

0.2.1 塑件的生产

塑件生产的一般加工过程为：原料→合成树脂→塑料的配制→塑料成型。

塑件的生产从塑料原料的生产到塑件的生产，包含了三个生产过程：第一生产过程是从原料经过聚合反应生成合成树脂；第二生产过程是加入助剂混合得到塑料，即为生产塑件的原材料；第三生产过程是根据塑料性能，利用各种成型加工手段，使其成为具有一定形状和使用价值的塑件。

生产中一般第一过程和第二过程属于塑料生产部门，通常由树脂厂来完成。第三过程属于塑件生产部门。但对于大型塑件生产厂家，为了满足塑件的多样性要求，生产中也有将第二过程归入塑件的生产范围，即以合成树脂作为原材料，添加助剂后，再成型加工。

0.2.2 塑件的生产工序流程

根据各种塑料的固有性能，使其成为具有一定形状又有使用价值的塑件，是一个复杂而繁重的过程。在塑件工业生产中，塑件的生产系统主要是由塑料的成型、机械加工、修饰和装配四个连续过程组成的，如图0-5所示。有些塑料在成型前需进行预处理（顶压、预热、干燥等），因此，塑件生产的完整工序顺序为：塑料原料→预处理→成型→机械加工→修饰→装配→塑件。

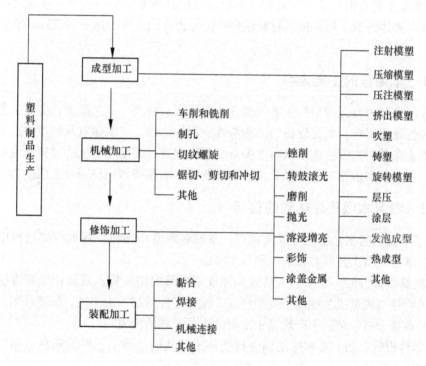

图 0-5 塑件的生产流程

在这四个过程中，塑料的成型最为重要，是一切塑件或型材生产必不可少的过程。成型的种类很多，如注射成型、压缩成型、压注成型、挤出成型、层压以及吹塑等。其他三个过程取决于塑件的要求，也就是说，不是每种塑件都需完整地经过这些过程。机械加工是用来完成成型过程所不能完成或完成得不够准确的一些工作；修饰主要是为美化塑件的表面或外观；装配是将各个已经完成的塑料部件连接或配套使其成为一个完整制品的过程。后三个过程有时统称为二次加工或后加工。对比来说，二次加工过程常居于次要地位。

塑料成型的方法很多，按成型过程中物理状态不同，塑料成型加工的方法可分为熔体成型与固相成型两大类。熔体成型也叫熔融成型，它是把塑料加热至熔点以上，使之处于熔融状态进行成型加工的一类方法。属于此类成型加工方法的主要有注射成型、压缩成型、压注成型、挤出成型、旋转成型、离心浇铸成型、粉末成型等。熔体成型约占全部塑件加工量的90%以上。其共同特点是塑料在熔融状态下利用模具来成型具有一定形状和尺寸的塑件（简称塑件或制品）。成型塑件的模具叫塑料成型模具（简称塑料模）。固相成型是泛指在室温条件下对尚处于固态的热塑性坯材（至少低于熔点10 ℃~20 ℃）施加机械压力作用，使其成为塑件的一种方法，其中对非结晶类的塑料在玻璃化温度（T_g）以上、黏流温度（T_f）以下的高弹态区域加工的常称为热成型，如真空成型、压缩空气成型、压力成型等，而在玻璃化温度以下加工的则称作冷成型或室温成型，也常称作塑料的冷加工方法或常温塑性加工，包括在常温下的塑料粉末压延薄膜、片材辊轧、坯料或粉末塑料的模压成型以及二次加工等。

0.3 本课程内容、目标和学习要求

"塑料成型工艺及模具设计"课程是高职高专模具专业学生的主要专业课之一，它是以高分子材料、流体力学、热处理、材料成型理论等为理论基础，是一门实践环节强的综合性应用课程。

0.3.1 本课程的主要内容

本课程的主要内容包括塑件主要成型方法的原理、特点、工艺过程、主要工艺参数的选定及对塑件性能的影响；主要设备的结构特性、工作原理、技术参数及设备的选型，结合设备特点及工艺条件对塑件性能的影响及关系。课程设置目的是使学生能够较快地适应生产实际的要求，获得塑料成型工艺、模具设计和设备技术的基础知识和综合应用能力。

0.3.2 学习本课程应达到的目标

① 要了解塑料的工艺特性与成型机理，掌握各种常用塑料在各种成型过程中对模具的工艺要求，掌握成型工艺所必备的各种技术知识。

② 在模具设计方面，要求学生掌握各种成型模具的结构特点及设计计算方法，在全面掌握塑料的特性与成型工艺性能、成型特点、模具零件的加工工艺性、标准件的选用等的基础上，初步具备分析、解决生产现场中出现的质量问题的能力。

③ 在塑件设计方面，在掌握正确分析塑件工艺性的基础上，根据塑料成型特点进行一般塑料制件工艺设计。

④ 在模具制造方面，了解塑料模具的制造特点，根据不同情况选用模具型腔加工新工艺；能够编制型芯和型腔的加工工艺规程。

0.3.3 本课程学习要求

在密切结合工艺过程的前提下，尽可能地对每种工艺所依据的原理、生产控制因素以及在工艺过程中塑料所发生的物理与化学变化和它们对制品性能的影响具有清晰的概念，并进一步理解各种成型工艺所能适应的塑料品种及其优缺点。此外，还要求学生了解塑料模具的装配、试模、验收、使用和维修方面的知识，能够提出由于模具设计或制造不当而造成的各

种塑件的缺陷，操作困难的原因所在及其解决办法。

塑料成型工艺及模具设计是一门课程实践性和综合性很强的课程，需要不断地将理论联系实际，结合教学的实训环节，丰富课程内容。加强自身的自学能力，主动参考有关资料。在学习本课程时，还要注意学习国内外的新技术、新工艺、新经验，为成型加工技术的发展做出贡献。

第1章 塑料概述

学习目标与要求

1. 掌握塑料成型的基础知识，了解塑料在成型过程中的物理、化学变化，熟悉常用塑料的性能及用途。
2. 了解常用塑料成型工艺方法，熟悉各种成型方法的优缺点和使用范围，掌握注射成型工艺过程及工艺参数的选择。

学习重点

塑料特征；成型工艺原理；注射成型工艺过程；成型工艺条件的选择和控制；塑件成型表面缺陷及其产生的原因。

学习难点

成型工艺条件的选择和控制；塑件成型表面缺陷及其产生的原因。

1.1 高聚物的分子结构与特性

1.1.1 树脂简介

树脂分为天然树脂和合成树脂。

天然树脂是天然的固体或半固体无定型不溶于水的物质，常为植物渗出物，如松脂。

合成树脂是由一种或几种简单化合物通过聚合反应而生成的一种高分子化合物，也叫聚合物，这些简单的化合物也叫单体。塑料的主要成分是树脂，而树脂又是一种聚合物，所以分析塑料的分子结构实质上是分析聚合物的分子结构。

1.1.2 高分子与低分子的区别

高分子聚合物具有巨大的相对分子质量。一般的低分子物质的相对分子质量仅为几十至几百，如一个水分子相对分子质量为18，而一个高分子聚合物的分子相对分子质量可达到几万乃至几十万、几百万。原子之间具有很大的作用力，分子之间的长链会蜷曲缠绕。这些缠绕在一起的分子既可互相吸引又可互相排斥，使塑料产生了弹性。高分子聚合物在受热时不像一般低分子物质那样有明显的熔点，从长链的一端加热到另一端需要时间，即需要经历一段软化的过程，因此塑料便具有可塑性。

高分子聚合物没有精确、固定的相对分子质量。同一种高分子聚合物的相对分子质量的大小并不一样，只能采用平均相对分子质量来描述。如，低密度聚乙烯的平均相对分子质量为2.5万~15万，高密度聚乙烯的平均相对分子质量为7万~30万。

1.1.3 高聚物的分子结构与特性

1. 聚合物分子链结构示意图

如果聚合物的分子链呈不规则的线状（或者团状），聚合物是由一根根分子链组成的，则称为线型聚合物，如图1-1（a）所示。如果在大分子的链之间还有一些短链把它们连接起来，成为立体结构，则称为体型聚合物，如图1-1（b）所示。此外，还有一些聚合物的大分子主链上带有一些或长或短的小支链，整个分子链呈枝状，如图1-1（c）所示，称为带有支链的线型聚合物。

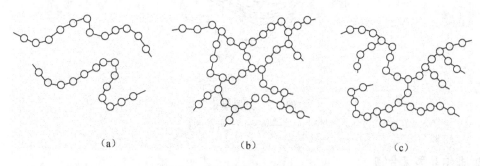

图1-1 高分子物质的结构示意
（a）链状结构；（b）网状结构；（c）树枝状结构

2. 聚合物的性质

聚合物的分子结构不同，其性质也不同。

① 线性聚合物的物理特性为具有弹性和塑性，在适当的溶剂中可溶解，当温度升高时，则软化至熔化状态而流动，可以反复成型，这样的聚合物具有热塑性。

② 体型聚合物的物理特性是脆性大、弹性较高和塑性很低，成型前是可溶和可熔的，而一经硬化成型（化学交联反应）后，就成为不溶不熔的固体，即便在更高的温度下（甚至被烧焦碳化）也不会软化，因此，又称这种材料具有热固性。

1.1.4 结晶型与非结晶型高聚物的结构及性能

聚合物由于分子特别大且分子间引力也较大，容易聚集为液态或固体，而不形成气态。固体聚合物的结构按照分子排列的几何特征，可分为结晶型和非结晶型（或无定形）两种。

1. 结晶型聚合物

结晶型聚合物由"晶区"（分子处于有规则紧密排列的区域）和"非晶区"（分子处于无序状态的区域）所组成，如图1-2所示。晶区所占的质量分数称为结晶度，例如低压聚乙烯在室温时的结晶度为85%~90%。通常聚合物的分子结构简单，主链上带有的侧基体积小、对称性高，分子间作用力大，则有利于结晶；反之，则对结晶不利或不能形成结晶区。结晶只发生在线性聚合物和含交联不多的体型聚合物中。

结晶对聚合物的性能有较大影响。由于结晶造成了分子紧密聚集状态，增强了分子间的作用力，所以使聚合物的强度、硬度、刚度、熔点、耐热性和耐化学性等性能有所提高，但与链运动有关的性能如弹性、伸长率和冲击强度等则有所降低。

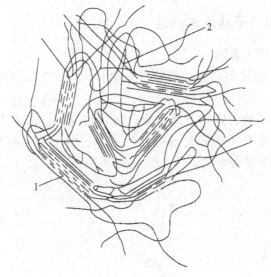

图 1-2　结晶型聚合物
1—晶区；2—非晶区

2. 非结晶型聚合物

对于非结晶聚合物的结构，过去一直认为其分子排列是杂乱无章的、相互穿插交缠的。但在电子显微镜下观察，发现无定形聚合物的质点排列不是完全无序的，而是大距离范围内无序，小距离范围内有序，即"远程无序，近程有序"。体型聚合物由于分子链间存在大量交联，分子链难以做有序排列，所以绝大部分是无定形聚合物。

1.2　塑料的热力学性能及在成型过程中的变化

1.2.1　塑料的热力学性能

塑料的物理、力学性能与温度密切相关，温度变化时，塑料的受力行为发生变化，呈现出不同的物理状态，表现出分阶段的力学性能特点。塑料在受热时的物理状态和力学性能对塑料的成型加工有着非常重要的意义。

1. 塑料的热力学性能

（1）热塑性塑料在受热时的物理状态

热塑性塑料在受热时常存在的物理状态为：玻璃态（结晶聚合物亦称结晶态）、高弹态和黏流态，图 1-3 所示为线型无定形聚合物和线型结晶型聚合物受恒定压力时变形程度与温度关系的曲线，也称热力学曲线。

1）玻璃态

塑料处于温度 T_g 以下的状态，为坚硬的固体，是大多数塑件的使用状态。T_g 称为玻璃化温度，是多数塑料使用温度的上限。T_b 是聚合物的脆化温度，是塑料使用的下限温度。

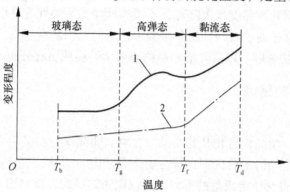

图1-3　热塑性塑料的热力学曲线

2）高弹态

当塑料受热温度超过 T_g 时，由于聚合物的链段运动，塑料进入高弹态。处于这一状态的塑料类似橡胶状态的弹性体，仍具有可逆的形变性质。

从图中曲线 1 可以看到，线型无定形聚合物有明显的高弹态，而从曲线 2 可看到，线型结晶聚合物无明显的高弹态，这是因为完全结晶的聚合物无高弹态，或者说在高弹态温度下也不会有明显的弹性变形，但结晶型聚合物一般不可能完全结晶，都含有非结晶的部分，所以它们在高弹态温度阶段仍能产生一定程度的变形，只不过比较小而已。

3）黏流态

当塑料受热温度超过 T_f 时，由于分子链的整体运动，塑料开始有明显的流动，塑料开始进入黏流态变成黏流液体，通常也称之为熔体。塑料在这种状态下的变形不具可逆性质，一经成型和冷却后，其形状永远保持下来。

T_f 称为黏流化温度，是聚合物从高弹态转变为黏流态（或黏流态转变为高弹态）的临界温度。当塑料继续加热，温度至 T_d 时，聚合物开始分解变色，T_d 称为热分解温度，是聚合物在高温下开始分解的临界温度。

（2）热固性塑料在受热时的物理状态

热固性塑料在受热时，由于伴随着化学反应，它的物理状态变化与热塑性塑料明显不同。开始加热时，由于树脂是线型结构，和热塑性塑料相似，加热到一定温度后，树脂分子链运动使之很快由固态变成黏流态，这使它具有成型的性能。但这种流动状态存在的时间很短，很快由于化学反应的作用，分子结构变成网状，分子运动停止了，塑料硬化变成坚硬的固体。再加热后仍不能恢复，化学反应继续进行，分子结构变成体型，塑料还是坚硬的固体。当温度升到一定值时，塑料开始分解。

1.2.2　塑料的加工工艺性能

塑料在受热时的物理状态决定了塑料的成型加工性能。

当温度高于 T_f 时，塑料由高弹态转变为液状的黏流态即熔体。从 T_f 开始，分子热运动大大激化，材料的弹性模量降低到最低值，这时塑料熔体形变特点是，在不太大的外力作用下就能引起宏观流动，此时形变中主要是不可逆的黏性形变，冷却聚合物就能将形变永久保持下来。因此，这一温度范围常用来进行注射、挤出、吹塑和贴合等成型工艺。

过高的温度将使塑料的黏度大大降低，不适当地增大流动性容易引起诸如注射成型中的溢料、挤出塑件的形状扭曲、收缩和纺丝过程中纤维的毛细断裂等现象。温度高到分解温度 T_d 附近还会引起聚合物分解，以致降低产品物理力学性能或引起外观不良等。

1.2.3 高聚物的结晶

1. 结晶的概念

聚合物两大类型：结晶聚合物和非结晶聚合物。非晶聚合物又叫无定形聚合物。

结晶和非结晶聚合物的主要区别：聚合物高温熔体向低温固态转变的过程中分子链的构型（结构形态）能否得到稳定规整的排列，可以则为结晶型，反之为非结晶型。

可以结晶的有：① 分子结构简单、对称性高的聚合物，如聚乙烯、聚偏二氯乙烯和聚四氟乙烯等。② 一些分子链节虽然较大，但分子之间作用力也很大的聚合物，如聚酰胺、聚甲醛等。

难结晶的：① 分子链上有很大侧基的聚合物，如聚苯乙烯、聚醋酸乙烯酸和聚甲基丙烯酸甲酯等。② 分子链刚性大的聚合物，如聚砜、聚碳酸酯和聚苯醚等。

结晶聚合物与非结晶聚合物的物理力学性能的差异：结晶聚合物一般都具有耐热性、非透明性和较高的强度，而非结晶聚合物刚好与此相反。另外，两者注射成型性能都有很大差异。

2. 结晶对聚合物性能的影响

（1）密度

结晶意味着分子链已经排列成规整而紧密的构型，分子间作用力强，密度随结晶度的增大而提高。如，结晶度为 70% 的聚丙烯，密度 $\rho = 0.896$ g/cm^3；而结晶度提高到 95% 时，$\rho = 0.903$ g/cm^3。

（2）拉伸强度

由于结晶以后聚合物大分子之间作用力增强，抗拉强度也随着提高。例如，结晶度为 70% 的聚丙烯，抗拉强度 $\sigma_b = 27.5$ MPa；而结晶度提高到 95% 时，$\sigma_b = 42$ MPa。

（3）冲击韧度

结晶态聚合物因其分子链规整排列，冲击韧度均比非晶态时降低。例如，结晶度为 70% 的聚丙烯，其缺口冲击韧度等于 15.2 kJ/m^2；而结晶度提高到 95% 时，冲击韧度减小到 4.86 kJ/m^2。

（4）弹性模量

结晶态聚合物的弹性模量也比非晶态时的小，如结晶度为 70% 的聚丙烯，弹性模量为 4 400 MPa；而结晶度提高到 95% 时，弹性模量下降到 980 MPa。

（5）热性能

结晶有助于提高聚合物的软化温度和热变形温度。例如，结晶度为 70% 的聚丙烯，载荷下的热变形温度为 124.9 ℃；而结晶度提高到 95% 时，热变形温度可升至 151.1 ℃。

（6）脆性

结晶会使聚合物在注射模内的冷却时间缩短，使成型后的制品具有一定的脆性。例如，结晶度分别为 55%、85% 和 95% 的等规聚丙烯，脆化温度分别为 0 ℃、10 ℃ 和 22 ℃。

（7）翘曲

结晶后聚合物因分子链规整排列发生体积收缩，结晶度越高，体积收缩越大。结晶态制件比非晶态制件更易因收缩不均发生翘曲，这是由聚合物在模内结晶不均匀造成的。

（8）表面粗糙度和透明度

结晶后的分子链规整排列会增加聚合物组织结构的致密性，制件表面粗糙度将因此而降低，但由于球晶会引起光波散射，透明度将会减小或丧失。聚合物的透明性来自分子链的无定形排列。

1.2.4 塑料成型过程中的取向行为

取向就是在应力作用下，聚合物分子链倾向于沿应力方向作平行排列的现象。塑料成型中，取向分为以下两种情况。

1. 注射、压注成型塑件中固体填料的流动取向

聚合物中的固体填料也会在注射、压注成型过程中取向，而且取向方向与程度取决于浇口的形状和位置。填料排列的方向主要顺着流动的方向，碰到阻力（如模壁等）后，它的流动就改成与阻力成垂直的方向，并按此定型。含有纤维填料熔体的流动取向结构如图 1-4 所示。

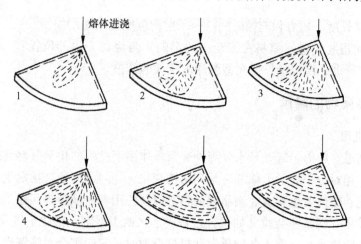

图 1-4　纤维状填料在扇形制品中的流动取向过程

2. 注射、压注成型塑件中聚合物分子的流动取向

聚合物在注射和压注成型过程中，总是存在熔体的流动。有流动就会有分子的取向。由于塑件的结构形态、尺寸和熔体在模具型腔内流动的情况不同，取向结构可分为单轴取向和多轴取向（或称平面取向），如图 1-5 所示。单轴取向时，取向结构单元均沿着一个流动方向有序排列；而多轴取向时，结构单元可沿两个或两个以上流动方向有序排列。

分子取向会导致塑件力学性能的各向异性，顺着分子定向方向（也称直向）上的机械强度和伸长率总是大于与其垂直方向（也称横向）上的。

各向异性有时是塑件所需要的，如制造取向薄膜与单丝等，这样能使塑件沿拉伸方向的抗拉强度与光泽度等有所增强。但对某些塑件（如厚度较大的塑件），又要力图消除这种各向异性。因为取向不一致，塑件各部分的取向程度不同，塑件在某些方向的机械强度得到提高，而另一方向的强度较低，这样会产生翘曲，使用时会断裂。

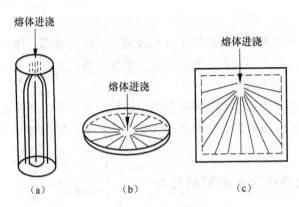

图 1-5 流动取向
(a) 单轴取向；(b), (c) 多轴取向（平面取向）

每一种成型条件对分子取向的影响都不是单纯增加或减小。在注射、压注成形中，影响其取向的因素有以下几个方面。

① 随着模塑温度、塑件厚度（即型腔的厚度）、充模温度的增加，分子定向程度会逐渐减弱。

② 增加浇口长度、压力和充模时间，分子定向程度也随之增加。

③ 分子定向程度（包括填料在流动中的定向）与浇口开设的位置和形状有很大关系。为减小分子定向程度，浇口最好设在型腔深度较大的部位。

1.2.5 高聚物的降解

1. 降解的机理

聚合物在高温、应力、氧气和水分等外部条件作用下发生的化学分解反应，能导致聚合物分子链断裂、相对分子质量下降等一系列结构变化，并因此使聚合物发生弹性消失、强度降低、黏度变化、熔体发生紊流、制品表面粗糙以及使用寿命减短等问题。

聚合物中如果存在某些杂质（如聚合过程中加入的引发剂、催化剂以及酸和碱等），或者在储运过程中吸收水分，混入各种化学和机械杂质时，它们都会对降解产生催化作用。

2. 降解的种类

（1）热降解

注射成型过程中，由于聚合物在高温下受热时间过长而引起的降解反应叫做热降解。

热降解温度：稍高于热分解温度，因为热分解刚刚开始时，只是聚合物中一些不稳定分子链遭到破坏，分子链并不马上随之断裂。

热稳定性温度：从注射成型生产的可靠性出发，生产中常将热分解温度作为热稳定性温度，聚合物加热时的温度上限不能超过热分解温度。

（2）氧化降解

聚合物与空气中的氧气接触后，某些化学链较弱的部位常产生极不稳定的过氧化结构，这种结构很容易分解产生游离基，导致聚合物发生解聚反应，这种因氧化而发生的降解叫做氧化降解。

没有热量和紫外线辐射作用，聚合物的氧化降解反应过程极为缓慢。注射成型在高温下实现，如温度控制不当时，成型过程中的氧化降解将会在热作用下迅速加剧，生产中常常把这种高温下的快速氧化降解叫做热氧化降解。

聚合物的热降解与热氧化降解基本上一样，热降解的意义更广泛。

（3）水降解

如果聚合物的分子结构中含有容易被水解的碳—杂链基团或氧化基团，这些基团很容易在注射温度和压力下被聚合物中的水分分解，生产中将这种现象叫做水降解。

如上述的各种基团位于聚合物的主链上，则水降解之后的聚合物平均相对分子质量降低，制件力学性能变差；如这些基团位于支链上，则水降解只会改变聚合物的部分化学组成，对相对分子质量和制品性能影响不大。

避免水降解的措施：注射成型前或在料斗中对成型物料采取必要的干燥措施，这对吸湿性很大的聚酯、聚醚和聚酰胺等原材料尤为重要。

（4）应力降解

在注射成型（或其他一些成型）过程中，聚合物的分子链在一定的应力条件下也会发生断裂，并因此引起相对分子质量降低，通常把这种现象叫做应力降解。

应力降解发生时，常伴有热量释放，如不能将这些热量及时扩散出去，有可能同时发生热降解。

3. 避免降解的措施

（1）严格控制原材料的技术指标，避免因原材料不纯对降解发生催化作用。

（2）生产前，应对成型物料进行预热干燥处理，严格控制含水量不超过工艺要求和制品性能要求的数值。

（3）制订合理的成型工艺及参数，保证聚合物在不易降解的条件下成型。为了尽可能避免降解的有害作用，对热稳定性较差、成型温度接近分解温度的聚合物可绘制成型温度范围图（图1-3），以便确定正确、合理的工艺条件。

（4）成型设备和模具应有良好的结构状态，与聚合物接触的部位不应有死角或缝隙，流道长度要适中，加热和冷却系统应有灵敏度较高的显示装置，以保证良好的温度控制和冷却效率。

（5）对热、氧稳定性较差的聚合物，可考虑在配方中加入稳定剂和抗氧剂等，提高聚合物的抗降解能力。

1.2.6 聚合物的交联

1. 交联的概念

聚合物由线型结构转变为体型结构的化学反应过程称为交联。交联反应是聚合物分子链中带有的反应基团（如羟甲基等）或反应活点（不饱和键）与交联剂作用的结果。

2. 交联的优点

经过交联后，聚合物的强度、耐热性、化学稳定性和尺寸稳定性均能比原来有所提高。

交联反应主要应用在热固性聚合物的成型固化过程中。对于热塑性聚合物，由于交联对流动和成型不利，且影响制品性能，应尽量避免。

3. 关于硬化（熟化）的一些解释

交联即硬化或熟化。"硬化得好"或"硬化得完全"，并不意味着交联反应完全，是指成型固化过程中的交联反应发展到了一种最为适宜的程度，制件能获得最佳的物理和力学性能。常因各种原因，聚合物很难完全交联，但硬化程度却可完成超过100%。生产中将硬化程度超过100%称为过熟，反之为欠熟。注意，对不同的热固性塑料，即使采用同一类型或同一品级的聚合物，如果添用的各种助剂不同，它们发生完全硬化时的交联反应程度也有一定差异。

4. 硬化程度、硬化时间及制件性能的关系

（1）硬化时间短时，制件易欠熟（硬化不足），内部将带有较多的可溶性低分子物质，且分子间的结合也不强，导致制件的强度、耐热性、化学稳定性和绝缘性指标下降，热膨胀、后收缩、残余应力、蠕变量等数值增大，制件表面缺少光泽，形状发生翘曲，甚至产生裂纹。（制件出现裂纹的原因，一方面可以从工艺条件或模具方面考虑，另一方面也可能是聚合物与各种助剂的配比不当引起的。）

（2）若将硬化时间延长，制件将会过熟（硬化程度过大）。过熟的制件性能也不好，如强度不高、发脆、变色、表面出现密集的小泡等，有时甚至会碳化或降解。（制件过熟的原因为成型条件不当，主要可能是由于成型温度过高、模具内部有温差以及制件过大、过厚等。）

5. 检查硬化程度的常用的方法（物理方法）

有脱模后硬度检测法、沸水试验法、萃取法、密度法、导电度检测法等。条件允许的情况下，也可采用超声波和红外线辐射法，其中以超声波方法为最好。

1.3 塑料的组成与分类

1.3.1 塑料的组成

塑料是以合成树脂为主要成分，再加入改善其性能的各种各样的添加剂（也称助剂）制成的。在塑料中，树脂起决定性的作用，但也不能忽略添加剂的作用。

1. 树脂

树脂是塑料中最重要的成分，它决定了塑料的类型和基本性能（如热性能、物理性能、化学性能、力学性能等）。在塑料中，它联系或胶黏着其他成分，并使塑料具有可塑性和流动性，从而具有成型性能。

树脂包括天然树脂和合成树脂。在塑料生产中，一般都采用合成树脂。

2. 填充剂

填充剂又称填料，是塑料中的重要的但并非每种塑料必不可少的成分。填充剂与塑料中的其他成分机械混合，它们之间不起化学作用，但与树脂牢固胶黏在一起。

填充剂在塑料中的作用有两个：一是减少树脂用量，降低塑料成本；二是改善塑料某些性能，扩大塑料的应用范围。在许多情况下，填充剂所起的作用是很大的，例如聚乙烯、聚氯乙烯等树脂中加入木粉后，既克服了它的脆性，又降低了成本。用玻璃纤维作为塑料的填充剂，能使塑料的力学性能大幅度提高，而用石棉作填充剂则可以提高塑料的耐热性。有的填充剂还可以使塑料具有树脂所没有的性能，如导电性、导磁性、导热性等。

常用的填充剂有木粉、纸浆、云母、石棉、玻璃纤维等。

3. 增塑剂

有些树脂（如硝酸纤维、醋酸纤维、聚氯乙烯等）的可塑性很低，柔软性也很差，为了降低树脂的熔融黏度和熔融温度,改善其成型加工性能,改进塑件的柔软性、弹性以及其他各种必要的性能,通常加入能与树脂相溶的、不易挥发的高沸点有机化合物,这类物质称为增塑剂。

在树脂中加入增塑剂后,增塑剂分子插入到树脂高分子链之间,增大了高分子链间的距离,因而削弱了高分子间的作用力,使树脂高分子容易产生相对滑移,从而使塑料在较低的温度下具有良好的可塑性和柔软性。例如,聚氯乙烯树脂中加入邻苯二甲酸二丁酯,可变为像橡胶一样的软塑料。

加入增塑剂在改善塑料成型加工性能的同时,有时也会降低树脂的某些性能,如硬度、抗拉强度等,因此添加增塑剂要适量。

对增塑剂的要求:与树脂有良好的相溶性;挥发性小,不易从塑件中析出;无毒、无色、无臭味;对光和热比较稳定;不吸湿。

4. 着色剂

为使塑件获得各种所需色彩,常常在塑料组分中加入着色剂。着色剂品种很多,但大体分为有机颜料、无机颜料和染料三大类。有些着色剂兼有其他作用,如本色聚甲醛塑料用碳黑着色后能在一定程度上有助于防止光老化。

对着色剂的一般要求是:着色力强;与树脂有很好的相溶性;不与塑料中其他成分起化学反应;成型过程中不因温度、压力变化而分解变色,而且在塑件的长期使用过程中能够保持稳定。

5. 稳定剂

为了防止或抑制塑料在成型、储存和使用过程中,因受外界因素(如高温、光照、氧气、射线等)作用所引起的性能变化,即所谓"老化",需要在聚合物中添加一些能稳定其化学性质的物质,这些物质称为稳定剂。

对稳定剂的要求:对聚合物的稳定效果好,能耐水、耐油、耐化学药品腐蚀,并与树脂有很好的相溶性,在成型过程中不分解、挥发小、无色。

稳定剂可分为热稳定剂、光稳定剂、抗氧化剂等。常用的稳定剂有硬脂酸盐类、铅的化合物、环氧化合物等。

6. 固化剂

固化剂又称硬化剂、交联剂。成型热固性塑料时,线型高分子结构的合成树脂需发生交联反应转变成体型高分子结构。添加固化剂的目的是促进交联反应。如在环氧树脂中加入乙二胺、三乙醇胺等。

塑料的添加剂还有润滑剂、发泡剂、阻燃剂、防静电剂、导电剂和导磁剂等。并不是每一种塑料都要加入全部这些添加剂,而是依塑料品种和塑件使用要求按需要有选择地加入某些添加剂。

1.3.2 塑料的分类

塑料的品种较多,分类的方式也很多,常用的分类方法有以下两种。

1. 根据塑料中树脂的分子结构和热性能分类

可将塑料分成两大类:热塑性塑料和热固性塑料。

(1) 热塑性塑料

这种塑料中树脂的分子结构是线型或支链型结构。它在加热时可塑制成一定形状的塑件，冷却后保持已定型的形状。如再次加热，又可软化熔融，可再次制成一定形状的塑件，如此可反复多次。在上述过程中一般只有物理变化而无化学变化。由于这一过程是可逆的，在塑料加工中产生的边角料及废品可以回收粉碎成颗粒后重新利用。

如聚乙烯、聚丙烯、聚氯乙烯、聚苯乙烯、ABS、聚酰胺、聚甲醛、聚碳酸酯、有机玻璃、聚砜、氟塑料等都属热塑性塑料。

（2）热固性塑料

这种塑料在受热之初分子为线型结构，具有可塑性和可溶性，可塑制成为一定形状的塑件。当继续加热时，线型高聚物分子主链间形成化学键结合（即交联），分子呈网状结构，分子最终变为体型结构，变得既不熔融，也不溶解，塑件形状固定下来不再变化。在成型过程中，既有物理变化又有化学变化。由于热固性塑料上述特性，故加工中的边角料和废品不可回收再生利用。

如酚醛塑料、氨基塑料、环氧塑料、有机硅塑料、硅酮塑料等属于热固性塑料。

2. 根据塑料性能及用途分类

（1）通用塑料

这类塑料是指产量大、用途广、价格低的塑料。主要包括：聚乙烯、聚氯乙烯、聚苯乙烯、聚丙烯、酚醛塑料和氨基塑料六大品种，它们的产量占塑料总产量的一半以上，构成了塑料工业的主体。

（2）工程塑料

这类塑料常指在工程技术中用做结构材料的塑料。除具有较高的机械强度外，这类塑料还具有很好的耐磨性、耐腐蚀性、自润滑性及尺寸稳定性等。它们具有某些金属特性，因而现在越来越多地代替金属作某些机械零件。

目前常用的工程塑料包括聚酰胺、聚甲醛、聚碳酸酯、ABS、聚砜、聚苯醚、聚四氟乙烯等。

（3）增强塑料

在塑料中加入玻璃纤维等填料作为增强材料，以进一步改善材料的力学性能和电性能，这种新型的复合材料通常称为增强塑料。它具有优良的力学性能，比强度和比刚度高。增强塑料分为热塑性增强塑料和热固性增强塑料。

（4）特殊塑料

特殊塑料指具有某些特殊性能的塑料。如氟塑料、聚酰亚胺塑料、有机硅树脂、环氧树脂、导电塑料、导磁塑料、导热塑料以及为某些专门用途而改性得到的塑料。

1.4 塑料的工艺性能

1.4.1 热塑性塑料的工艺性能

1. 收缩性

塑件自模具中取出冷却到室温后，各部分尺寸都比原来在模具中的尺寸有所缩小，这种性能称为收缩性。由于这种收缩不仅是树脂本身的热胀冷缩造成的，而且还与各种成型因素有关，因此成型后塑件的收缩称为成型收缩。

塑件成型收缩值可用收缩率来表示，计算公式如下：

$$S' = \frac{L_c - L_s}{L_s} \times 100\% \qquad (1\text{-}1)$$

$$S = \frac{L_m - L_s}{L_s} \times 100\% \qquad (1\text{-}2)$$

式中　S'——实际收缩率；

　　　S——计算收缩率；

　　　L_c——塑件在成型温度时的单向尺寸；

　　　L_s——塑件在室温时的单向尺寸；

　　　L_m——模具在室温时的单向尺寸。

因实际收缩率与计算收缩率数值相差很小，所以模具设计时常以计算收缩率为设计参数，来计算型腔及型芯等的尺寸。

在实际成型时，不仅塑料品种不同其收缩率不同，而且同一品种塑料的不同批号，或同一塑件的不同部位的收缩值也常不同。影响收缩率的主要因素包括：

（1）塑料品种

各种塑料都有其各自的收缩率范围，同一种塑料由于相对分子质量、填料及配比等不同，则其收缩率及各向异性也不同。

（2）塑件结构

塑件的形状、尺寸、壁厚、有无嵌件、嵌件数量及布局等，对收缩率值有很大影响，如塑件壁厚收缩率大，有嵌件则收缩率小。

（3）模具结构

模具的分型面、加压方向、浇注系统形式、布局及尺寸等对收缩率及方向性影响也很大，尤其是挤出成型和注射成型更为明显。

（4）成型工艺条件

挤出成型和注射成型一般收缩率较大，方向性也很明显。塑料的装料形式、预热情况、成型温度、成型压力、保压时间等对收缩率及方向性都有较大影响。例如采用压锭加料，进行预热，采用较低的成型温度、较高的成型压力，延长保压时间等均是减小收缩率及方向性的有效措施。

收缩率不是一个固定值，而是在一定范围内变化，收缩率的波动将引起塑件尺寸波动，因此模具设计时应根据以上因素综合考虑选择塑料的收缩率，对精度高的塑件应选取收缩率波动范围小的塑料，并留有试模后修正的余地。

2. 流动性

在成型过程中，塑料熔体在一定的温度、压力下填充模具型腔的能力称为塑料的流动性。塑料流动性差，就不容易充满型腔，易产生缺料或熔接痕等缺陷，因此需要较大的成型压力才能成型。相反，塑料的流动性好，可以用较小的成型压力充满型腔。但流动性太好，会在成型时产生严重的溢边。

（1）流动性的大小与塑料的分子结构有关

具有线型分子而没有或很少有交联结构的树脂流动性大。塑料中加入填料，会降低树脂的流动性，而加入增塑剂或润滑剂，则可增加塑料的流动性。

塑件合理的结构设计也可以改善流动性，例如在流道和塑件的拐角处采用圆角结构时改善了熔体的流动性。

(2) 热塑性塑料流动性指标

热塑性塑料流动性可用相对分子质量大小、熔体指数、螺旋线长度、表观黏度及流动比（流程长/塑件壁厚）等一系列指数进行分析，相对分子质量小、熔体指数高、螺旋线长度长、表观黏度小、流动比大的则流动性好。

(3) 影响流动性的主要因素

① 温度：料温高，则流动性大，但不同塑料各有差异。聚苯乙烯、聚丙烯、聚酰胺、聚甲基丙烯酸甲酯、ABS、AS、聚碳酸酯、醋酸纤维素等塑料流动性随温度变化的影响较大；而聚乙烯、聚甲醛的流动性受温度变化的影响较小。

② 压力：注射压力增大，则熔料受剪切作用大，流动性也增大，尤其是聚乙烯、聚甲醛较为敏感。

③ 模具结构：浇注系统的形式、尺寸、布置（如型腔表面粗糙度、浇道截面厚度、型腔形式、排气系统）、冷却系统设计、熔料流动阻力等因素都直接影响熔料的流动性。

凡促使熔料温度降低，流动阻力增大的因素（如塑件壁厚太薄、转角处采用尖角等），流动性就会降低。

3. 相容性

相容性是指两种或两种以上不同品种的塑料，在熔融状态下不产生相分离现象的能力。如果两种塑料不相容，则混熔时制件会出现分层、脱皮等表面缺陷。不同塑料的相容性与其分子结构有一定关系，分子结构相似者较易相容，例如高压聚乙烯、低压聚乙烯、聚丙烯彼此之间的混熔等；分子结构不同时较难相容，例如聚乙烯和聚苯乙烯之间的混熔。塑料的相容性又俗称为共混性。

通过塑料的这一性质，可以得到类似共聚物的综合性能，是改进塑料性能的重要途径之一。

4. 吸湿性

吸湿性是指塑料对水分的亲疏程度。据此塑料大致可分为两类：一类是具有吸湿或黏附水分倾向的塑料，如聚酰胺、聚碳酸酯、聚砜、ABS 等；另一类是既不吸湿也不易黏附水分的塑料，如聚乙烯、聚丙烯、聚甲醛等。

凡是具有吸湿或黏附水分倾向的塑料，如成型前水分未去除，则在成型过程中由于水分在成型设备的高温料筒中变为气体并促使塑料发生水解，成型后塑料出现气泡、银丝等缺陷。这样，不仅增加了成型难度，而且降低了塑件表面质量和力学性能。因此，为保证成型的顺利进行和塑件质量，对吸湿性和黏附水分倾向大的塑料，在成型之前应进行干燥，使水分控制在 0.2%~0.5%，ABS 的含水量应控制在 0.2%以下。

5. 热敏性

热敏性是指某些热稳定性差的塑料，在料温高和受热时间长的情况下就会产生降解、分解、变色的特性，热敏性很强的塑料称为热敏性塑料，如硬聚氯乙烯、聚三氟氯乙烯、聚甲醛等。

热敏性塑料产生分解、变色实际上是高分子材料的变质、破坏，不但影响塑料的性能，而且分解出气体或固体,尤其是有的气体对人体、设备和模具都有损害,有的分解产物往往又是该塑料分解的催化剂,如聚氯乙烯分解产物氯化氢,能促使高分子分解作用进一步加剧。因此在模具设计、选择注射机及成型时都应注意。可选用螺杆式注射机,增大浇注系统截面尺寸,模具和料筒镀铬,不允许有死角滞料,严格控制成型温度、模温、加热时间、螺杆转速及背压等措施。还可在热敏性塑料中加入稳定剂,以减弱热敏性。

1.4.2 热固性塑料的工艺性能

热固性塑料的工艺性能明显不同于热塑性塑料,其主要性能指标有收缩率、流动性、水分及挥发物含量与固化速度等。

1. 收缩率

同热塑性塑料一样,热固性塑料经成型冷却也会发生尺寸收缩,其收缩率的计算方法与热塑性塑料相同。产生收缩的主要原因有:

(1) 热收缩

热收缩是由于热胀冷缩而使塑件成型冷却后所产生的收缩。热收缩与模具的温度成正比,是成形收缩中主要的收缩因素之一。

(2) 结构变化引起的收缩

热固性塑料在成形过程中进行了交联反应,分子由线型结构变为网状结构,由于分子链间距的缩小,结构变得紧密,故产生了体积变化。

(3) 弹性恢复

塑件从模具中取出后,作用在塑件上的压力消失,由于弹性恢复,会造成塑件体积的负收缩(膨胀)。在成型以玻璃纤维和布质为填料的热固性塑料时,这种情况尤为明显。

(4) 塑性变形

塑件脱模时,成型压力迅速降低,但模壁紧压在塑件的周围,使其产生塑性变型。发生变形部分的收缩率比没有变形部分的大,因此塑件往往在平行加压方向收缩较小,在垂直加压方向收缩较大。为防止两个方向的收缩率相差过大,可采用迅速脱模的方法补救。

影响收缩率的因素与热塑性塑料的也相同,有原材料、模具结构、成型方法及成型工艺条件等。塑料中树脂和填料的种类及含量,也将直接影响收缩率的大小。当所用树脂在固化反应中放出的低分子挥发物较多时,收缩率较大;放出的低分子挥发物较少时,收缩率较塑料中填料含量较多或填料中无机填料增多时,收缩率较小。

凡有利于提高成型压力,增大塑料充模流动性,使塑件密实的模具结构,均能减少塑件的收缩率,例如用压缩或压注成型的塑件比注射成型的塑件收缩率小。凡能使塑件密实,成型前使低分子挥发物溢出的工艺因素,都能使塑件收缩率减小,例如成型前对酚醛塑料的预热、加压等。

2. 流动性

流动性的意义与热塑性塑料流动性类同,但热固性塑料通常用拉西格流动性来表示。

将一定质量的欲测塑料预压成圆锭,将圆锭放入压模中,在一定温度和压力下,测定它从模孔中挤出的长度(毛糙部分不计入内),此即拉西格流动性,其数值大则流动性好。

每一品种塑料的流动性可分为三个不同等级:① 拉西格流动值为 100~130 mm,用于压制无嵌件、形状简单、厚度一般的塑件;② 拉西格流动值为 131~150 mm,用于压制中等复杂程度的塑件；③ 拉西格流动值为 151～180 mm，用于压制结构复杂、型腔很深、嵌件较多的薄壁塑件或用于压注成型。

3. 比体积（比容）与压缩率

比体积是单位质量的松散塑料所占的体积（cm^3/g）；压缩率为塑料与塑件两者体积或比体积之比值，其值恒大于 1。

比体积与压缩率均表示粉状或短纤维塑料的松散程度，可用来确定压缩模加料腔容积的大小。

比体积和压缩率较大时，则要求加料腔体积大，同时也说明塑料内充气多，排气困难，成型周期长，生产率低；比体积和压缩率较小时，有利于压锭和压缩、压注。但比体积太小，则以容积法装料则会造成加料量不准确。各种塑料的比体积和压缩率是不同的，同一种塑料，其比体积和压缩率又与塑料形状、颗粒度及其均匀性不同而异。

4. 水分和挥发物含量

热固性塑料中的水分和挥发物来自两方面：一是塑料生产过程遗留下来及成型前在运输、储存时吸收的；二是成型过程中化学反应产生的副产物。若成型时塑料中的水分和挥发物过多又处理不及时，则会产生如下问题：流动性增大、易产生溢料，成形周期长，收缩率大，塑件易产生气泡、组织疏松、翘曲变形、波纹等缺陷。

此外，有的气体对模具有腐蚀作用，对人体有刺激作用，因此必须采取相应措施，消除或抑制有害气体的产生，包括采取成形前对物料进行预热干燥处理、在模具中开设排气槽或压制操作时设排气工步、模具表面镀铬等措施。

5. 固化（硬化）特性

固化特性是热固性塑料特有的性能，是指热固性塑料成型时完成交联反应的过程。固化速度不仅与塑料品种有关，而且与塑件形状、壁厚、模具温度和成型工艺条件有关，采用预压的锭料、预热、提高成形温度、增加加压时间都能加快固化速度。此外，固化速度还应适应成型方法的要求。例如压注或注射成型时，应要求在塑化、填充时交联反应慢，以保持长时间的流动状态。但当充满型腔后，在高温、高压下应快速固化。固化速度慢的塑料，会使成形周期变长，生产率降低；固化速度快的塑料，则不易成形大型复杂的塑件。

1.5 常用塑料

1.5.1 热塑性塑料

1. 聚乙烯（PE）

（1）基本特性

聚乙烯塑料的产量为塑料工业之冠，其中以高压聚乙烯的产量最大。聚乙烯树脂为无毒、无味，呈白色或乳白色，柔软、半透明的大理石状粒料，密度为 $0.91～0.96\ g/cm^3$，为结晶型塑料。

聚乙烯按聚合时所采用压力的不同，可分为高压、中压和低压聚乙烯。高压聚乙烯的分子结构不是单纯的线型，而是带有许多支链的树枝状分子。因此它的结晶度不高（结晶度仅60%~70%），密度较小，相对分子质量较小，常称为低密度聚乙烯。它的耐热性、硬度、机械强度等都较低。但是它的介电性能好，具有较好的柔软性、耐冲击性及透明性，成型加工性能也较好。中、低压聚乙烯的分子结构是支链很少的线型分子，其相对分子质量、结晶度较高（高达87%~95%），密度大，相对分子质量大，常称为高密度聚乙烯。它的耐热性、硬度、机械强度等均较高，但柔软性、耐冲击性及透明性、成型加工性能都较差。

聚乙烯的吸水性极小，且介电性能与温度、湿度无关。因此，聚乙烯是最理想的高频电绝缘材料，在介电性能上只有聚苯乙烯、聚异丁烯及聚四氟乙烯可与之相比。

（2）主要用途

低压聚乙烯可用于制造塑料管、塑料板、塑料绳以及承载不高的零件，如齿轮、轴承等；中压聚乙烯最适宜的成型方法有高速吹塑成形，可制造瓶类、包装用的薄膜以及各种注射成型制品和旋转成型制品，也可用在电线电缆上面；高压聚乙烯常用于制作塑料薄膜（理想的包装材料）、软管、塑料瓶以及电气工业的绝缘零件和电缆外皮等。

（3）成型特点

成型收缩率范围及收缩值大，方向性明显，容易变形、翘曲，应控制模温，保持冷却均匀、稳定；流动性好且对压力变化敏感；宜用高压注射，料温均匀，填充速度应快，保压充分；冷却速度慢，因此必须充分冷却，模具应设有冷却系统；质软易脱模，塑件有浅的侧凹槽时可强行脱模。

2. 聚丙烯（PP）

（1）基本特性

聚丙烯无色、无味、无毒。外观似聚乙烯，但比聚乙烯更透明、更轻。密度仅为0.90~0.91 g/cm³。它不吸水，光泽好，易着色。

聚丙烯具有聚乙烯所有的优良性能，如卓越的介电性能、耐水性、化学稳定性，宜于成形加工等；还具有聚乙烯所没有的许多性能，如屈服强度、抗拉强度、抗压强度和硬度及弹性比聚乙烯好。定向拉伸后聚丙烯可制作铰链，有特别高的抗弯曲疲劳强度。如用聚丙烯注射成形一体铰链（盖和本体合一的各种容器），经过70 000 000次开闭弯折未产生损坏和断裂现象。聚丙烯熔点为164℃~170℃，耐热性好，能在100℃以上的温度下进行消毒灭菌。其低温使用温度达-15℃，低于-35℃时会脆裂。聚丙烯的高频绝缘性能好，而且由于其不吸水，绝缘性能不受湿度的影响，但在氧气、高温、光照的作用下极易解聚、老化，所以必须加入防老化剂。

（2）主要用途

聚丙烯可用做各种机械零件如法兰、接头、泵叶轮、汽车零件和自行车零件；可作为水、蒸汽、各种酸碱等的输送管道，化工容器和其他设备的衬里、表面涂层；可制造盖和本体合一的箱壳，各种绝缘零件，并用于医药工业中。

（3）成型特点

成型收缩范围及收缩率大，易发生缩孔、凹痕、变形，方向性强；流动性极好，易于成形，热容量大，注射成型模具必须设计能充分进行冷却的冷却回路，注意控制成型温度。料温低时方向性明显，尤其是低温、高压时更明显。聚丙烯成型的适宜模温为80℃左右，不可低于50℃，否则会造成成型塑件表面光泽差或产生熔接痕等缺陷。温度过高会产生翘曲和变形。

3. 聚氯乙烯（PVC）

(1) 基本特性

聚氯乙烯是世界上产量最高的塑料品种之一。其原料来源丰富，价格低廉，性能优良，应用广泛。其树脂为白色或浅黄色粉末，形同面粉，造粒后为透明块状，类似明矾。

根据不同的用途加入不同的添加剂，聚氯乙烯塑件可呈现不同的物理性能和力学性能。在聚氯乙烯树脂中加大适量的增塑剂，可制成多种硬质、软质制品。纯聚氯乙烯的密度为 $1.4~g/cm^3$，加入了增塑剂和填料等的聚氯乙烯塑件的密度范围一般为 $1.15\sim2.00~g/cm^3$。

硬聚氯乙烯不含或含有少量增塑剂。它的机械强度颇高，有较好的抗拉、抗弯、抗压和抗冲击性能，可单独用做结构材料；其介电性能好，对酸碱的抵抗能力极强，化学稳定性好；但成形比较困难，耐热性不高。

软聚氯乙烯含有较多的增塑剂，柔软且富有弹性，类似橡胶，但比橡胶更耐光、更持久。在常温下其弹性不及橡胶，但耐蚀性优于橡胶，不怕浓酸、浓碱的破坏，不受氧气及臭氧的影响，能耐寒冷。成型性好，但耐热性低，机械强度、耐磨性及介电性能等都不及硬聚氯乙烯，且易老化。

总的来说，聚氯乙烯有较好的电气绝缘性能，可以用做低频绝缘材料，其化学稳定性也较好。由于聚氯乙烯的热稳定性较差，长时间加热会导致分解，放出氯化氢气体，使聚氯乙烯变色，所以其应用范围较窄，使用温度一般在 15 ℃ ~55 ℃。

(2) 主要用途

由于聚氯乙烯的化学稳定性高，所以可用于制作防腐管道、管件、输油管、离心泵和鼓风机等。聚氯乙烯的硬板广泛用于化学工业上制作各种贮槽的衬里、建筑物的瓦楞板、门窗结构、墙壁装饰物等建筑用材；由于电绝缘性能良好，可在电气、电子工业中用于制造插座、插头、开关和电缆。在日常生活中，用于制造凉鞋、雨衣、玩具和人造革等。

(3) 成型特点

它的流动性差，过热时极易分解，所以必须加大稳定剂和润滑剂，并严格控制成型温度及熔料的滞留时间。成型温度范围小，必须严格控制料温，模具应有冷却装置；采用带预塑化装置的螺杆式注射机。模具浇注系统应粗短，浇口截面宜大，不得有死角滞料。模具应冷却，其表面应镀铬。

4. 聚苯乙烯（PS）

(1) 基本特性

聚苯乙烯是仅次于聚氯乙烯和聚乙烯的第三大塑料品种。聚苯乙烯无色、透明、有光泽、无毒无味，落地时发出清脆的金属声，密度为 $1.054~g/cm^3$。聚苯乙烯是目前最理想的高频绝缘材料，可以与熔融的石英相媲美。

它的化学稳定性良好，能耐碱、硫酸、磷酸、10% ~30%的盐酸、稀醋酸及其他有机酸，但不耐硝酸及氧化剂的作用，对水、乙醇、汽油、植物油及各种盐溶液也有足够的抗腐蚀能力。它的耐热性低，只能在不高的温度下使用，质地硬而脆，塑件由于内应力而易开裂。聚苯乙烯的透明性很好，透光率很高，光学性能仅次于有机玻璃。它的着色能力优良，能染成各种鲜艳的色彩。

为了提高聚苯乙烯的耐热性和降低其脆性，常用改性聚苯乙烯和以聚苯乙烯为基体的共聚物，从而大大扩大了聚苯乙烯的用途。

(2) 主要用途

聚苯乙烯在工业上可用做仪表外壳、灯罩、化学仪器零件、透明模型等；在电气方面用做良好的绝缘材料、接线盒、电池盒等；在日用品方面广泛用于包装材料、各种容器、玩具等。

(3) 成形特点

聚苯乙烯性脆易裂，易出现裂纹，所以成型塑件脱模斜度不宜过小，顶出要受力均匀；热胀系数大，塑件中不宜有嵌件，否则会因两者热胀系数相差太大而开裂；由于流动性好，应注意模具间隙，防止成型飞边，且模具设计中大多采用点浇口形式；宜用高料温、高模温、低注射压力成形并延长注射时间，以防止缩孔及变形，降低内应力，但料温过高容易出现银丝；料温低或脱模剂多，则塑件透明性差。

5. 丙烯腈-丁二烯-苯乙烯共聚物（ABS）

(1) 基本特性

ABS 是丙烯腈、丁二烯、苯乙烯三种单体的共聚物，价格便宜，原料易得，是目前产量最大、应用最广的工程塑料之一。ABS 无毒、无味，为呈微黄色或白色不透明粒料，成型的塑件有较好的光泽，密度为 $1.02\sim1.05\ \text{g/cm}^3$。

ABS 由于是三种组分组成的，故它有三种组分的综合力学性能，而每一组分又在其中起着固有的作用。丙烯腈使 ABS 具有良好的表面硬度、耐热性及耐化学腐蚀性，丁二烯使 ABS 坚韧，苯乙烯使它有优良的成型加工性和着色性能。

ABS 的热变形温度比聚苯乙烯、聚氯乙烯、尼龙等都高，尺寸稳定性较好，具有一定的化学稳定性和良好的介电性能，经过调色可配成任何颜色。其缺点是耐热性不高，连续工作温度为 70 ℃左右，热变形温度为 93 ℃左右。不透明，耐气候性差，在紫外线作用下易变硬发脆。

根据 ABS 三种组分之间的比例不同，其性能也略有差异，从而适应各种不同的应用。

(2) 主要用途

ABS 在机械工业上用来制造齿轮、泵叶轮、轴承、把手、管道、电机外壳、仪表壳、仪表盘、水箱外壳、蓄电池槽、冷藏库和冰箱衬里等；汽车工业上用 ABS 制造汽车挡泥板、扶手、热空气调节导管、加热器等，还可用 ABS 夹层板制作小轿车车身；ABS 还可用来制作水表壳、纺织器材、电器零件、文教体育用品、玩具、电子琴及收录机壳体、食品包装餐器、农药喷雾器及家具等。

(3) 成型特点

ABS 易吸水，使成型塑件表面出现斑痕、云纹等缺陷。为此，成型加工前应进行干燥处理，在正常的成型条件下，壁厚、熔料温度对收缩率影响极小；要求塑件精度高时，模具温度可控制在 50 ℃～60 ℃，要求塑件光泽和耐热时，应控制在 60 ℃～80 ℃；ABS 比热容低，塑化效率高，凝固也快，故成型周期短；ABS 的表观黏度对剪切速率的依赖性很强，因此模具设计中大都采用点浇口形式。

6. 聚酰胺（PA）

(1) 基本特性

聚酰胺通称尼龙（Nylon）。尼龙是含有酰胺基的线型热塑性树脂，尼龙是这一类塑料的总称。根据所用原料的不同，常见的尼龙品种有尼龙 1010、尼龙 610、尼龙 66、尼龙 6、尼龙9、尼龙11等。

(2) 使用特性及用途

尼龙有优良的力学性能，抗拉、抗压、耐磨。经过拉伸定向处理的尼龙，其抗拉强度很高，接近于钢的水平。因尼龙的结晶性很高，表面硬度大，摩擦系数小，故具有十分突出的耐磨性和自润滑性。它的耐磨性高于一般用做轴承材料的铜、铜合金、普通钢等。尼龙耐碱、弱酸，但强酸和氧化剂能侵蚀尼龙。尼龙的缺点是吸水性强、收缩率大，常常因吸水而引起尺寸变化。其稳定性较差，一般只能在80℃~100℃使用。

为了进一步改善尼龙的性能，常在尼龙中加入减摩剂、稳定剂、润滑剂、玻璃纤维填料等，以克服尼龙存在的一些缺点，提高机械强度。

尼龙广泛用于工业上制作各种机械、化学和电器零件，如轴承、齿轮、滚子、辊轴、滑轮、泵叶轮、风扇叶片、蜗轮、高压密封扣圈、垫片、阀座、输油管、储油容器、绳索、传动带、电池箱、电器线圈等零件，还可将粉状尼龙热喷到金属零件表面上，以提高耐磨性或作为修复磨损零件之用。

(3) 成型特点

尼龙原料较易吸湿，因此在成型加工前必须进行干燥处理。尼龙的热稳定性差，干燥时为避免材料在高温时氧化，最好采用真空干燥法；尼龙的熔融黏度低，流动性好，有利于制成强度特别高的薄壁塑件，但容易产生飞边，故模具必须选用最小间隙；熔融状态的尼龙热稳定性较差，易发生降解使塑件性能下降，因此不允许尼龙在高温料筒内停留过长时间；尼龙成形收缩率范围及收缩率大，方向性明显，易产生缩孔、凹痕、变形等缺陷，因此应严格控制成形工艺条件。

7. 聚甲醛（POM）

(1) 基本特性

聚甲醛是继尼龙之后发展起来的一种性能优良的热塑性工程塑料，其性能不低于尼龙，而价格却比尼龙低廉。聚甲醛树脂为白色粉末，经造粒后为淡黄或白色、半透明、有光泽的硬粒。聚甲醛有较高的抗拉、抗压性能和突出的耐疲劳强度，特别适合于用做长时间反复承受外力的齿轮材料；聚甲醛尺寸稳定、吸水率小，具有优良的减摩、耐磨性能；能耐扭变，有突出的回弹能力，可用于制造塑料弹簧制品；常温下一般不溶于有机溶剂，能耐醛、酯、醚、烃及弱酸、弱碱，耐汽油及润滑油性能也很好，但不耐强酸；有较好的电气绝缘性能。

聚甲醛的缺点是成型收缩率大，在成型温度下的热稳定性较差。

(2) 主要用途

聚甲醛特别适合于制作轴承、凸轮、滚轮、辊子、齿轮等耐磨传动零件，还可用于制造汽车仪表板、汽化器、各种仪器外壳、罩盖、箱体、化工容器、泵叶轮、鼓风机叶片、配电盘、线圈座、各种输油管、塑料弹簧等。

(3) 成形特点

聚甲醛的收缩率大；它的熔融温度范围小，热稳定性差，因此过热或在允许温度下长时间受热，均会引起分解，分解产物甲醛对人体和设备都有害。聚甲醛的熔融或凝固十分迅速，熔融速度快，有利于成型，缩短成型周期，但凝固速度快会使熔料结晶化速度快，塑件容易产生熔接痕等表面缺陷。所以，注射速度要快，注射压力不宜过高。其摩擦系数低、弹性高，浅侧凹槽可采用强制脱出，塑件表面可带有皱纹花样。

8. 聚碳酸酯（PC）

（1）基本特性

聚碳酸酯为无色透明粒料，密度为 1.02~1.05 g/cm³。聚碳酸酯是一种性能优良的热塑性工程塑料，韧而刚，抗冲击性在热塑性塑料中名列前茅；成型零件可达到很好的尺寸精度并在很宽的温度范围内保持其尺寸的稳定性；成型收缩率恒定为 0.5%~0.8%；抗蠕变、耐磨、耐热、耐寒；脆化温度在 100 ℃ 以下，长期工作温度达 120 ℃；聚碳酸酯吸水率较低，能在较宽的温度范围内保持较好的电性能。聚碳酸酯是透明材料，可见光的透光率接近 90%。

其缺点是耐疲劳强度较差，成型后塑件的内应力较大，容易开裂。用玻璃纤维增强聚碳酸酯则可克服上述缺点，使聚碳酸酯具有更好的力学性能、更好的尺寸稳定性、更小的成型收缩率，并可提高耐热性和耐药性，降低成本。

（2）主要用途

在机械上主要用做各种齿轮、蜗轮、蜗杆、齿条、凸轮、轴承、各种外壳、盖板、容器、冷冻和冷却装置零件等。在电气方面，用做电机零件、风扇部件、拨号盘、仪表壳、接线板等。聚碳酸酯还可制作照明灯、高温透镜、视孔镜、防护玻璃等光学零件。

（3）成形特点

虽然吸水性小，但高温时对水分比较敏感，会出现银丝、气泡及强度下降现象，所以加工前必须干燥处理，而且最好采用真空干燥法；熔融温度高，熔体黏度大，流动性差，所以成型时要求有较高的温度和压力；熔体黏度对温度十分敏感，一般用提高温度的方法来增加熔融塑料的流动性。

9. 聚甲基丙烯酸甲酯（PMMA）

（1）基本特性

聚甲基丙烯酸甲酯俗称"有机玻璃"，是一种透光塑料，具有高度的透明性和优异的透光性，透光率达 92%，优于普通硅玻璃。

有机玻璃密度为 1.18 g/cm³，比普通硅玻璃小一半。机械强度为普通硅玻璃的 10 倍以上；它轻而坚韧，容易着色，有较好的电气绝缘性能；化学性能稳定，能耐一般的化学腐蚀，但能溶于芳烃、氯代烃等有机溶剂；在一般条件下尺寸较稳定。有机玻璃可制成棒、管、板等型材，供二次加工成塑件，也可制成粉状物，供成型加工。其最大缺点是表面硬度低，容易被硬物擦伤拉毛。

（2）主要用途

有机玻璃主要用于制造要求具有一定透明度和强度的防震、防爆和观察等方面的零件，如飞机和汽车的窗玻璃、飞机罩盖、油杯、光学镜片、透明模型、透明管道、车灯灯罩、油标及各种仪器零件，也可用做绝缘材料、广告铭牌等。

（3）成型特点

为了防止塑件产生气泡、混浊、银丝和发黄等缺陷，影响塑件质量，原料在成型前要很好地干燥；为了得到良好的外观质量，防止塑件表面出现流动痕迹、熔接线痕和气泡等不良现象，一般采用尽可能低的注射速度；模具浇注系统对料流的阻力应尽可能小，并应制出足够的脱模斜度。

1.5.2 热固性塑料

1. 酚醛塑料（PF）

（1）基本特性

酚醛塑料是一种产量较大的热固性塑料，它是以酚醛树脂为基础而制得的。酚醛树脂本身很脆，呈琥珀玻璃态，必须加入各种纤维或粉末状填料后才能获得具有一定性能要求的酚醛塑料。酚醛塑料大致可分为四类：层压塑料、压塑料、纤维状压塑料、碎屑状压塑料。

酚醛塑料与一般热塑性塑料相比，刚性好，变形小，耐热耐磨，能在 150 ℃ ~200 ℃ 的温度范围内长期使用；在水润滑条件下，有极低的摩擦系数；其电绝缘性能优良。酚醛塑料的缺点是质脆，抗冲击强度差。

（2）主要用途

酚醛层压塑料用浸渍过酚醛树脂溶液的片状填料制成，可制成各种型材和板材。根据所用填料不同，有纸质、布质、木质、石棉和玻璃布等各种层压塑料。布质及玻璃布酚醛层压塑料有优良的力学性能、耐油性能和一定的介电性能，可用于制造齿轮、轴瓦、导向轮、无声齿轮、轴承及用于电工结构材料和电气绝缘材料；木质层压塑料适用于制作水润滑冷却下的轴承及齿轮等；石棉布层压塑料主要用于制造高温下工作的零件。

酚醛纤维状压塑料可以加热模压成各种复杂的机械零件和电器零件，具有优良的电气绝缘性能，耐热、耐水、耐磨，可制作各种线圈架、接线板、电动工具外壳、风扇叶子、耐酸泵叶轮、齿轮和凸轮等。

（3）成型特点

成型性能好，特别适用于压缩成型。模温对流动性影响较大，一般当温度超过 160 ℃ 时流动性迅速下降；硬化时放出大量热，厚壁大型塑件内部温度易过高，发生硬化不均及过热现象。

2. 环氧树脂（EP）

（1）基本特性

环氧树脂是含有环氧基的高分子化合物。未固化之前，它是线型的热塑性树脂，只有在加入固化剂（如胺类和酸酐等化合物）交联成不熔的体型结构的高聚物之后，才有作为塑料的实用价值。

环氧树脂种类繁多，应用广泛，有许多优良的性能，其最突出的特点是黏结能力很强，是人们熟悉的"万能胶"的主要成分。此外，环氧树脂还耐化学药品、耐热，电气绝缘性能良好，收缩率小，比酚醛树脂有较好的力学性能。其缺点是耐气候性差，耐冲击性低，质地脆。

（2）主要用途

环氧树脂可用做金属和非金属材料的黏合剂，用于封装各种电子元件，配以石英粉等能浇铸各种模具，还可以作为各种产品的防腐涂料。

（3）成型特点

流动性好，硬化速度快；环氧树脂热刚性差，硬化收缩小，难于脱模，浇注前应加脱模剂；固化时不析出任何副产物，成型时不需排气。

3. 氨基塑料

氨基塑料是由氨基化合物与醛基（主要是甲醛）经缩聚反应而制得的塑料，主要包括脲-甲醛、三聚氰胺-甲醛等。

（1）氨基塑料的基本特性及主要用途

1）脲-甲醛塑料（UF）

脲-甲醛塑料是由脲-甲醛树脂和漂白纸浆等制成的压塑粉。脲-甲醛塑料可染成各种鲜艳的色彩，外观光亮，部分透明，表面硬度较高，耐电弧性能好，耐矿物油、耐霉菌，但其耐水性较差，在水中长期浸泡后电气绝缘性能下降。

脲-甲醛塑料大量用于压制日用品及电气照明用设备的零件、电话机、收录机、钟表外壳、开关插座及电气绝缘零件。

2）三聚氰胺-甲醛塑料（MF）

由三聚氰胺-甲醛树脂与石棉滑石粉等制成，也称为密胺塑料。三聚氰胺-甲醛塑料可染上各种色彩，制成耐光、耐电弧、无毒的塑料，其在 20 ℃~100 ℃ 的温度范围内性能变化小，能耐沸水而且耐茶、咖啡等污染性强的物质，能像陶瓷一样方便地去除茶渍一类的污染物，且有重量轻、不易碎的特点。

密胺塑料主要用于制作餐具、航空茶杯及电器开关、灭弧罩及防爆电器的配件。

（2）氨基塑料的成形特点

氨基塑料常用压缩、压注成型。在压注成型时收缩率大，含水分及挥发物多，所以使用前需预热干燥；由于密胺塑料在成型时有弱酸性分解及水分析出，故模具应镀铬防腐，并注意排气；由于流动性好，硬化速度快，因此预热及成型时温度要适当，装料、合模及加工速度要快；带嵌件的密胺塑料塑件易产生应力集中，故尺寸稳定性差。

1.6 复习思考题

1. 什么是塑料？
2. 聚合物高分子与低分子相比结构的特点是什么？
3. 塑料是由哪些成分组成的？
4. 根据塑料中树脂的分子结构和热性能，塑料分为哪几种？其特点是什么？
5. 塑料有哪些主要使用性能？
6. 什么是塑料成型过程中的取向行为？
7. 填充剂的作用有哪些？
8. 增塑剂的作用是什么？
9. 润滑剂的作用是什么？
10. 简述稳定剂的作用及种类。
11. 热塑性塑料的工艺性表现在哪些方面？
12. 塑料的改性方法有哪些？
13. 热塑性塑料和热固性塑料分别具有哪些特性？哪些常见塑料分别是属于这两类的？
14. 热塑性塑料受热后表现出哪三种常见的物理状态？分别可以进行何种成型加工？
15. 在塑料成型中改善流动性的办法有哪些？

16. 什么是塑料的收缩性？影响塑料收缩性的基本因素有哪些？
17. 什么是塑料的流动性？影响塑料流动性的基本因素有哪些？
18. 什么叫应力开裂？防止应力开裂的措施有哪些？
19. 聚乙烯按聚合时所采用压力可分为几种？可应用于哪些方面？
20. 聚苯乙烯有哪些性能？应用在哪些方面？
21. ABS 有哪些性能？应用在哪些方面？
22. 酚醛塑料有哪些性能？应用在哪些方面？

第 2 章　塑料成型原理与工艺

配套资源

学习目标与要求

1. 了解注射、压缩、压注和挤出成型原理。
2. 掌握注射、压缩、压注和挤出成型工艺过程。
3. 掌握工艺参数对塑件质量的影响。
4. 掌握注射、压缩、压注和挤出成型的特点。
5. 会制订塑料的成型工艺。

学习重点

1. 注射、压缩、压注和挤出成型的基本原理。
2. 注射、压缩、压注和挤出成型的工艺条件。

学习难点

1. 工艺条件与各因素之间的关系。
2. 模具与成型设备之间的关系。

在塑料成型生产中,塑料原料、成型设备和成型所用模具是三个必不可少的物质条件,必须运用一定的技术方法,使这三者联系起来形成生产能力,这种方法称为塑料成型工艺。塑料种类很多,其成型方法也很多,表 2-1 列出常用的成型加工方法与模具。

表 2-1　常用的成型加工方法与模具

序　号	成型方法	成型模具	用　途
1	注射成型	注射模	如电视机外壳、食品周转箱、塑料盆、汽车仪表盘等
2	压缩成型	压缩模	如电器设备、电话机、开关插座、塑料餐具、齿轮等
3	压注成型	压注模	适用于生产小尺寸的塑件
4	挤出成型	口模	如塑料棒、管、板、薄膜、异形型材(扶手等)
5	中空吹塑	口模、吹塑模	适用与生产中空或管状塑件,如瓶子、容器、玩具等
6	热成型	真空成型模具	适合生产形状简单的塑件,此方法可供选择的原料较少
		压缩空气模具	

塑料的成型方法除了以上列举的六种外,还有压延成型、浇铸成型、玻璃纤维热固性塑料的低压成型、滚塑(旋转)成型、发泡成型、快速成型等。本书着重介绍应用最广泛的注射成型、压缩成型、压注成型、挤出成型。

2.1 注射成型原理与工艺

2.1.1 注射成型原理和特点

1. 注射成型原理

注射成型是通过注射机来实现的，图 2-1 所示为螺杆式注射机的注射成型原理图。将粒状或粉状的塑料加入注射机料筒，经加热熔融后，由注射机的螺杆高压、高速推动熔融塑料通过料筒前端喷嘴，快速射入已经闭合的模具型腔（图 2-1（a）），充满型腔的熔体在受压情况下，经冷却固化而保持型腔所赋予的形状（图 2-1（b）），然后打开模具，取出获得的成型塑件（图 2-1（c））。这个过程即是一个成型周期。生产过程就是不断地重复上述周期。成型周期的长短由塑件的尺寸、形状、厚度、模具的结构、注射机类型以及塑料品种和成型工艺条件等因素决定。

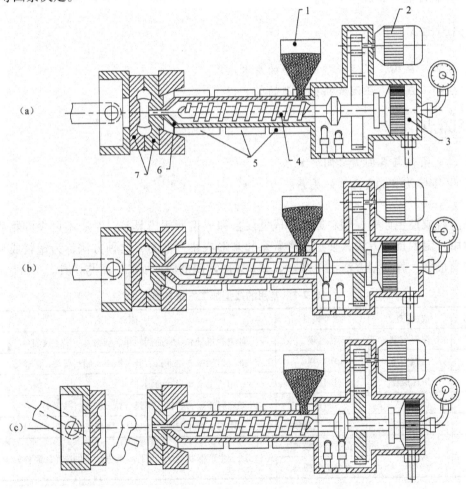

图 2-1 螺杆式注射机注射成型原理图

1—料斗；2—螺杆传动装置；3—注射液压缸；4—螺杆；5—加热器；6—喷嘴；7—模具

2. 注射成型的特点

注射成型是热塑性塑件生产的一种重要方法,其主要特点有:
① 生产周期短,生产率高,容易实现自动化生产。
② 能成型外形复杂的塑件,且能保证精度。
③ 成型各种塑料的适应性强。
④ 设备价格高,模具制造费用较高,不适合单件及小批量塑件的生产。

除少数热塑性塑料(氟塑料)外,几乎所有的热塑性塑料都可以用注射成型方法生产塑件。注射成型不仅用于热塑性塑料的成型,而且已经成功地应用于热固性塑料的成型。目前,其成型制品占目前全部塑件的20%~30%。为进一步扩大注射成型塑件的范围,还开发了一些专门用于成型有特殊性能或特殊结构要求塑件的专用注射技术,如高精度塑件的精密注射、复合色彩塑件的多色注射、内外由不同物料构成的夹芯塑件的夹芯注射和光学透明塑件的注射压缩成型等。

2.1.2 注射成型工艺过程

注射成型工艺过程的确定是注射工艺规程制订的中心环节。主要有成型前的准备、注射过程和塑件的后处理三个过程。

1. 注射成型前的准备

为了保证注射成型过程顺利进行,使塑件产品质量满足要求,在成型前必须做好一系列准备工作,主要有原材料的检验、原材料的着色、原材料的干燥、嵌件的预热、脱模剂的选用以及料筒的清洗等。

(1) 原料的检验和工艺性能测定

在成型前应对原料的种类、外观(色泽、粒度和均匀性等)进行检验以及流动性、热稳定性、收缩性、水分含量等方面进行测定。

(2) 对塑料原料进行着色

为了使成型出来的塑件更美观或要满足使用方面的要求,配色着色可采用色粉直接加入树脂和色母粒。

色粉与塑料树脂直接混合后,送入下一步制品成型工艺,工序短,成本低,但工作环境差,着色力差,着色均匀性和质量稳定性差。

色母粒是着色剂和载体树脂、分散剂、其他助剂配制成一定浓度着色剂的粒料,制品成型时根据着色要求,加入一定量色母粒,使制品含有要求的着色剂量,达到着色要求。

(3) 预热干燥

对于吸湿性强的塑料(聚酰胺、有机玻璃、聚酰胺、聚碳酸酯、聚砜等),应根据注射成型工艺允许的含水量要求进行适当的预热干燥,去除原料中过多的水分及挥发物,以防止注射时发生水降解或成型后塑件表面出现气泡和银纹等缺陷。表2-2列出部分塑料成型前允许的含水量。

表2-2 部分塑料成型前允许的含水量

塑料名称	允许含水量/%	塑料名称	允许含水量/%
聚酰胺 PA-6	0.10	聚碳酸酯	0.01~0.02
聚酰胺 PA-66	0.10	聚苯醚	0.10
聚酰胺 PA-11	0.05	聚砜	0.05
聚酰胺 PA-610	0.05	ABS（电镀级）	0.05
聚酰胺 PA-1010	0.05	ABS（通用级）	0.10
聚酰胺 PA-9	0.05	纤维素塑料	0.20~0.50
聚甲基丙烯酸甲酯	0.05	聚苯乙烯	0.10
聚对苯二甲酸乙二酯	0.05~0.10	高冲击强度聚苯乙烯	0.10
聚对苯二甲酸丁二酯	0.01	聚乙烯	0.05
硬聚氯乙烯	0.08~0.10	聚丙烯	0.05
软聚氯乙烯	0.08~0.10	聚四氟乙烯	0.06

不易吸湿的塑料原料，如聚乙烯、聚丙烯、聚苯乙烯、聚氯乙烯、聚甲醛等，如果储存良好，包装严密，一般可不干燥。

干燥处理就是利用高温使塑料中的水分含量降低，方法有烘箱干燥、红外线干燥、热板干燥、高频干燥等。干燥方法的选用，应视塑料的性能、生产批量和具体的干燥设备条件而定。热塑性塑料通常采用前两种干燥方法。常见塑料的干燥条件见表2-3。

表2-3 常见塑料的干燥条件

塑料名称	干燥温度/℃	干燥时间/h	料层厚度/mm	含水量/%
ABS	80~85	2~4	30~40	<0.1
聚碳酸酯	120~130	6~8	<30	<0.015
聚对苯二甲酸丁二酯	130	5	20~30	<0.2
聚苯醚	110~120	2~4	30~40	<0.02
聚酰胺	90~100	8~12	<30	<0.1
聚甲基丙烯酸甲酯	70~80	4~6	30~40	<0.1
聚砜	110~120	4~6	<30	0.05

影响干燥效果的因素有：干燥温度、干燥时间和料层厚度。一般情况下，干燥温度应控制在塑料的玻璃化温度以下，但温度如果过低，则不易排除水分；干燥时间长，干燥效果好，但周期过长；干燥时料层厚度一般为20~50 mm。干燥后的原料要求立即使用，如果暂时不用，为防止再次吸湿，要密封存放；长时间不用的塑料使用前应重新干燥。

(4) 料筒的清洗

在注射成型之前，如果注射机料筒中原来残存的塑料与将要使用的塑料不同或颜色不一致时，或发现成型过程中出现了热分解或降解反应，都要对注射机的料筒进行清洗。

通常，柱塞式料筒存料量大，又不易转动，必须将料筒拆卸清洗或采用专用料筒。而对于螺杆式注射机通常采用直接换料、对空注射法清洗。

料筒的对空注射法清洗：

① 新塑料成型温度高于料筒内残存塑料的成型温度时，应将料筒温度升高到新料的最低成型温度，然后加入新料（也可以是新料的回料），连续"对空注射"，直到残存塑料全部清洗完毕，再调整温度进行正常生产。

② 新塑料的成型温度比料筒内残存塑料的成型温度低时，应将料筒温度升高到残存塑料的最佳流动温度后切断电源，用新料或新料的回料在降温下进行清洗。

③ 如果新料成型温度高，而料筒中残存塑料又是热敏性塑料（如聚氯乙烯、聚甲醛和聚三氟氯乙烯等），则应选流动性好、热稳定性高的塑料（如聚苯乙烯、低密度聚乙烯等）作为过渡料，先换出热敏性塑料，再用新料或新料的回料换出热稳定性好的过渡料。

④ 两种物料成型温度相差不大时，不必改变温度，先用新料的回料，后用新料连续"对空注射"即可。

由于直接换料清洗浪费了大量的清洗料，目前已经研制出一种新的料筒清洗剂，这种清洗剂的使用方法：首先将料筒温度升至比正常生产温度高 10 ℃ ~ 20 ℃，放入净料筒内的存储料，然后加入清洗剂（用量为 50 ~ 200g），最后加入新换料，用预塑的方式连续挤一段时间即可。可重复清洗，直至达到要求为止。

（5）嵌件的预热

为了满足装配和使用强度的要求，成型前，金属零件先放入模具内的预定位置上，成型后与塑料成为一个整体。塑件内嵌入的金属部件称嵌件。由于金属和塑料收缩率差别较大，在塑件冷却时，嵌件周围产生较大的内应力，导致嵌件周围强度下降和出现裂纹。因此，在成型前对金属嵌件进行预热，减小嵌件和塑料的温度差。

对于成型时不易产生应力开裂的塑料，且嵌件较小时，则可以不必预热。预热的温度以不损坏金属嵌件表面所镀的锌层或铬层为限，一般为 110 ℃ ~ 130 ℃。对于表面无镀层的铝合金或铜嵌件，预热温度可达 150 ℃。

（6）脱模剂的选用

脱模剂是使塑件容易从模具中脱出而喷涂在模具表面上的一种助剂。注射成型时，塑件的脱模主要是依赖于合理的工艺条件和正确的模具设计，但由于塑件本身的复杂性或工艺条件控制不稳定，可能造成脱模困难，所以在实际生产中经常使用脱模剂。

常用的脱模剂有硬脂酸锌、液体石蜡（白油）和硅油等。除了硬醋酸锌不能用于聚酰胺之外，对于一般塑料，上述三种脱模剂均可使用。其中尤以硅油脱模效果最好，只要对模具施用一次，即可长效脱模，但价格高昂，使用麻烦。硬脂酸锌通常多用于高温模具，而液体石蜡多用于中低温模具。

使用脱模剂时，喷涂应均匀、适量，以免影响塑件的外观和质量。对于含有橡胶的软塑件或透明塑件不宜采用脱模剂，否则将影响塑件的透明度。

2. 注射过程

注射成型过程包括加料、塑化、充模、保压、倒流、冷却和脱模等几个步骤。但就塑料在注射成型中的实质变化而言，是塑料的塑化和熔体充满型腔与冷却定型两大过程。

（1）加料

注射成型时需定量加料，塑料塑化均匀，获得良好的塑件。加料过多、受热的时间过长容易引起塑料的热降解，同时注射机功率损耗增多；加料过少，料筒内缺少传压介质，型腔中塑料熔体压力降低，难于补压，容易引起塑件出现收缩、凹陷、空洞甚至缺料等缺陷。

（2）塑化

塑料在料筒中受热，由固体颗粒转换成黏流态并且形成具有良好可塑性均匀熔体的过程称为塑化。塑化进行得好坏直接关系到塑件的产量和质量。对塑化的要求是：在规定时间内提供足够数量的熔融塑料；塑料熔体在进入塑料模型腔之前应达到规定的成型温度，而且熔体温度应均匀一致。

决定塑料塑化质量的主要因素是塑料的性能、受热状况和塑化装置的结构。通过料筒对塑料加热，使聚合物分子松弛，由固体向液体转变；而剪切作用则以机械力的方式强化了混合和塑化过程，使塑料熔体的温度分布、物料组成和分子形态部发生改变，并更趋于均匀；同时螺杆的剪切作用能在塑料中产生更多的摩擦热，促进了塑料的塑化，因而螺杆式注射机对塑料的塑化比柱塞式注射机要好得多。

总之，塑料的塑化是一个比较复杂的物理过程，它涉及固体塑料输送、熔化、熔体塑料输送等许多问题；涉及注射机类型、料筒和螺杆结构；涉及工艺条件的控制等。

(3) 充模

充模是注射机柱塞或螺杆将塑化好的熔体推挤至料筒前端，经过喷嘴及模具浇注系统进入并充满型腔的过程。模具型腔内熔体迅速增加，压力也迅速增大，当熔体充满型腔后，其压力达到最大值。

(4) 保压

熔体在模具中冷却收缩时，继续保持施压状态的柱塞或螺杆迫使浇口附近的熔料不断补充入模具中，使型腔中的塑料能成型出形状完整而致密的塑件，这一阶段称为保压。直到浇口冻结时，保压结束。

(5) 倒流

如果浇口尚未冻结，柱塞或螺杆后退，对型腔中熔体压力解除，这时型腔中的熔料压力将比浇口流道的高，就会发生型腔中熔料通过浇口流向浇注系统的倒流现象，使塑件产生收缩、变形及质地疏松等缺陷。如果浇口处的熔体已凝结，柱塞或螺杆开始后退，则倒流阶段不复存在。

(6) 浇口冻结后的冷却

当浇注系统的塑料已经冻结后，继续保压已不再需要，因此可退回柱塞或螺杆，卸除对料筒内塑料的压力，并加入新料，同时模具通入冷却水、油或空气等冷却介质，进行进一步的冷却，这一阶段称为浇口冻结后的冷却。实际上冷却过程从塑料注入型腔起就开始了，它包括从充模完成、保压到脱模前的这一段时间。

(7) 脱模

塑件冷却到一定的温度即可开模，在推出机构的作用下将塑料制件推出模外。脱模时，型腔压力要接近或等于外界压力，脱模顺利，塑件质量较好。型腔内压力与外界压力之差称为残余压力。当残余压力为正值时，脱模较为困难，塑件容易被划伤或破坏；当残余压力为负值时，塑件表面容易产生凹陷或内部产生真空泡。

3. 塑件的后处理

塑件脱模后常需要进行适当的后处理。塑件的后处理主要指退火或调湿处理。

(1) 退火处理

由于塑化不均匀或塑料在型腔中的结晶、定向和冷却不均匀，造成塑件各部分收缩不一致，或由于金属嵌件的影响和塑件的二次加工不当等原因，塑件内部不可避免地存在一些内应力。而内应力的存在往往导致塑件在使用过程中产生变形或开裂，因此塑件常需要退火处理，以消除残余应力。

把塑件放在一定温度的烘箱中或液体介质（如水、热矿物油、甘油、乙二醇和液体石蜡等）中一段时间，然后缓慢冷却至室温。利用退火时的热量，加速塑料中大分子松弛，从而消除或降低塑件成型后的残余应力。

退火的温度一般控制在高于塑件的使用温度10℃~20℃或低于塑料热变形温度10℃~20℃。温度不宜过高，否则塑件会产生翘曲变形；温度也不宜过低，否则达不到后处理的目的。

退火的时间取决于塑料品种、加热介质的温度、塑件的形状和壁厚、塑件精度要求等因素。表2-4为常用热塑性塑料的热处理条件。

表2-4 常用热塑性塑料的热处理条件

塑料名称	热处理温度/℃	时间/h	热处理方式
ABS	70	4	烘箱
聚碳酸酯	110~135	4~8	红外灯、烘箱
	100~110	8~12	
聚甲醛	140~145	4	红外线加热、烘箱
聚酰胺	100~110	4	盐水
聚甲基丙烯酸甲酯	70	4	红外线加热、烘箱
聚砜	110~130	4~8	红外线加热、烘箱、甘油
聚对苯二甲酸丁二酯	120	1~2	烘箱

（2）调湿处理

将刚脱模的塑件（聚酰胺类）放在热水中隔绝空气，防止氧化，消除内应力，以加速达到吸湿平衡，稳定其尺寸，称为调湿处理。如聚酰胺类塑件脱模时，在高温下接触空气容易氧化变色，在空气中使用或存放又容易吸水而膨胀，经过调湿处理，既隔绝了空气，又使塑件快速达到吸湿平衡状态，使塑件尺寸稳定下来。

经过调湿处理，还可以改善塑件的韧度，使冲击韧度和抗拉强度有所提高。调湿处理的温度一般为100℃~120℃，热变形温度高的塑料品种取上限；反之，取下限。

调湿处理的时间取决于塑料的品种、塑件形状、壁厚和结晶度大小。达到调湿处理时间后，缓慢冷却至室温。

并不是所有塑件都要进行后处理。通常只是对于带有金属嵌件、使用温度范围变化较大、尺寸精度要求较高、壁厚大和内应力又不易自行消除的塑件才进行必要的后处理。

2.1.3 注射成型工艺条件选择

在塑件的注射成型中，影响注射成型塑件质量的因素很多，但在塑料原材料、注射机和模具结构确定之后，注射成型工艺条件的选择与控制，便是保证成型顺利进行和塑件质量的关键因素之一，注射成型最重要的工艺条件是温度、压力和作用时间。

1. 温度

在注射成型中需要控制的温度有料筒温度、喷嘴温度和模具温度。料筒温度和喷嘴温度主要影响塑料的塑化和塑料的流动性；而模具温度主要影响充满型腔和冷却固化。

（1）料筒温度

关于料筒温度的选择，涉及的因素很多，主要有以下几方面。

① 塑料的黏流温度或熔点。不同的塑料，其黏流温度或熔点是不同的。对于非结晶型塑料，料筒末端温度应控制在它的黏流温度（T_f）以上；对于结晶型塑料则应控制在其熔点（T_m）以上。但为了保证塑料不发生分解，料筒温度均不能超过塑料本身的分解温度（T_d）。

即料筒温度应控制在黏流温度（或熔点）与分解温度之间（$T_f - T_d$ 或 $T_m - T_d$）。

对于黏流温度与分解温度之间范围较窄的塑料（如硬聚氯乙烯），为防止塑料分解，料筒温度应取偏低一些。对于黏流温度与分解温度之间范围较宽的塑料（如聚苯乙烯、聚乙烯、聚丙烯），料筒温度可以比黏流温度高得多一些。

但是对于热敏性塑料（如聚甲醛、聚氯乙烯等），必须要控制料筒的最高温度和塑料在料筒中停留的时间，防止它在高温下停留时间长而发生氧化降解。

② 塑料的相对分子质量及相对分子质量分布。同一种塑料，平均分子质量高、分子量分布较窄、熔体黏度大时料筒温度应高些；而平均分子质量低、分布宽、熔体黏度小，料筒温度低些。玻璃纤维增强塑料，随着玻璃纤维含量的增加，熔体流动性下降，因而料筒温度要相应地提高。

③ 注射机类型。柱塞式注射机中塑料的加热仅靠料筒壁和分流梭表面传热，而且料层较厚，升温较慢，因此料筒的温度要高些；螺杆式注射机中的塑料会受到螺杆的搅拌混合，获得较多的剪切摩擦热，料层较薄，升温较快，因此料筒温度可以低于柱塞式的10℃~20℃。

④ 塑件及模具结构。对于薄壁塑件，其相应的型腔狭窄，熔体充模的阻力大、冷却快，为了提高熔体流动性，便于充满型腔，料筒温度应选择高些。相反，对于厚壁制品，料筒温度可取低一些。对于形状复杂或带有嵌件的塑件，或熔体充模流程较长，曲折较多的料筒温度也应取高一些。

整个料筒温度的分布保持一定的梯度，从靠近料斗一端（送料段）起至喷嘴（前端）止是逐步升高的。料筒料斗一端主要是对塑料进行预备加热；压缩段的前半部分要稍低于塑料的熔点，后半段的温度要高于塑料的熔点；而喷嘴前端的温度最高。

湿度较高的塑料可适当提高料筒后端温度。螺杆式注射机料筒中的塑料，由于受螺杆剪切摩擦作用，有助于塑化，故防止塑料的过热分解，料筒前段的温度可以略低于中段。塑件注射量大于注射机额定注射量的75%或成型物料不预热时，料筒后段温度应比中段、前段低5℃~10℃。

(2) 喷嘴温度

喷嘴温度通常略低于料筒最高温度，以防止熔料在喷嘴处产生"流涎"现象；但温度也不能过低，防止塑料在喷嘴凝固堵塞喷嘴或将凝料注入型腔影响塑件的质量。虽然喷嘴温度低，但当塑料熔体由狭小喷嘴经过时，会产生摩擦热，提高熔体进入模具型腔的温度。

料筒和喷嘴的温度的选择和其他工艺条件有一定的关系，如注射压力、成型周期，注射压力高，料筒温度应稍低些；反之，料筒温度应高些。如果成型周期长，塑料在料筒中受热时间长，料筒温度应稍低些；如果成型周期较短，则料筒温度也应高些。

生产中一般根据经验数据，结合实际条件，初步确定适当的温度，然后通过熔体的"对空注射"和"塑件的直观分析法"进行调整，最终确定合适的料筒和喷嘴温度。

(3) 模具温度

模具温度是指和塑件接触的模具型腔表壁温度，它决定了熔体的充型能力、塑件的冷却速度和成型后的塑件的内外质量等。

模具温度的选择与塑料品种和塑件的形状尺寸及使用要求有关，如，对于结晶型塑料采取缓冷或中速冷却时有利于结晶，可提高塑件的密度和结晶度，塑件的强度和刚度较大,耐磨性也会比较好,但韧性和伸长率却会下降,收缩率也会增大,而急冷时则与此相反;对于非结晶型塑料,如果流动性较好,充型能力强,通常采用急冷方式,可缩短冷却时间,提高生产效率。

模具温度一般是由通入定温的冷却或加热介质来控制的;对模温控制要求不严时,可以空气冷却而不用通入任何介质;在个别情况下,还有采用电阻丝和电阻加热棒对模具加热来保持模具的定温。

2. 压力

注射成型过程中的压力包括塑化压力和注射压力。

(1) 塑化压力

采用螺杆式注射机时,在塑料熔融、塑化过程中,熔料不断移向料筒前端(计量室内),且越来越多,逐渐形成一个压力,推动螺杆向后退。为了阻止螺杆后退过快,确保熔料均匀压实,需要给螺杆提供一个反方向的压力,这个反方向阻止螺杆后退的压力称为塑化压力(也称背压)。塑化压力大小由液压系统中的溢流阀来调整。

塑化压力大小影响塑料的塑化过程、塑化效果和塑化能力,在其他条件相同的情况下,增加塑化压力,会提高熔体温度及温度的均匀性,有利于色料的均匀混合,有利于排除熔体中的气体。但塑化压力增大,会降低塑化速率,延长成型周期,严重时会导致塑料发生降解,一般在保证塑件质量的前提下,塑化压力越低越好,一般为 6 MPa 左右,通常很少超过 20 MPa。

(2) 注射压力

注射压力是指柱塞或螺杆顶部对塑料熔体所施加的压力。其作用是注射时克服熔体流动充模过程中的流动阻力,使熔体具有一定的充模速率;充满型腔后对熔体进行压实和防止倒流。注射压力大小取决于注射机的类型、塑料的品种、模具结构、模具温度、浇注系统的结构和尺寸及塑件的形状等。在注射机上注射压力有压力表指示大小,一般在 40~130 MPa。

一般情况下,黏度高的塑料注射压力大于黏度低的塑料;薄壁、面积大、形状复杂塑件注射压力高;模具结构简单,浇口尺寸较大,注射压力较低;柱塞式注射机注射压力大于螺杆式注射机;料筒温度、模具温度高,注射压力较低。表 2-5 列出部分塑料的注射压力。

表 2-5 部分塑料的注射压力 MPa

塑 料	注射条件		
	流动性好的厚壁塑件	流动性中等的一般塑件	流动性差的薄壁窄浇口制品
聚酰胺(PA)	90~101	101~140	>140
聚甲醛(POM)	85~100	100~120	120~150
ABS	80~110	100~120	120~150
聚苯乙烯(PS)	80~100	100~120	130~150
聚氯乙烯(PVC)	100~120	120~150	>150
聚乙烯(PE)	70~100	100~120	120~150
聚碳酸酯(PC)	100~120	120~150	>150
聚甲基丙烯酸甲酯(PMMA)	100~120	120~150	>150

由于影响注射压力的因素很多，关系较复杂，正式生产之前，以从较低注射压力开始注射试成型，再根据塑件的质量决定增减，最后确定合理的注射压力。

熔体充满模具型腔后，还需要一定时间的保压。在生产中，保压的压力等于或小于注射压力，保压时压力高，可得到密度较高、收缩率小、力学性能较好的塑件，但脱模后的塑件内残余应力较大，造成脱模困难。

3. 时间（成型周期）

注射成型周期指完成一次注射成型工艺过程所需的时间，它包括注射成型过程中所有的时间。成型周期直接影响到生产效率和设备利用率。注射成型周期的时间组成见表2-6。

表2-6 注射成型周期的时间组成

成型时间	注射时间	充模时间（螺杆或柱塞前进时间）	总冷却时间
		保压时间（螺杆或柱塞停留在前进位置的时间）	
	合模冷却时间	包括螺杆转动后退或柱塞后撤的时间	
	其他时间	开模、脱模、喷涂脱模剂、安放嵌件、合模时间	

在整个成型周期中，注射时间和冷却时间最为重要。它们既是成型周期的主要组成部分，又对塑件的质量有决定性的影响。注射时间中的充模时间与充模速率成反比，而充模速率取决定注射速率。为保证塑件质量，应正确控制充模速率。对于熔体黏度高、玻璃化温度高、冷却速率快的塑件和玻璃纤维增强塑件、低发泡塑件应采用快速注射（即高压注射）。

生产中，充模时间一般不超过10 s。注射时间中的保压时间，在整个注射时间内所占的比例较大，一般为20～120 s（厚壁塑件可达5～10 min）。保压时间的长短由塑件的结构尺寸、料温、主流道及浇口大小决定。在工艺条件正常，主流道及浇口尺寸合理的情况下，最佳的保压时间通常是塑件收缩率波动范围最小时的时间。

冷却时间主要由塑件的壁厚、模具的温度、塑料的热性能以及结晶性能决定。冷却时间的长短应以保证塑件脱模时不引起变形为原则，一般为30～120 s。冷却时间过长，不仅延长了成型周期，降低生产效率，对复杂塑件有时还会造成塑件脱模困难。

成型周期中的其他时间与生产自动化程度和生产组织管理有关。应尽量减小这些时间，以缩短成型周期，提高劳动生产率。常用热塑性塑料成型周期中的时间可参考表2-7确定。表2-7列出了常用热塑性塑料注射成型工艺条件。

4. 注射成型对塑件质量的影响因素

注射塑件的质量分为内部质量和外部质量，内部质量包括塑件内部的组织结构形态、塑件的密度、塑件的物理力学性能。外部质量就是塑件的表面质量，包括表面尺寸、表面粗糙度和表面缺陷。注射成型生产过程中塑件最常见的各种缺陷有水纹、缩孔、应力开裂、翘曲变形等，影响塑件质量的因素很多，不仅取决于塑料原材料、注射机、模具结构，而且还取决于注射成型工艺参数的合理与否。表2-8列出了产生塑件缺陷的影响因素。

表2-7 常用热塑性塑料注射成型工艺条件

项目		塑料名称	PE(低压)	PVC(硬质)	PP	PC	POM(共聚)	PS	ABS	PMMA	CPT	PPO	PSF
注射成型机类型			柱塞式	螺杆式	螺杆式	螺杆式	螺杆式	柱塞式	螺杆式	柱塞式	螺杆式	螺杆式	螺杆式
预热	温度/℃		70~80	70~90	80~100	110~120	80~100	60~75	80~85	70~80	100~105	130	120~140
	时间/h		1~2	4~6	1~2	8~12	3~5	2	2~3	4	1	4	>4
料筒温度/℃	后段		140~160	160~170	160~180	210~240	160~170	140~160	150~170	160~180	170~180	230~240	250~270
	中段		170~200	165~180	180~200	230~280	170~180		165~180		185~200	250~280	280~300
	前段		170~200	170~190	200~220	240~285	180~190	170~190	180~200		210~240	260~290	310~330
喷嘴温度/℃						240~250	170~180		170~180	210~240	180~190	250~280	290~310
模具温度/℃			60~70	30~60	80~90	90~110	90~120	32~65	50~80	40~60	80~110	110~150	130~150
注射压力/MPa			60~100	80~130	70~100	80~130	80~130	60~110	60~100	80~130	80~120	80~200	80~200
成型时间/s	注射时间		15~60	15~60	20~60	20~90	20~90	15~45	20~90	20~60	15~60	30~90	30~90
	保压时间		0~3	0~5	0~3	0~5	0~5	0~3	0~5	0~5	0~5	0~5	0~5
	冷却时间		15~60	15~60	20~90	20~90	20~60	15~60	20~120	20~90	20~60	30~60	30~60
	总周期		40~130	40~130	50~160	40~190	50~160	40~120	50~220	50~150	40~130	70~160	65~160
螺杆转速/(r·min⁻¹)				28	48	28	28	48	30		28	28	28
注塑机类型			螺杆式柱塞式	螺杆式	螺杆式柱塞式	螺杆式较好	螺杆式	螺杆式柱塞式	螺杆式柱塞式	螺杆式柱塞式	螺杆式较好	宜用螺杆式	宜用螺杆式
后处理	方法					红外线灯鼓风烘箱	红外线灯鼓风烘箱	红外线灯鼓风烘箱	红外线灯烘箱	红外线灯鼓风烘箱		红外线灯甘油	红外线灯鼓风甘油
	温度/℃					100~110	140~145	70	70	70		150	110~130
	时间/h					8~12	4	2~4	2~4	4		1~4	4~8

续表

项目		CA	PAS	PCTFE (F-3)	FEP (F-46)	聚4甲基戊烯(1)	PI	聚酰胺（又称尼龙，缩写PA）					
								N1010	N6	N66	N610	N9	N11
注射成型机类型		柱塞式	螺杆式	螺杆式	螺杆式	螺杆式	螺杆式	螺杆式	螺杆式	螺杆式	螺杆式	螺杆式	螺杆式
预热	温度/°C	200					130	100~110	100~110	100~110	100~110	100~110	100~110
	时间/h	6~8					4	12~16	12~16	12~16	12~16	12~16	12~16
料筒温度/°C	后段	310~370		200~210	165~190	230~250	240~270	190~210	220~300	240~350	220~300	220~300	180~250
	中段	345~385	380~410	285~290	270~290	250~270	260~290	200~220					
	前段	385~420		275~280	310~330	290~310	280~315	210~230					
喷嘴温度/°C			230~260	265~270	300~310	280~290	290~300	200~210					
模具温度/°C		20~80	150~200	110~130	110~130	60~80	130~150	40~80					
注射压力/MPa		6~130		80~130	80~130	80~130	80~200	40~100	70~120	70~120	70~120	70~120	70~120
成型时间/s	注射时间	15~20		20~60	20~60	20~60	30~60	20~90					
	保压时间	0~5		0~5	0~3	0~5	0~5	0~5					
	冷却时间	10~20		20~60	20~60	20~60	20~90	20~120					
	总周期			50~130	50~130	50~130	60~160	45~220					
螺杆转速/(r·min^{-1})				30	30	28	28	48					
注塑机类型		宜用螺杆式	螺杆式	螺杆式	螺杆式	螺杆式柱塞式	螺杆式		宜用螺杆式、螺杆带止回环、喷嘴宜用自锁式					
后处理	方法					红外线灯鼓风烘箱								
	温度/°C					150			90~100					
	时间/h					4			4					

表 2-8 塑件缺陷产生的因素

影响因素＼缺陷	表面有水纹	痕迹、条纹	毛口、飞边	熔接处痕迹	光洁度不佳	缺口、少边	烧黄、烧焦	变色混色等	成型品变形	成型品太厚	裂纹、裂口
机筒温度过低		●		●	●	●	●		●		●
机筒温度过高			●				●	●	●	●	
注塑压力过低		●		●	●						
注塑压力过高			●							●	●
注塑保压时间过短									●		
注塑保压时间过长											●
射出速度太快		●					●				
射出速度太慢					●		●				
冷却不充分		●									
模具温度控制不良		●			●						●
注塑周期过短											
注塑周期过长					●						
浇口、流道或喷嘴太大									●		
注塑口、流道或喷嘴太小		●	●	●	●			●			
注塑口位置不佳		●		●							
模具合模力过低			●						●		
模具出气孔不适	●										
进料不足											
树脂干燥不好	●										
颗粒中混入其他物质	●										
注塑机不清洁		●									
脱模剂、防锈油不适					●			●			
粉碎树脂加入不适	●	●						●			●
树脂流动性太慢				●	●						
树脂流动性太快			●								

2.2 压缩成型原理与工艺

2.2.1 压缩成型原理和特点

1. 压缩成型原理

压缩成型也称模压成型、压塑成型,其成型设备是压力机,如图 2-2 所示。压缩成型原理如图 2-3 所示。

将松散塑料原料加入高温的型腔和加料室中(图 2-3(a)),然后以一定的速度将模具闭合,塑料在热和压力的作用下熔融流动,并且很快地充满整个型腔(图 2-3(b)),同时固化定型,开启模具取出制品(图 2-3(c)),成为所需的具有一定形状的塑件。

压缩成型主要用来成型热固性塑料,也可用于成型热塑性塑料。压缩热固性塑料时,塑料在型腔中处于高温、高压的作用下,由固态变为黏流态熔体,并在这种状态下充满型腔,同时塑料发生交联反应,逐步固化,最后脱模得到塑件。

图 2-2 YB32-200 液压机实物图

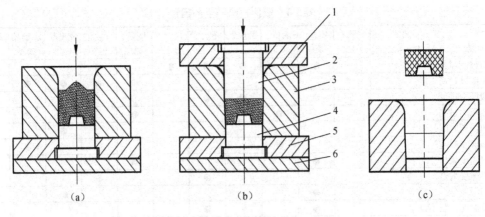

图 2-3 压缩成型原理
(a) 加料；(b) 压模；(c) 脱模
1—凸模固定板；2—上凸模；3—凹模；4—下凸模；5—下凸模固定板；6—垫板

压缩热塑性塑料时，同样塑料在型腔中处于高温、高压的作用下，由固态变为黏流态熔体，充满型腔，但由于热塑性塑料没有交联反应，模具必须冷却才能使塑料熔体转变为固态，脱模得到塑件。由于热塑性塑料压缩成型，模具需要交替加热、冷却。生产周期长，效率低，同时也降低了模具的使用寿命。因此，对热塑性塑料一般压缩成型只用来成型大平面的塑件、流动性低的塑件或不宜高温注射成型的塑件。

2. 压缩成型的特点

（1）压缩成型的优点

① 压力损失小，适用于成型流动性差的塑料，比较容易成型大型制品。

② 和注射成型相比，成型塑件的收缩率小，变形小，各项性能均匀性较好。

③ 成型设备及模具结构要求比较简单，对成型压力要求比较低。

④ 成型中无浇注系统废料产生，耗料少。

（2）压缩成型的缺点

① 塑件常有较厚的溢边，且每模溢边厚度不同，因此塑件高度尺寸的精度较低。

② 厚度相差太大和带有深孔，形状复杂的制品难于成型。

③ 模具内装有细长成型杆或细薄嵌件时，成型时容易压弯变形，故这类制品不宜采用。

④ 压缩模成型时受到高温高压的联合作用，因此对模具材料性能要求较高。成型零件均进行热处理。有的压缩模在操作时受到冲击震动较大。易磨损，变形，使用寿命较短，一般仅为 20 万～30 万次。

⑤ 不宜实现自动化，劳动强度比较大，特别是移动式压缩模。由于模具高温加热，加料常为人工操作，原料粉尘飞扬，劳动条件较差。

⑥ 用压缩成型法成型塑件的周期比用注射、压注成型法的长，生产效率低。

2.2.2 压缩成型工艺过程

1. 成型前的准备工作

热固性塑料比较容易吸湿，储存时易受潮，加之比体积（比容）较大，一般在成型前都要对塑料进行预热，有些塑料还要进行预压处理。

(1) 预热

预热就是成型前为了去除塑料中的水分和其他挥发物,提高压缩时塑料的温度,在一定的温度下,将塑料加热一定的时间,这个时期塑料的状态与性能不发生任何变化。

预热的作用：一是去除塑料中的水分和挥发物,使塑料更干净,保证成型塑件的质量;二是提高原料的温度,便于缩短压缩成型的周期。

预热的方法：加热板预热、电热烘箱预热、红外线预热、高频电热等。生产中常用是电热烘箱预热,在烘箱内设有强制空气循环和控制温度的装置,利用电阻丝加热,将烘箱内温度加热到规定的温度,用风扇进行空气循环,由于塑料的导热性差,预热的塑料要铺开,料层不要超过 2.5 cm,并每隔一段时间翻滚一次。

(2) 预压

预压是将松散的粉状、粒状、纤维状塑料用预压模在压机上压成重量一定、形状一致的型坯,型坯的大小以能紧凑地放入模具中预热为宜。多数采用圆片状和长条状。预压后的塑料密实体称为压锭或压片。

预压的作用：

① 加料方便准确。采用计数法加料既迅速又准确,减少了因加料不准确产生的废品。

② 模具的结构紧凑。成型物料经预压后体积缩小,相应地减小模具加料腔尺寸,使模具结构紧凑。

③ 缩短了成型周期。成型塑料经预压后坯料中夹带的空气含量比松散塑料中的大为减少,模具对塑料的传热加快,缩短了预热和固化时间。

④ 便于安放嵌件和压缩精细制品。对于带嵌件的制品,由于预压成型出与制品相似或相仿的锭料,便于压缩成型较大、凸凹不平或带有精细嵌件的塑件。

⑤ 低了成型压力。由于压缩率越大,压缩成型时所需的成型压力就越大。采取预压之后,则一部分压缩率在预压过程中完成,成型压力将降低。

⑥ 避免了加料过程塑料粉料飞扬,改善了劳动条件。

预压是在专门的压片机（压锭机）上进行的,主要有三种：偏心式压片机,尺寸较大的预压物,但效率不高；旋转式压片机,尺寸小的预压物,效率高；液压式压片机用于松散性较大的预压物,效率高,紧凑。

预压需要专门的压片机,生产过程复杂,实际生产中一般不进行预压。

2. 压缩成型过程

压缩成型的工序有安放嵌件、加料、闭模、排气、固化、脱模等。如图 2-4 所示。

(1) 嵌件的安放

嵌件有金属制成的嵌件（如插件、焊片等）和塑料制成的嵌件（如按钮、琴键等）。安放时位置要正确平稳；为保证连接牢靠,埋入塑料的部分要采用滚花、钻孔或设有凸出的棱角、型槽等；为防止嵌件周围的塑料出现裂纹,加料前对嵌件进行预热。使嵌件收缩率要尽量与塑料相近或采用浸胶布做成垫圈（用预浸纱带（或布带）缠绕到芯模上）进行增强。

(2) 加料

在模具加料室内加入已经预热和定量的塑料。加料方法有重量法、容量法、计数法。

重量法是加料时用天平称量塑料重量,该加料法准确,但操作麻烦。

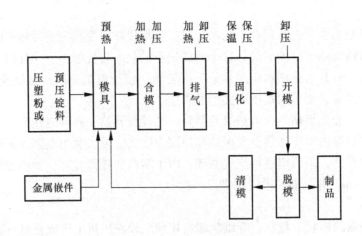

图 2-4　压缩成型工序

容量法根据所需要的塑料的体积制作专门的定量容器来加料，此方法加料操作方便，但准确度不高。

计数法是以个数来加料，只用于加预压锭。

为防止塑件局部产生疏松等缺陷，塑料加入模具加料腔型时，应根据成型时塑料在型腔中的流动和各个部位需要塑料量的大致情况合理堆放塑料，粉料或粒料的堆放要做到中间高四周低，便于气体排放。

（3）合模

加料完成之后即可合模。合模分两步：在型芯尚未接触塑料之前，要快速移动合模，借以缩短周期和避免塑料过早固化；当型芯接触塑料后改为慢速，防止因冲击对模具中的嵌件、成型杆或型腔的破坏。同时慢速也能充分地排除型腔中的气体。模具完全闭合之后即可增大压力对成型物料进行加热加压。合模所需时间从几秒到数十秒不等。

（4）排气

压缩成型热固件塑料时，为了将其充分排出模腔外成型塑料中的水分、挥发物以及交联反应和体积收缩所产生的气体。一般在合模之后会进行短暂卸压，将型芯松动少许时间。排气可以缩短固化时间，有利于塑件性能和表现质量提高。排气的时间和次数根据实际需要而定，通常排气次数为 1~2 次，每次时间为几秒到数十秒。

（5）固化

固化是指热固性塑料在压缩成型温度下保持一段时间，分子间发生交联反应从而硬化定型。固化时间取决于塑料的种类、塑件的厚度、物料形状以及预热和成型温度，一般由 30 s 至数分钟不等；为了缩短生产周期，有时对于固化速率低的塑料，也可不必将整个固化过程放在模内完成，只要塑件能够完成脱模即可结束模内固化。然后将欠熟的塑件在模外采用后烘的方法使其继续固化。

（6）脱模

固化后的塑件从模具上脱出的工序称为脱模。一般脱模是由模具的推出机构将塑件模内推出。带有嵌件的塑件应先使用专用工具将它们拧脱，然后再进行脱模。

对于大型热固性塑料塑件，为防止脱模后在冷却过程中可能会发生的翘曲变形，可在脱模之后把它们放在与制塑件结构形状相似的矫正模上加压冷却。

3. 压后处理

（1）模具的清理

正常情况下，塑件脱模后一般不会在模腔中留下粘渍、塑料飞边等。如果出现这些现象，应使用一些比模具钢材软的工具（如铜刷）去除残留在模具内的塑料废边，并用压缩空气吹净模具。

（2）塑件后处理

塑料压缩成型过程完成之后，通常还需对塑件进行后处理，后处理能提高塑件的质量，热固性塑料塑件脱模后常在较高的温度下保温一段时间，使塑件固化达到最佳机械性能。后处理方法和注射成型的后处理方法一样，但处理的温度不同，一般处理温度比成型温度高 10 ℃ ~ 50 ℃。

（3）修整塑件

修整包括去除塑件的飞边、浇口，有时为了提高外观质量，消除浇口痕迹，还需对塑件进行抛光。

2.2.3 压缩成型工艺条件的选择

要生产出高质量塑件，除了合理的模具结构，还要正确选择工艺参数。压缩成型的工艺参数主要指压缩成型压力、压缩成型温度和压缩时间。

1. 压缩成型压力

压缩成型压力是指压缩塑件时凸模对塑料熔体和固化时在分型面单位投影面积上的压力，简称成型压力。其作用是迫使塑料充满型腔和使黏流态塑料在一定压力下固化，防止塑件在冷却时发生变形。大小可按下式计算：

$$p = \frac{p_b \pi D^2}{4A} \tag{2-1}$$

式中 p——成型压力（MPa），一般为 15 ~ 30 MPa；

p_b——压力机工作液压缸表上压力，MPa；

D——压力机主缸活塞直径，m；

A——塑件与型芯接触部分在分型面上投影面积，m^2。

影响成型压力的因素很多，塑料的品种、物料的形态、塑件结构、预热情况、成型温度、硬化速度以及压缩率等均对成型压力具有很大的影响。通常塑料的流动性越低、形状结构越复杂、成型深度越大、成型温度越低、固化速度和压缩比越大，所需成型压力也越大。

成型压力对塑件密度及其性能有很大影响，成型压力大，塑料流动性增大，提高了塑件充型能力，同时促使交联反应，加快固化速度，塑件密度和力学性能都比较高，但成型压力消耗能量多，也容易损坏嵌件及降低模具寿命等。成型压力小，塑件则容易产生气孔。

成型压力的大小可通过调节液压机的压力阀来控制，由压力表上读出。常见热固性塑料压缩成型压力见表 2-9。

表2-9 常用热固性塑料的压缩成型温度和成型压力

塑料种类	压缩成型温度/℃	压缩成型压力/MPa
酚醛塑料（PF）	146~180	7~42
三聚氰胺甲醛塑料（MF）	140~180	14~56
脲甲醛塑料（UF）	135~155	14~56
聚酯塑料（UP）	85~150	0.35~3.5
邻苯二甲酸二丙烯酯塑料（PDPO）	126~160	3.5~14
环氧树脂塑料（EP）	145~200	0.7~14
有机硅塑料（DSMC）	150~190	7~59

2. 压缩成型温度

压缩成型温度指压缩成型时所需的模具温度。在压缩成型过程中，塑料会发生交联反应放出热量，使塑料的最高温度比模具温度高，所以成型温度并不等于模具型腔内塑料的温度。

热固性塑料在受到温度作用时，其流动性会发生很大的变化，在温度作用下，塑料从固态转变为液态，温度上升，黏度由大到小，流动性增加，然后热固性塑料交联反应开始发生，随着温度的升高，交联反应速度增大，塑料熔体黏度由减小变为增大，流动性降低，因此其流动性在温度达到某一值时，会有一个最大值。所以确定模具温度时需要考虑多方面因素，既不能过高也不能过低。如果模具温度取得过高，将会促使交联反应过早发生且反应速度也同时加快，这样虽有利于缩短制品所需的固化时间，有利于降低成型压力，但温度过高，塑料在模内的充模时间也相应变短，易引起充模不足的现象。另外，过高的模具温度还会导致塑件表面暗淡、无光泽，甚至使制品发生肿胀、变形、开裂等缺陷。但模具温度过低，则会出现固化时间长，固化速度慢，以及需要较大成型压力等问题。

在一定的范围内提高模压温度，对缩短模压周期和提高制品质量都是有好处的。但对成型厚大塑件则要降低成型温度，因为塑料导热性较差，提高模具温度，虽然可以提高传热效率，使塑料内部的固化能在较短的时间内完成，但此时很容易使塑件表面过热，影响塑件外观质量。

调节和控制模温的原则：保证充模固化定型并尽可能缩短模塑周期。

3. 压缩成型时间

压缩成型时间是指模具从闭合到开启的这一段时间，也就是塑料充满型腔到固化成为塑件时在型腔内停留的时间。

压缩时间与塑料的种类、塑件的形状、压缩成型工艺（温度、压力）以及操作步骤（是否排气、预热、预压）等有关。成型温度越高，塑料固化速度越快，压缩时间也就越短，成型压力大的压缩时间也短。经过预热、预压的塑料的模压时间比不经过预热、预压的塑料的模压时间要短，反之亦然。

塑件的质量在很大程度上取决于压缩时间，压缩时间太短，塑料固化不完全（欠熟），塑件机械性能差，外观无光泽，脱模后，塑件容易发生翘曲、变形。压缩时间过长，塑件会过熟，同样会使塑件的力学性能下降，同时降低了生产效率。一般的酚醛塑料压缩时间为1~2 min，有机硅塑料2~7 min。表2-10为酚醛塑料和氨基塑料的压缩成型工艺参数。

表 2-10　酚醛塑料和氨基塑料的压缩成型工艺参数

工艺参数	酚醛塑料			氨基塑料
	一般工业用①	高压绝缘用②	耐高频绝缘用③	
压缩成型温度/℃	150～165	160±10	185±5	140～155
压缩成型压力/MPa	30±5	30±5	>30	30±5
压缩成型时间/(min·mm^{-1})	1.2	1.5～2.5	2.5	0.7～1.0

注：① 是以苯酚-甲醛线型树脂和粉末为基础的压缩粉；
　　② 是以甲酚-甲醛可溶性树脂的粉末为基础的压缩粉；
　　③ 是以苯酚-苯胺-甲醛树脂和无机矿物为基础的压缩粉。

目前，许多压机上都装有时间继电器等来控制压缩时间。模压压力、温度和时间三者并不是独立的，通常在实际生产中一般是凭经验确定三个参数中的一个，再由试验调整其他两个，若达不到理想的效果，再对已确定的参数重新进行确定。

2.3　压注成型原理与工艺

2.3.1　压注成型工作原理和特点

压注成型又称传递成型，它是成型热固性塑件的常用方法之一，其所用的成型设备是液压机。压注成型原理如图2-5所示。

首先闭合模具，把预热的原料加到加料腔内（图2-5（a）），塑料经过加热塑化，在与加料室配合的压料柱塞的作用下，使熔料通过设在加料室底部的浇注系统高速挤入型腔（图2-5（b））。型腔内的塑料在一定压力和温度下发生交联反应并固化成型。然后打开模具将其取出（图2-5（c）），得到所需的塑件。清理加料室和浇注系统后进行下一次成型。

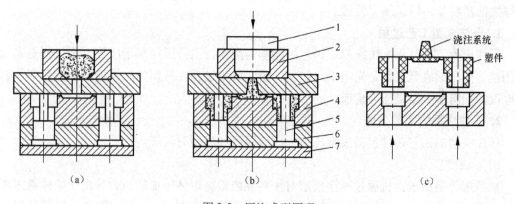

图 2-5　压注成型原理
1—柱塞；2—加料腔；3—上模板；4—凹模；5—型芯；6—型芯固定板；7—垫板

压注成型是在克服压缩成型缺点，吸收注射成型优点的基础上发展起来的，它与前述的压缩成型和注射成型有许多相同或相似的地方，但也有其自身的特点。压注成型塑件飞边小；可以成型深腔薄壁塑件或带有深孔的塑件，也可成型形状较复杂以及带精细或易碎嵌件塑件，还可成型难以用压缩法成型的塑件，并能保持嵌件和孔眼位置的正确；塑件性能均匀，尺寸准确，质量提高；模具的磨损较小。

压注成型虽然具有上述诸多优点，但也存在如下缺点：压注模比压缩模结构复杂，制造成本较压制模高；塑料损耗增多；成型压力也比压缩成型时高，压制带有纤维性填料的塑料时，产生各向异性。

表2-11为注射、压缩和压注三种成型方法的比较。

表2-11 注射、压缩和压注三种成型方法比较

成型方法 项目	注 射	压 缩	压 注
成型效率	高	低	较高
成型质量	好	较差	好
飞边厚度	无或较薄	较厚	无或较薄
侧孔成型	方便	不方便	方便
嵌件安放	不方便	较方便	方便
机械化与自动化	易实现	不易实现	不易实现
原材料利用率	低	高	低
塑件翘曲	大	小	大
成型收缩率	大	小	大
长纤维塑料	不能成型	可以成型	可以成型
模具结构	复杂	简单	复杂
塑化	注射机料筒内塑化	模具加料室内塑化	型腔内塑化
浇注系统	有	无	有

2.3.2 压注成型的工艺过程和工艺条件

压注成型工艺过程和压缩成型工艺过程基本类似，主要区别在于压注成型过程是先加料后闭模，而压缩成型过程是先闭模后加料。压注成型过程在挤塑的时候加料腔的底部留有一定厚度的塑料垫，以供压力传递。

1. 压注成型工艺过程

压注成型工艺过程和压缩成型工艺过程基本类似，主要区别在于压注成型过程是先加料后闭模，而压缩成型过程是先闭模后加料。压注成型过程在挤塑的时候加料腔的底部留有一定厚度的塑料垫，以供压力传递。

2. 压注成型的工艺条件

压注成型的工艺条件包括成型压力、成型温度和成型时间等。

（1）成型压力

成型压力是指压力机通过压注柱塞对加料腔内塑料熔体施加的压力。由于熔体通过浇注系统时有压力损耗，故压注时的成型压力一般为压缩成型的2~3倍。例如，酚醛塑料粉需用的成型压力常为50~80 MPa，有纤维填料的塑料为80~160 MPa。压力随塑料的种类、模具结构及塑件形状的不同而改变。

（2）成型温度

成型温度包括加料腔内的物料温度和模具本身的温度。为了保证物料具有良好的流动性，料温必须适当的低于交联温度10 ℃~20 ℃。压注成型时塑料经过浇注系统能从中获得一部分摩擦热，因而模具温度一般可比压缩成型时的温度低15 ℃~30 ℃。采用压注成型塑料在未达到硬化温度以前要求塑料具有较大的流动性,而达到硬化温度后又须具有较快的硬化速率。

(3) 成型时间(成型周期)

压注成型时间包括加料时间、充模时间、交联固化时间、塑件脱模和模具清除时间等,在一般情况下,压注成型时的充模时间为 5~50 s,由于塑料在热和压力作用下,经过浇注系统,加热均匀,塑料化学反应也比较充分,塑料进入型腔时已临近树脂固化的最后温度,故保压时间较压缩成型的时间短。表 2-12 为部分热固性塑料压注成型的主要工艺参数。

表 2-12 部分热固性塑料压注成型的主要工艺参数

塑料	填料	成型温度/℃	成型压力/MPa	压缩率	成型收缩率/%
环氧双酚 A	玻璃纤维	138~193	7~34	3.0~7.0	0.001~0.008
	矿物纤维	121~193	0.7~21	2.0~3.0	0.001~0.002
环氧酚醛	矿物和玻纤	121~193	1.7~21		0.004~0.008
	矿物和玻纤	190~196	2~17.2	1.5~2.5	0.003~0.006
	玻璃纤维	143~165	17~34	6~7	0.0002
三聚氰胺	纤维素	149	55~138	2.1~3.1	0.005~0.15
酚醛	织物和回收料	149~182	13.8~138	1.0~1.5	0.003~0.009
聚酯(BMC、TMC①)	玻璃纤维	138~160			0.004~0.005
聚酯(SMC、TMC②)	导电护套料	138~160	1.4~3.4	1.0	0.0002~0.001
聚酯(BMC)	导电护套料	138~160		—	0.0005~0.004
醇酸树脂	矿物质	160~182	13.8~138	1.8~2.5	0.003~0.010
聚酰亚胺	50%纤维	199	20.7~69		0.002
脲醛塑料	α-纤维素	132~182	13.8~138	2.2~3.0	0.006~0.014

注:① TMC 指黏稠状塑料;
② 在聚酯中添加导电性填料和增强材料的电子材料工业用护套。

2.4 挤出成型原理与工艺

2.4.1 挤出成型原理

挤出成型又称为挤塑、挤压成型。如图 2-6 所示,将粒状或粉状的塑料加入挤出机料筒内加热熔融,使之呈黏流态,利用挤出机的螺杆旋转(柱塞)加压,迫使塑化好的塑料通过具有一定形状的挤出模具(机头)口模,成为形状与口模相仿的黏流态熔体,经冷却定型,借助牵引装置拉出,使其成为具有一定几何形状和尺寸的塑件,经切断器定长切断后,置于卸料槽中。

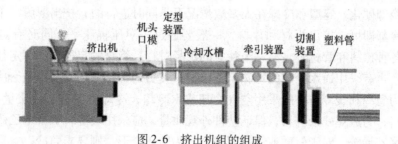

图 2-6 挤出机组的组成

挤出成型是塑件的加工中最常用的成型方法之一，在塑料成型加工生产中占有很重要的地位。在塑件成型加工中，挤出成型塑件的产量居首位，主要用于热塑性塑料的成型，也可用于某些热固性塑料。

塑料挤出成型与其他成型方法相比较（如注射成型、压缩成型等）具有以下特点：挤出生产过程是连续的，其产品可根据需要生产任意长度的塑件；模具结构简单，尺寸稳定；生产效率高，生产量大，成本低；应用范围广，能生产管材、棒材、板材、薄膜、单丝、电线电缆、异型材等。目前，挤出成型已广泛用于日用品、农业、建筑业、石油、化工、机械制造、电子、国防等工业部门。

2.4.2 挤出成型的工艺过程

挤出成型过程可分为如下三个阶段：

第一阶段：塑化。即在挤出机上进行塑料的加热和混炼，使固态塑料转变为均匀的黏性流体。

第二阶段：成型。利用挤出机的螺杆旋转（柱塞）加压，使黏流态塑料通过具有一定形状的挤出模具（机头）口模，使其成为具有一定几何形状和尺寸的塑件。

第三阶段：定型。通过冷却等方法使熔融塑料已获得的形状固定下来，成为固态塑件。

1. 原料的准备

挤出成型用的大部分是粒状塑料，在成型前要去除塑料中的杂质，降低塑料中的水分，进行干燥处理。其具体方法可参照注射成型和压缩成型的原料准备工作进行。

2. 挤出成型

将挤出机预热到规定温度后，启动电动机的同时，向料筒中加入塑料。螺杆旋转向前输送物料，料筒中的塑料在外部加热和摩擦剪切热作用下熔融塑化，由于螺杆转动时不断对塑料推挤，迫使塑料经过滤板上的过滤网进入机头。经过机头（口模）后成型为一定形状的连续型材。

口模的定型部分决定了塑件的横截面形状，但塑料挤出口模后的尺寸会和口模的定型部分尺寸存在着误差，主要原因是当塑料离开口模时，由于压力消失，会出现弹性恢复，从而产生膨胀现象；同时由于冷却收缩和牵引力的作用，又使塑件有缩小的趋势。塑料的膨胀与收缩均与塑料品种和挤出温度、压力等工艺条件有关。在实际生产中，对于管材，一般是把口模的尺寸放大，然后通过调节牵引的速度来控制管径尺寸。

3. 定型和冷却

热塑性塑件从口模中挤出时，具有相当高的温度，为防止其在自重力的作用下发生变形，出现凹陷或扭曲现象，保证达到要求的尺寸精度和表面粗糙度，必须立即进行定型和冷却，使塑件冷却硬化。定型和冷却在大多数情况下是同时进行的，挤出薄膜、单丝等不需要定型，直接冷却即可；挤出板材和片材，一般要通过一对压辊压平，同时有定型和冷却作用；在挤出各种棒料和管材时，有一个独立的定径过程，管材的定径方法有定径套、定径环和定径板等，也有采用通水冷却的特殊口模定径，其目的都是使其紧贴定径套冷却定径。

冷却分为急冷和缓冷，一般采用空气冷却或水冷却，冷却速度对塑件质量有很大影响。对于硬质塑料，为避免残余应力，保证塑件外观质量，应采用缓冷，如聚苯乙烯、硬聚氯乙烯、低密度聚乙烯等。对于软质或结晶型塑料，为防止变形，则要求急冷。

4. 塑件的牵引、卷取和切割

挤出成型时，由于塑件被连续不断地挤出，重量越来越大，会造成塑件停滞，妨碍了塑件的顺利挤出，因此，辅机中的牵引装置提供一定的牵引力和牵引速度，均匀地将塑件引出，同时通过调节牵引速度还可对塑件起到拉伸的作用，提高塑件质量。牵引速度与挤出塑料的速度有一定的比值（即牵引比），其值必须大于等于1。不同塑件的牵引速度不同，膜、单丝一般牵引速度较大，硬质塑料则不能大，牵引速度必须能在一定范围内无级平缓地变化，并且要十分均匀。牵引力也必须可调。

通过牵引后的塑件，如棒、管、板、片等，可根据要求在一定长度后通过切割将装置切断。切割装置切断过程中，端面尺寸准确，切口整齐。切割装置有手动切割和自动切割两种。如单丝、薄膜、电线电缆、软管等在卷取装置上绕制成卷，将成型后的软管卷绕成卷，并截取一定长度。需要注意的是，在牵引速度恒定不变的情况下，要维持卷取张力不变，即保持卷取线速度不变。

2.4.3 挤出成型工艺参数

1. 温度

塑料加入料斗从粒料（或粉料）到黏流态，再从黏流态成型为塑件经历了一个复杂的温度变化过程。图2-7所示为聚乙烯挤出成型时，沿料筒方向的温度变化情况，此曲线反映了物料从粒料（或粉料）转变为黏流态的过程。从图2-7可以看出，料筒方向各点物料温度、螺杆和料筒温度是不相同的。

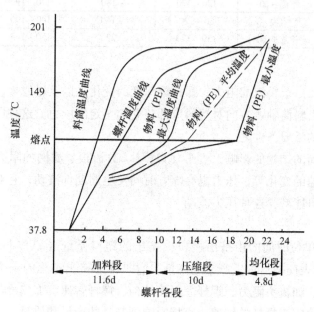

图2-7 挤出成型温度曲线图

物料在挤出过程中热量的来源主要有两个，即剪切摩擦热和料筒外部加热器提供的热量。而温度的调节则是由挤出机的加热冷却系统和控制系统进行的。通常，加料段温度不宜升得过高，有时还需要冷却，而在压缩段和均化段，为了促使物料熔融、均化，物料要升到较高的温度。其高低应根据塑料特性和塑件要求等因素确定。为便于物料的加入、输送、熔融、均化以及在低温下挤出以获得高质量、高产量的塑件，不同物料和不同塑件的挤出过程都应有一条最佳的温度轮廓曲线。图 2-7 所示的温度曲线只是稳定挤出过程温度的宏观表示。

一般情况下，由于测定物料的温度较困难，这里所测得的温度曲线是料筒的，螺杆的温度曲线比料筒的温度曲线低，而比物料温度曲线高。实际上，即使是稳定挤出过程，由于加热冷却系统的不稳定，螺杆结构、螺杆转速的变化等原因，其温度相对时间也是一个变化的值。这种变化有一定的周期性，这种温度的波动情况反映了沿物料流动方向的温度变化。塑料温度不仅在流动方向上有波动，垂直于物料流动方向的截面内各点之间也有温差，称为径向温差。这种温度波动，尤其在机头处或螺杆头部的这种温度变化会直接影响挤出质量，使塑件产生残余应力、各点强度不均匀、表面暗无光泽等缺陷，所以应尽可能减少或消除这种波动和温差。表 2-13 为热塑性塑料挤出成型时的温度参数。

表 2-13　热塑性塑料挤出成型时的温度参数

塑料名称	挤出温度/℃				原料中水分控制/%
	加料段	压缩段	均化段	机头及口模段	
丙烯酸类聚合物	室温	100~170	~200	175~210	≤0.025
醋酸纤维素	室温	110~130	~150	175~190	<0.5
聚酰胺（PA）	室温~90	140~180	~270	180~270	<0.3
聚乙烯（PE）	室温	90~140	~180	160~200	<0.3
硬聚氯乙烯	室温~60	120~170	~180	170~190	<0.2
软聚氯乙烯	室温	80~120	~140	140~190	<0.2
聚苯乙烯（PS）	室温~100	130~170	~220	180~245	<0.1

2. 压力

在挤出过程中，由于料流的阻力、螺杆槽深度的变化，以及过滤板、过滤网和机头口模等处的阻碍，因而沿料筒轴线方向对塑料内部建立起一定的压力。这种压力是塑料熔融、均匀密实、挤出成型的重要条件之一。

由于螺杆和料筒的结构的影响，机头（口模）、分流板、滤网的阻力、加热冷却系统的不稳定以及螺杆转速的变化等，压力也会随着时间发生周期性波动，它对塑件质量同样有不利影响，所以应尽可能减少这种压力波动。

3. 挤出速率

挤出速率是指单位时间内由挤出机口模挤出的塑料质量（单位 kg/h）或长度（单位 m/min）。其值大小表征挤出机生产率的高低，它是描述挤出过程的一个重要参数。影响挤出速率的因素很多，如机头阻力、螺杆、料筒结构、螺杆转速、加热冷却系统和物料的特性等。挤出速率主要决定于螺杆的转速，直接影响到制品的产量和质量。提高螺杆转速可以提高产量，但过高的转速会造成塑化质量不好。

挤出速率在生产过程中也有波动，同样，挤出速率的波动对塑件质量也有显著的不良影响，如造成塑件的几何形状和尺寸误差等。产生波动的原因和螺杆转速的稳定与否、螺杆结构、温控系统的性能、加料情况等有关。

4. 牵引速度

挤出成型主要生产长度连续的塑料制件，因此必须设置牵引装置。从机头和口模中挤出的塑件，在牵引力作用下将会发生拉伸取向。拉伸取向程度越高，塑件沿取向方向的拉伸强度也越大，但冷却后长度收缩也大。通常，牵引速度可与挤出速度相当。牵引速度与挤出速度的比值称牵引比，其值必须等于或大于1。

实践表明，温度、压力、挤出速率都存在波动现象，但三者之间并不是孤立的，而是互相制约、互相影响的。为了保证塑件质量，应正确设计螺杆、控制好加热冷却系统和螺杆转速稳定性，以减少参数波动。表2-14列出了几种塑料管材的挤出成型工艺参数。

表2-14 几种塑料管材的挤出成型工艺参数

工艺参数	塑料管材	硬聚氯乙烯(HPVC)	软聚氯乙烯(LPVC)	低密度聚乙烯(LDPE)	ABS	聚酰胺-1010(PA-1010)	聚碳酸酯(PC)
管材外径/mm		95	31	24	32.5	31.3	32.8
管材内径/mm		85	25	19	25.5	25	25.5
管材壁厚/mm		5±1	3	2±1	3±1	—	—
机筒温度/℃	后段	80~100	90~100	90~100	160~165	250~200	200~240
	中段	140~150	120~130	110~120	170~175	260~270	240~245
	前段	160~170	130~140	120~130	175~180	260~280	230~255
机头温度/℃		160~170	150~160	130~135	175~180	220~240	200~220
口模温度/℃		160~180	170~180	130~140	190~195	200~210	200~210
螺杆转速/(r·min^{-1})		12	20	16	10.5	15	10.5
口模内径/mm		90.7	32	24.5	33	44.8	33
芯模外径/mm		79.7	25	19.1	26	38.5	26
稳流定型段长度/mm		120	60	60	50	45	87
拉伸比		1.04	1.2	1.1	1.02	1.5	0.97
真空定径套内径/mm		96.5	—	25	33	31.7	33
定径套长度/mm		300	—	160	250	—	250
定径套与口模间距/mm		—	—	—	25	20	20

注：稳流定型段由口模和芯模的平直部分构成。

2.5 塑料成型工艺的制订

为了保证成型合格产品，满足产品的使用要求，保证模塑成型工艺顺利进行，提高劳动生产率，降低产品成本，必须根据塑料的要求及塑料的工艺性能，正确选择成型方法，确定成型工艺过程及成型工艺条件，合理设计塑料模。这一系列工作通常称为制定塑件的工艺规程。这里着重介绍注射成型、压缩成型和压注成型工艺规程的编制的共同点。

塑料成型工艺规程是塑料成型生产中的一种具有指导性意义的工艺文件，工艺规程是组织生产活动及各种生产计划的重要依据，是加强工艺的纪律性和提高技术水平的有力措施。

因此，要求有关生产人员必须严格执行。

塑料成型工艺规程编制的大致步骤是：① 塑件的分析；② 塑料成型方法及工艺过程的确定；③ 成型设备和工具的选择；④ 成型工艺条件的选择；⑤ 工艺文件的制定。

2.5.1 塑件的分析

1. 所用塑料的分析

首先，对塑件所用塑料的品种、型号、生产厂家、级别、颜色等必须进行认真的检查，对照产品（即塑料原材料）说明书进行逐项核对，看标注是否有误，规定是否明确。

随后，仔细分析塑料的使用性能和工艺性能。因为通过对塑料使用性能的分析，可以了解到该种塑料能否满足塑件的实际工作要求；分析塑料的工艺性能不仅可为成型工艺及工艺条件的确定提供数据，而且可以明确所用塑料在实际生产中成型加工的可能性；对塑料的使用性能和工艺性能的分析可以明确所用塑料对模具设计的限制条件，从而提出对模具设计的要求。例如，使用透明性塑料时，对模具的抛光及脱模方法都有一定的要求；塑料的流动性对模具的浇注系统设计也有一定的要求；塑料的物理、化学性能和工艺性能与成型设备的选用也有直接关系。

2. 塑件结构、尺寸及公差、技术标准的分析

塑件的结构、尺寸及公差、技术标准的分析是塑料模塑工艺规程编制和模具设计的一个重要步骤，因为塑件的结构、尺寸及公差、技术标准等必须符合模塑工艺性要求，必须满足模具设计工艺性要求。正确的塑件结构、合理的尺寸及公差和技术标准能够使塑件成型容易，质量高，成本低。否则，塑件成型困难，质量低，成本高。实践证明，塑件结构工艺性差，将给成型工艺及工艺条件的控制带来相当大的困难。

塑件的尺寸及公差是由模具的尺寸及公差决定的，而模具的尺寸及公差又是根据塑件的尺寸及公差、塑料的收缩率、模具的成型零件的制造公差及其磨损等因素而定的。因此，为降低模具的制造成本，在满足使用要求的前提下应尽量放宽塑件的尺寸公差；对于表面无特殊要求的塑件，或即使有些擦伤也无妨的塑件，对其表面粗糙度不应提出过高要求；对于塑件的壁厚，在满足强度和成型需要的前提下，以尽量薄些为宜。

总之，通过对塑件的结构、尺寸及公差、技术标准等的分析，不仅可以明确塑件成型加工的难易程度，找到成型工艺及模具设计的难点所在，而且对于塑件不合理的结构及要求可以在满足使用要求的前提下，提出修改意见。

2.5.2 塑料成型方法及工艺过程的确定

在塑件分析的基础上，根据塑料的性能及塑件的要求可以提出塑料的一般成型方法。对于某些热固性塑料，既可以采用压缩成型，又可以采用压注成型和注射成型；对于某些热塑性塑料，可以采用更多的成型方法。因此，应根据塑件的结构、尺寸、生产批量、使用条件、塑料成型车间的现有成型设备等因素，提出几种切实可行的成型方案，通过综合比较，分析利弊，从中找出一种最佳成型方法。

塑料的成型方法确定后，就应确定其工艺过程。确定工艺过程必须充分考虑塑料的性能，保证必要的成型工序，安排好各道工序的联系，以取得最满意的技术经济效果。

塑料的工艺过程不仅包括塑料的成型过程，而且还包括成型前的准备和成型后的处理及二次加工。

关于成型前的准备和成型后的处理，前面已经叙述，此处仅说明二次加工。塑件的二次加工是指对已经成型的塑件再进行加工，以达到塑件的最终要求。塑件的二次加工范围很广，如将塑料片材热成型为各种薄壁容器；在塑件表面进行涂漆、彩印、烫金、电镀等；将塑料板材或管材焊接或粘接成所需产品；机械加工等也属于塑料的二次加工。

在确定塑料的工艺时，应根据需要将成型前的准备、成型后的处理及二次加工安排在合理的位置。

2.5.3 成型设备和工具的选择

对于压缩成型，应根据压缩及成型压力和型腔布置等计算出总压力来选择压机的公称压力，然后进行其他参数校核；对于注射成型，应根据塑件成型所需的塑料总体积（或重量）来选择相应最大注射量的注射机，然后进行其他参数的校核。

除了成型工序用的成型设备需要选用外，其他工序用的设备也要选择，然后按工序注明设备的型号和规格。

各工序所用工具及规格、每道工序的质量标准和检验项目及检验方法也应在工艺文件中注明。

2.5.4 成型工艺条件的选择

塑料的各种成型方法都应在适当的工艺条件下才能成型出合格的塑件。影响塑料成型工艺的因素很多，需要控制的工艺条件也不少，而且各工艺条件之间的关系又很密切，因此确定工艺条件是一项比较复杂的技术问题。在选择工艺条件时必须根据塑料的性能和实际情况进行全面分析，并根据塑件的检验结果及时修正预定的工艺条件。

各种成型方法及其各个工序需要确定的工艺条件项目虽有差别，但总的来说，温度、压力、时间是最主要的工艺条件。因此，一般成型方法对温度、压力和时间都有明确的规定。

2.5.5 工艺文件的制定

工艺文件制定的任务是将上述工艺规程编制的内容和参数加以汇总，并以适当的文件形式确定下来，作为生产准备和生产过程的依据，作为指导生产的工艺纪律。

工艺文件的种类较多，有成型工艺说明书、工艺过程卡片、调整卡片、检验卡片等。目前，在生产实际中塑料零件的成型工艺过程卡片是最主要的工艺文件，这种卡片的格式及填写规则可参照有关标准。

2.6 复习思考题

1. 简述注射成型过程和注射成型原理。
2. 何为注射成型压力？注射成型压力的大小取决于哪些因素？
3. 简述压缩成型原理及压缩成型的特点。

4. 与压缩成型相比，压注成型工艺有什么优点？
5. 压缩成型采用预压锭料有什么优点？
6. 压缩成型过程分为哪几个阶段？
7. 注射成型过程分为哪几个阶段？
8. 注射成型前的准备工作有哪些？

第 3 章 塑料模具设计基础

配套资源

学习目标与要求

1. 了解塑件结构工艺性。
2. 掌握典型塑料模具各零件在模具中的名称和作用，具备读图能力。
3. 掌握塑料模分型面选择的 6 个基本原则，针对不同塑件会运用原则选择分型面。
4. 掌握各种凹模和型芯的结构特点、适用范围、材料选择、加工方法与装配要求。
5. 掌握成型零件工作部分尺寸的计算方法。
6. 会分析型腔侧壁和底板受力情况，会运用公式和查表选择数据确定型腔壁厚和底板厚度。
7. 掌握各结构零件作用、结构、安装形式、配合要求、材料的选择和设计原则。
8. 会选择标准件。

学习重点

1. 塑料模具的基本结构及各零部件在模具中的功能。
2. 塑料模具分型面选择原则和案例分析。
3. 凹模和型芯的结构类型、适用范围及选用、材料选择、加工方法与装配要求，典型成型零件的加工实例。
4. 成型零件工作部分尺寸的计算方法。
5. 运用公式和选择各相关表中的数据确定型腔壁厚与底板厚度。
6. 各结构零件的作用、设计原则、结构特点、安装形式、配合要求、材料的选择。
7. 标准件的选择原则和查表步骤。

学习难点

1. 塑料模具结构的组成。
2. 对塑料模具分型面选择原则的理解和运用。
3. 凹模和型芯的镶拼组合结构的类型和镶拼设计思路。
4. 各个公式的运用和各相关表中的数据选择。
5. 标准件的选择和标准件的利用。
6. 能理论联系实际进行加热与冷却装置的设计。

3.1 塑件的结构工艺性

要想把塑料加工成满足需要的塑件，首先要选用合适的塑料原材料，同时还必须考虑塑件的结构工艺性。良好的塑件结构工艺性是获得合格塑件的基础，也是保证成型工艺顺利进行，提高产品质量和生产效率，降低生产成本，使成型加工达到经济合理的基本保证。

塑件的结构工艺性是指塑件加工成型的难易程度，它与成型模具设计有着密切关系，只有塑件设计满足成型工艺要求，才能设计出合理的模具结构。塑件的设计因塑料成型方法和塑料品种性能不同而不同。下面主要介绍塑件中产量最大的注射、压缩、压注成型塑件的塑件结构工艺性。

塑件的设计主要是根据其使用要求，在满足使用要求的前提下，塑件的结构应尽可能地使模具结构简化，符合成型工艺特点。在进行塑件结构工艺性设计时，要遵循以下几个原则。

① 塑料的材料选用，成型工艺性能，如收缩率、流动性等。
② 在满足使用性能的前提下，力求塑件结构简单，壁厚均匀，使用方便。
③ 模具的总体结构，要使模具的型腔易于制造，尤其是抽芯和推出机构简单。

塑件结构工艺性设计的主要内容包括塑件的材料选用、尺寸和精度、表面粗糙度、结构形状（壁厚、斜度、加强肋、支承面、圆角、孔、文字符号标记等）、螺纹、齿轮、嵌件等。

3.1.1 塑件的尺寸、精度和表面质量

1. 塑件的尺寸

塑件总体尺寸的大小取决于塑料的流动性，流动性好的塑料可以成型较大尺寸的塑件。对薄壁塑件或流动性差的塑料（如玻璃纤维增强塑料）进行注射成型和压注成型时，塑件尺寸不宜过大，以免熔体不能充满型腔或形成熔接痕，影响塑件外观和结构强度。为保证良好的成型，还应从成型工艺和塑件壁厚考虑，如提高成型温度、增加成型压力及塑件壁厚等。此外，注射成型的塑件尺寸受注射机的公称注射量、锁模力和模板尺寸的限制；压缩和压注成型的塑件尺寸受压力机最大压力及台面尺寸的限制。

2. 塑件尺寸精度

所获得的塑件尺寸与产品图中尺寸的符合程度，即所获得塑件尺寸的准确度，即为塑件尺寸精度。精度的高低取决于成型工艺及使用的材料。在满足使用要求的前提下，应尽可能将塑件尺寸精度设计得低一些。

影响塑件尺寸精度的因素很多，一是模具制造精度对其影响最大；二是塑料收缩率的波动；三是在成型过程中，模具的磨损等原因造成模具尺寸不断变化，也会影响塑件尺寸变化；四是成型时工艺条件的变化、飞边厚度的变化以及脱模斜度都会影响塑件精度。

目前，我国已颁布了塑料模塑件尺寸公差的国家标准（GB/T 14486—2008），见表3-1。模塑件尺寸公差的代号为MT，公差等级分为7级，每一级又可分为A、B两部分，其中A部分为不受模具活动部影响尺寸的公差，B部分为受模具活动部影响尺寸的公差（例如由于受水平分型面溢边厚薄的影响，压缩件高度方向的尺寸）；该标准只规定标准公差值，上、下偏差可根据塑件的配合性质来分配。

表 3-1 模塑件尺寸公差表（GB/T 14486—2008）

单位：毫米

公差等级	公差种类	>0~3	>3~6	>6~10	>10~14	>14~18	>18~24	>24~30	>30~40	>40~50	>50~65	>65~80	>80~100	>100~120	>120~140	>140~160	>160~180	>180~200	>200~225	>225~250	>250~280	>280~315	>315~355	>355~400	>400~450	>450~500	>500~630	>630~800	>800~1000
													标注公差的尺寸公差值																
MT1	A	0.07	0.08	0.09	0.10	0.11	0.12	0.14	0.16	0.18	0.20	0.23	0.26	0.29	0.32	0.36	0.40	0.44	0.48	0.52	0.56	0.60	0.64	0.70	0.78	0.86	0.97	1.16	1.39
	B	0.14	0.16	0.18	0.20	0.21	0.22	0.24	0.26	0.28	0.30	0.33	0.36	0.39	0.42	0.46	0.50	0.54	0.58	0.62	0.66	0.70	0.74	0.80	0.88	0.96	1.07	1.26	1.49
MT2	A	0.10	0.12	0.14	0.16	0.18	0.20	0.22	0.24	0.26	0.30	0.34	0.38	0.42	0.46	0.50	0.54	0.60	0.66	0.72	0.76	0.84	0.92	1.00	1.10	1.20	1.40	1.70	2.10
	B	0.20	0.22	0.24	0.26	0.28	0.30	0.32	0.34	0.36	0.40	0.44	0.48	0.52	0.56	0.60	0.64	0.70	0.76	0.82	0.86	0.94	1.02	1.10	1.20	1.30	1.50	1.80	2.20
MT3	A	0.12	0.14	0.16	0.18	0.20	0.22	0.26	0.30	0.34	0.40	0.46	0.52	0.58	0.64	0.70	0.78	0.86	0.92	1.00	1.10	1.20	1.30	1.44	1.60	1.74	2.00	2.40	3.00
	B	0.32	0.34	0.36	0.38	0.40	0.42	0.46	0.50	0.54	0.60	0.66	0.72	0.78	0.84	0.90	0.98	1.06	1.12	1.20	1.30	1.40	1.50	1.64	1.80	1.94	2.20	2.60	3.20
MT4	A	0.16	0.18	0.20	0.24	0.28	0.32	0.36	0.42	0.48	0.56	0.64	0.72	0.82	0.92	1.02	1.12	1.24	1.36	1.48	1.62	1.80	2.00	2.20	2.40	2.60	3.10	3.80	4.60
	B	0.36	0.38	0.40	0.44	0.48	0.52	0.56	0.62	0.68	0.76	0.84	0.92	1.02	1.12	1.22	1.32	1.44	1.56	1.68	1.82	2.00	2.20	2.40	2.60	2.80	3.30	4.00	4.80
MT5	A	0.20	0.24	0.28	0.32	0.38	0.44	0.50	0.56	0.64	0.74	0.86	1.00	1.14	1.28	1.44	1.60	1.76	1.92	2.10	2.30	2.50	2.80	3.10	3.50	3.90	4.50	5.60	6.90
	B	0.40	0.44	0.48	0.52	0.58	0.64	0.70	0.76	0.84	0.94	1.06	1.20	1.34	1.48	1.64	1.80	1.96	2.12	2.30	2.50	2.70	3.00	3.30	3.70	4.10	4.70	5.80	7.10
MT6	A	0.26	0.32	0.38	0.46	0.52	0.58	0.64	0.72	0.80	0.94	1.10	1.28	1.48	1.68	1.92	2.20	2.40	2.60	2.90	3.20	3.50	3.90	4.30	4.80	5.30	5.90	8.50	10.60
	B	0.45	0.52	0.58	0.66	0.72	0.80	0.90	1.00	1.14	1.30	1.48	1.68	1.92	2.20	2.40	2.60	2.80	3.10	3.40	3.70	4.10	4.50	5.00	5.50	6.10	7.10	8.70	10.80

续表

公差等级	公差种类	>0~3	>3~6	>6~10	>10~14	>14~18	>18~24	>24~30	>30~40	>40~50	>50~65	>65~80	>80~100	>100~120	>120~140	>140~160	>160~180	>180~200	>200~225	>225~250	>250~280	>280~315	>315~355	>355~400	>400~450	>450~500	>500~630	>630~800	>800~1000
		基本尺寸																											
		标注公差的尺寸公差值																											
MT7	A	0.38	0.46	0.56	0.66	0.76	0.86	0.98	1.12	1.32	1.54	1.80	2.10	2.40	2.70	3.00	3.30	3.70	4.10	4.50	4.90	5.40	6.00	6.70	7.40	8.20	9.60	11.90	14.80
	B	0.58	0.66	0.76	0.86	0.96	1.06	1.18	1.32	1.52	1.74	2.00	2.30	2.60	2.90	3.20	3.50	3.90	4.30	4.70	5.10	5.60	6.20	6.90	7.60	8.40	9.80	12.10	15.00
		未注公差的尺寸允许偏差																											
MT5	A	±0.10	±0.12	±0.14	±0.16	±0.19	±0.22	±0.25	±0.28	±0.32	±0.37	±0.43	±0.50	±0.57	±0.64	±0.72	±0.80	±0.88	±0.96	±1.05	±1.15	±1.25	±1.40	±1.55	±1.75	±1.95	±2.25	±2.80	±3.45
	B	±0.20	±0.22	±0.24	±0.26	±0.29	±0.32	±0.35	±0.38	±0.42	±0.47	±0.53	±0.60	±0.67	±0.74	±0.82	±0.90	±0.98	±1.06	±1.15	±1.25	±1.35	±1.50	±1.65	±1.85	±2.05	±2.35	±2.90	±3.55
MT6	A	±0.13	±0.16	±0.19	±0.23	±0.26	±0.30	±0.35	±0.40	±0.45	±0.55	±0.64	±0.74	±0.86	±1.00	±1.10	±1.20	±1.30	±1.45	±1.60	±1.75	±1.95	±2.15	±2.40	±2.65	±2.95	±3.45	±4.25	±5.30
	B	±0.23	±0.26	±0.29	±0.33	±0.36	±0.40	±0.45	±0.50	±0.57	±0.65	±0.74	±0.84	±0.96	±1.10	±1.20	±1.30	±1.40	±1.55	±1.70	±1.85	±2.05	±2.25	±2.50	±2.75	±3.05	±3.55	±4.35	±5.40
MT7	A	±0.19	±0.23	±0.28	±0.33	±0.38	±0.43	±0.49	±0.56	±0.66	±0.77	±0.90	±1.05	±1.20	±1.35	±1.50	±1.65	±1.85	±2.05	±2.25	±2.45	±2.70	±3.00	±3.35	±3.70	±4.10	±4.80	±5.95	±7.40
	B	±0.29	±0.33	±0.38	±0.43	±0.48	±0.53	±0.59	±0.66	±0.76	±0.87	±1.00	±1.15	±1.30	±1.45	±1.60	±1.75	±1.95	±2.15	±2.35	±2.55	±2.80	±3.10	±3.45	±3.80	±4.20	±4.90	±6.05	±7.50

注1：A 为不受模具活动部分影响的尺寸公差值；B 为受模具活动部分影响的尺寸公差值。

注2：MT1 级为精密级，具有采用严密的工艺控制措施和高精度的模具、设备、原料时才有可能选用。

塑件公差等级的选用与塑料品种及装配情况有关，一般配合部分尺寸精度高于非配合部分的尺寸精度，受到塑料收缩波动的影响，小尺寸易达到较高的精度。塑件的精度要求越高，模具的制造精度也越高，模具加工的难度与成本亦增高，同时塑件的废品率也会增加。因此，在塑料成型工艺一定的情况下，按照表3-2合理选用精度等级。

对孔类尺寸可取表中数值冠以"+"号，对轴类尺寸可取表中数值冠以"-"号，对中心距尺寸可取表中数值冠以"±"号。

例：孔 $\phi 300^{+2.4}_{0}$，轴 $\phi 300^{0}_{-2.4}$，中心距 300 ± 1.2。

表3-2 常用材料模塑件尺寸公差等级的选用（GB/T 14486-2008）

材料代号	塑件材料		公差等级		
			标注公差尺寸		未注公差尺寸
			高精度	一般精度	
ABS	（丙烯腈-丁二烯-苯乙烯）共聚物		MT2	MT3	MT5
CA	乙酸纤维素		MT3	MT4	MT6
EP	环氧树脂		MT2	MT3	MT5
PA	聚酰胺	无填料填充	MT3	MT4	MT6
		30%玻璃纤维填充	MT2	MT3	MT5
PBT	聚对苯二甲酸丁二酯	无填料填充	MT3	MT4	MT6
		30%玻璃纤维填充	MT2	MT3	MT5
PC	聚碳酸酯		MT2	MT3	MT5
PDAP	聚邻苯二甲酸二烯丙酯		MT2	MT3	MT5
PEEK	聚醚醚酮		MT2	MT3	MT5
PE-HD	高密度聚乙烯		MT4	MT5	MT7
PE-LD	低密度聚乙烯		MT5	MT6	MT7
PESU	聚醚砜		MT2	MT3	MT5
PET	聚对苯二甲酸乙二酯	无填料填充	MT3	MT4	MT6
		30%玻璃纤维填充	MT2	MT3	MT5
PF	苯酚-甲醛树脂	无机填料填充	MT2	MT3	MT5
		有机填料填充	MT3	MT4	MT6
PMMA	聚甲基丙烯酸甲酯		MT2	MT3	MT5
POM	聚甲醛	≤150 mm	MT3	MT4	MT6
		>150 mm	MT4	MT5	MT7
PP	聚丙烯	无填料填充	MT4	MT5	MT7
		30%无机填料填充	MT2	MT3	MT5
PPE	聚苯醚；聚亚苯醚		MT2	MT3	MT5
PPS	聚苯硫醚		MT2	MT3	MT5
PS	聚苯乙烯		MT2	MT3	MT5
PSU	聚砜		MT2	MT3	MT5
PUR-P	热塑性聚氨酯		MT4	MT5	MT7

续表

材料代号	塑件材料		公差等级		
			标注公差尺寸		未注公差尺寸
			高精度	一般精度	
PVC-P	软质聚氯乙烯		MT5	MT6	MT7
PVC-U	未增塑聚氯乙烯		MT2	MT3	MT5
SAN	（丙烯腈-苯乙烯）共聚物		MT2	MT3	MT5
UF	脲-甲醛树脂	无机填料填充	MT2	MT3	MT6
		有机填料填充	MT3	MT4	MT6
UP	不饱和聚酯	30%玻璃纤维填充	MT2	MT3	MT5

3. 塑件表面粗糙度

塑件的表面粗糙度低，则塑件的外观质量高。塑件的表面粗糙度，除了在成型时从工艺上尽可能避免冷疤、云纹、起泡等缺陷外，主要决定因素是模具成型零件的表面粗糙度。塑件的表面粗糙度一般为 $Ra1.6\sim0.2\mu m$。对塑件的表面粗糙度没有要求的（如通常的型芯），其粗糙度与模具的表面粗糙度一致；而对制品的表面粗糙度有要求的（如通常的型腔），其表面粗糙度一般比塑件的表面粗糙度高 1~2 级。因此，为降低模具加工成本，设计塑件时，表面粗糙度能满足使用要求即可。

需要注意的是，成型过程中，由于模具型腔磨损，使模具表面粗糙度不断增大，会使塑件表面粗糙度增大，所以应在使用一段时间后进行抛光复原。对透明的塑件，要求模具的型腔和型芯表面粗糙度相同。

3.1.2 塑件的几何形状

塑件的内外表面形状应在满足使用要求的情况下尽可能易于成形，同时有利于模具结构简化。塑件的几何形状与成型方法、模具结构、脱模以及塑件质量等均有密切关系。

1. 塑件的形状

塑件的内外表面形状应易于成型，塑件应尽量避免侧孔、侧凹或与塑件脱模方向垂直的孔，以避免模具采用侧向分型抽芯机构或者瓣合凹模（凸模）结构，否则因设置这些机构而使模具结构复杂，不但提高了模具的制造成本，而且还会在塑件上留下分型面线痕，增加了去除塑件飞边的修整量。如果塑件有侧孔和侧向凸凹结构，可在塑件使用要求的前提下，对塑件结构进行适当的修改，如图 3-1（a）形式需要侧抽芯机构，改为图 3-1（b）形式，取消侧孔，不需侧抽芯机构。图 3-2（a）塑件内部表面凹台，改为图 3-2（b）形式，取消凹台，便于脱模。图 3-3（a）所示塑件的外侧内凹，需采用瓣合凹模，塑件模具结构复杂，塑件表面有接缝，改为图 3-3（b）取消塑件上的侧凹结构，模具结构简单。图 3-4（a）所示塑件在取出模具前，必须先由抽芯机构抽出侧型芯，然后才能取出，模具结构复杂。改为图 3-4（b）侧孔形式，无须侧向型芯，模具结构简单。

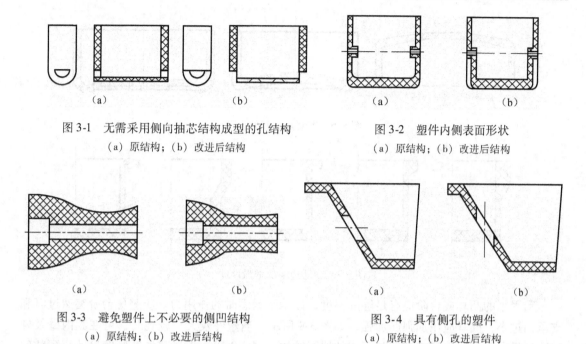

图 3-1　无需采用侧向抽芯结构成型的孔结构
(a) 原结构；(b) 改进后结构

图 3-2　塑件内侧表面形状
(a) 原结构；(b) 改进后结构

图 3-3　避免塑件上不必要的侧凹结构
(a) 原结构；(b) 改进后结构

图 3-4　具有侧孔的塑件
(a) 原结构；(b) 改进后结构

当塑件侧壁的凹槽（或凸台）深度（或高度）较浅并带有圆角时，则可采用整体式凸模或凹模结构，利用塑料在脱模温度下具有足够弹性的特性，采用强制脱模的方式将塑件脱出。如图 3-5 所示的塑件内凹和外凸，塑件侧凹深度必须在要求的合理范围内，同时将凹凸起伏处设计为圆角或斜面过渡结构。如成型塑件的塑料为聚乙烯、聚丙烯、聚甲醛这类带有足够弹性的塑料时，模具均可采取强制脱模方式，但多数情况下，带侧凹的塑件不宜采用强制脱模，以免损坏塑件。

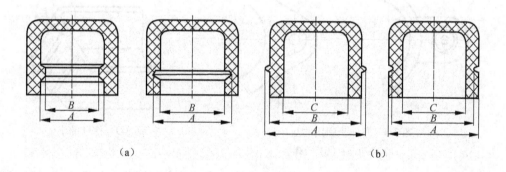

图 3-5　可强制脱模的浅侧凹、凸结构
(a) $(A-B) \times 100\% / B \leqslant 5\%$；(b) $(A-B) \times 100\% / C \leqslant 5\%$

设计塑件的形状还应有利于提高塑件的强度和刚度。薄壳状塑件可设计成球面或拱形曲面。如容器盖或底设计成图 3-6 所示形状，可以有效地增加刚性、减少变形。

容器的边缘特别是薄壁容器的边缘是强度、刚性薄弱处，易于开裂变形损坏，设计成图 3-7 所示形状可增强刚度、减小变形。

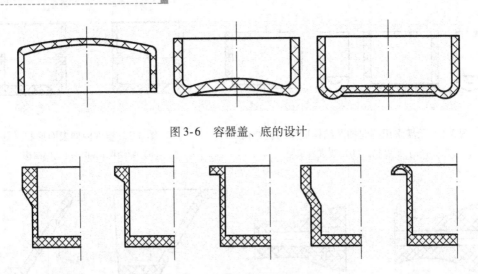

图 3-6　容器盖、底的设计

图 3-7　容器边缘的增强设计

紧固用的凸耳或台阶应有足够的强度，以承受紧固时的作用力。应避免台阶突然过渡和支承面过小，凸耳应用加强筋加强，如图 3-8 所示。当塑件较大、较高时，可在其内壁及外壁设计纵向圆柱、沟槽或波纹状形式的增强结构。图 3-9 所示为局部加厚侧壁尺寸，预防侧壁翘曲的情况。

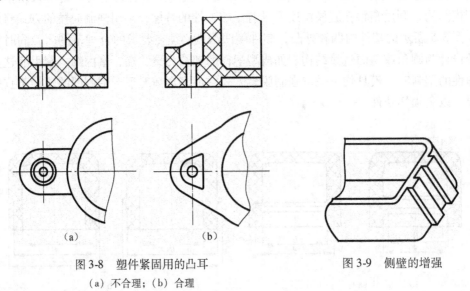

图 3-8　塑件紧固用的凸耳
(a) 不合理；(b) 合理

图 3-9　侧壁的增强

针对一些软塑料（如聚乙烯）矩形薄壁容器，成型后内凹翘曲，如图 3-10 (a) 所示，应采取的预防措施，是将塑件侧壁设计得稍微外凸，待内凹后刚好平直，如图 3-10 (b) 所示。图 3-10 (c) 则是在不影响塑件使用要求的前提下将塑件各边均设计成弧形，从而使塑件不易产生翘曲变形。

此外，塑件的形状还应考虑分型面位置，有利于飞边和毛刺的去除。

综上所述，塑件的形状必须便于成型的顺利进行，简化模具结构，有利于生产率的提高和确保塑件质量。

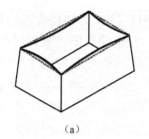 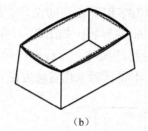 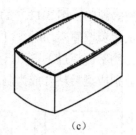

图 3-10 防止矩形薄壁容器内凹翘曲

2. 塑件壁厚

塑件壁厚是否合理直接影响塑件的使用及成型质量。壁厚不仅要满足在使用上有足够的强度和刚度，在装配时能够承载紧固力，而且要在满足成型时熔体能够充满型腔，在脱模时能够承受脱模机构的冲击和振动。但壁厚也不能过大，过大浪费塑料原料，增加了塑件成本。同时也增加成型时间和冷却时间，延长成型周期，还容易产生气泡、缩孔、凹痕、翘曲等缺陷，对热固性塑料成型时还可能造成固化不足。

塑件壁厚的大小主要取决于塑料品种、大小以及成型条件。热固性塑件可参考表 3-3 部分热固性塑料塑件的壁厚推荐值，热塑性塑料塑件可参考表 3-4 部分热塑性塑件的最小值及常用壁厚推荐值。

表 3-3　部分热固性塑件的壁厚推荐值　　　　　　　　　　　　　　　　　　　　mm

塑件材料	塑件外形高度		
	<50	50~100	>100
粉状填料的酚醛塑料	0.7~2	2.0~3	5.0~6.5
纤维状填料的酚醛塑料	1.5~2	2.5~3.5	6.0~8.0
氨基塑料	1.0	1.3~2	3.0~4
聚酯玻璃纤维填料的塑料	1.0~2	2.4~3.2	>4.8
聚酯无机物填料的塑料	1.0~2	3.2~4.8	>4.8

表 3-4　部分热塑性塑件的最小值及常用壁厚推荐值　　　　　　　　　　　　　　mm

塑件材料	最小壁厚	小型塑件壁厚	中型塑件壁厚	大型塑件壁厚
尼龙	0.45	0.76	1.5	2.4~3.2
聚乙烯	0.6	1.25	1.6	2.4~3.2
聚苯乙烯	0.75	1.25	1.6	3.2~5.4
改性聚苯乙烯	0.75	1.25	1.6	3.2~5.4
有机玻璃（372#）	0.8	1.5	2.2	4~6.5
硬聚氯乙烯	1.2	1.60	1.8	4.2~5.4
聚丙烯	0.85	1.45	1.75	2.4~3.2
氯化聚醚	0.9	1.35	1.8	2.5~5.4

同一塑件的各部分壁厚应尽可能均匀一致，避免截面厚薄悬殊的设计，否则会因为固化或冷却速度不同引起收缩不均匀，从而在塑件内部产生内应力，导致塑件产生翘曲、缩孔甚

至开裂等缺陷。图 3-11（a）所示为结构不合理的设计，图 3-11（b）为结构合理的设计。当无法避免壁厚不均时，可做成倾斜的形状，如图 3-12 所示，使壁厚逐渐过渡，但不同壁厚的比例不应超过 1∶3。当壁厚相差过大时，可将塑件分解，即将一个塑件设计为两个塑件，分别成型后粘合成为制品，在不得已时采用这种方法。

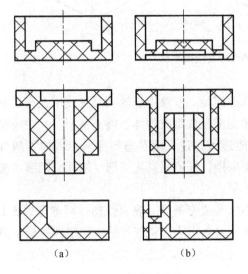

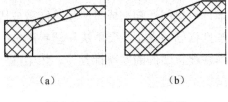

图 3-11　塑件壁厚结构　　　　　　　图 3-12　塑件的不均匀壁厚
（a）不合理；（b）合理　　　　　　　（a）不合理；（b）合理

3. 脱模斜度

当塑件成型后由于塑件冷却后产生收缩，会紧紧包住模具型芯或型腔中凸出的部分，为使塑件便于从模具中脱出，防止脱模时塑件的表面被擦伤或推顶变形，与脱模方向平行的塑件内外表面应有足够的斜度，即脱模斜度，如图 3-13 所示。脱模斜度表示方法有三种，线性尺寸标注法、角度标注法、比例标注法，如图 3-14 所示。

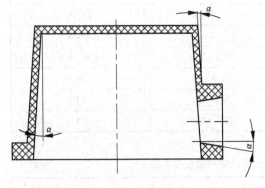

图 3-13　脱模斜度

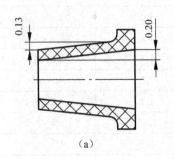 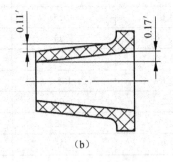 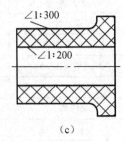

图 3-14　脱模斜度表示方法
（a）线性尺寸标注法；（b）角度标注法；（c）比例标注法

脱模斜度的大小主要取决于塑料的收缩率、塑件的形状和壁厚以及塑件的部位。常用塑件脱模斜度参照表3-5取值。

表3-5 常用塑件脱模斜度

塑料材料	脱模斜度	
	型腔	型芯
聚乙烯、聚苯烯、软聚氯乙烯、聚酰胺、氯化聚醚	25′~45′	20′~45′
硬聚氯乙烯、聚碳酸酯、聚砜	35′~45′	30′~50′
有机玻璃、聚苯乙烯、聚甲醛、ABS	35′~40′	30′~40′
热固性塑料	25′~40′	20′~50′

注：本表所列脱模斜度适用于开模后塑件留在凸模上的情形。

在设计时，脱模斜度的大小根据具体情况而定。一般来说，塑件高度在25mm以下者可不考虑脱模斜度。但是，如果塑件结构复杂，即使脱模高度仅几毫米，也必须设计脱模斜度。当塑件有特殊要求时，外表面脱模斜度可小至5′，内表面脱模斜度可小至10′~20′。

对于较脆、较硬的塑料，为有利于脱模，脱模斜度可大一些；塑料收缩率大时应选用较大脱模斜度。热固性塑料收缩率一般较热塑性塑料要小一些，故脱模斜度相应小一些；厚壁塑件成型收缩大，选用脱模斜度也较大；对于较长、较大的塑件，应选用较小的脱模斜度；对于塑件形状复杂或精度要求较高时，应采用较小的斜度；侧壁带有皮革花纹的，应留有4°~6°的脱模斜度；开模时，有时为了让塑件留在凹模上，往往减小凹模的脱模斜度而增大凸模的脱模斜度；塑件上凸起或加强筋单边应有4°~5°的脱模斜度。

4. 塑件的加强筋

在塑件适当的位置上设置加强筋可以在不增加塑件壁厚的情况下增加塑件的强度和刚度，防止塑件变形。如图3-15所示采用加强筋减小壁厚的结构。图3-15（a）的壁厚大而不均匀；图3-15（b）采用加强筋，壁厚均匀，既省料又提高了强度、刚度，避免了气泡、缩孔、凹痕、翘曲等缺陷。图3-15（c）凸台强度薄弱；图3-15（d）增设了加强筋，提高了强度，同时改善了料流状况。加强筋的尺寸如图3-16所示。

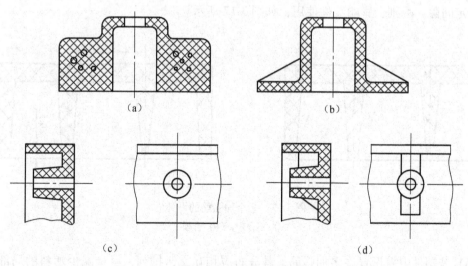

图3-15 加强筋的设计

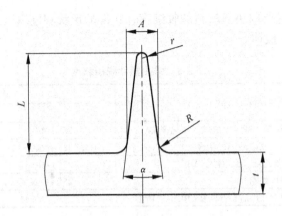

图 3-16 加强筋尺寸

高度 $L = (1 \sim 3) t$。

筋条厚度 $A = (0.5 \sim 0.7) t$。

筋根过渡圆角 $R = (1/8 \sim 1/4) t$。

收缩角 $\alpha = 2° \sim 5°$。

筋端部圆角 $r = t/8$，当 $t \leq 2$ mm，取 $A = t$。

加强筋的设置如下：

(1) 加强筋的侧壁必须有足够的斜度，底部与壁连接应以圆弧过渡，以防外力作用时，产生应力集中而被破坏。

(2) 加强筋厚度小于壁厚，否则壁面会因筋根部的内切圆处的缩孔而产生凹陷。

(3) 加强筋的高度不宜过高，以免筋部受力破损。为了得到较好的增强效果，以设计矮一些、多一些为好，若能够将若干个小肋连成栅格，则强度能显著提高。

(4) 加强筋的设置方向除应与受力方向一致外，还应尽可能与熔体流动方向一致，以免料流受到搅乱，使塑件的韧性降低。

(5) 加强筋之间中心距应大于两倍壁厚，且加强筋的端面不应与塑件支承面平齐，应留有一定间隙，否则会影响塑件使用，如图3-17所示。

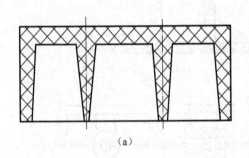
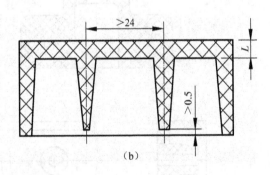

图 3-17 多个加强筋的设计
(a) 不合理；(b) 合理

(6) 若塑件中需设置许多加强筋，其分布应相互交错排列，尽量减少塑料的局部集中，以免收缩不均匀引起翘曲变形或产生气泡和缩孔。图3-18为容器盖上加强筋的布置情况，图

3-18（b）设计得比图3-18（a）合理。

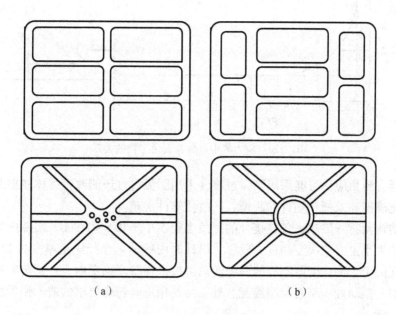

图 3-18　加强筋的布置
(a) 不合理；(b) 合理

5. 塑件的支承面

由于塑件稍许翘曲或变形就会造成底面不平，容易产生接触不稳，因而，以塑件整个底面作支承面，一般来说是不合理的。为了平稳地支承塑件，通常都采用凸起的边框或底脚（三点或四点）为支承面，如图3-19所示。

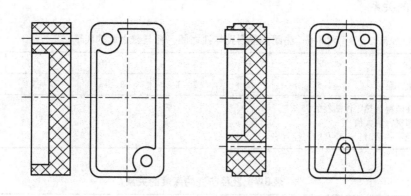

图 3-19　塑件的支承面

6. 塑件的圆角

由于带有尖角的塑件，在尖角处会产生应力集中，在成型时，塑件容易开裂。或在使用时受到力或冲击振动时产生破裂，降低塑件强度。图3-20为塑件受应力作用时应力集中系数与圆角半径的关系。从图中可以看出，当R/δ在0.3以下时应力集中系数剧增，而在0.8以上时应力集中系数变化很小，因此理想的圆角半径应为壁厚的1/3以上。

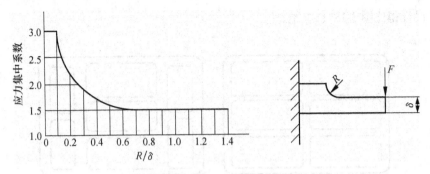

图 3-20 应力集中系数与圆角半径的关系

塑件上所有转角应尽可能采用圆弧过渡,采用圆弧过渡还能改善熔体在型腔中的流动状态,有利于充满型腔及便于塑件的脱模,同时使塑件美观。

若塑件结构无特殊要求,各连接处的圆角半径不小于 0.5~1 mm。塑件内外表面拐角处的圆角半径的大小主要取决于塑件的壁厚,设计时内壁圆角半径应是厚度的 1/2,外壁圆角半径应是厚度的 1.5 倍,壁厚不等的两壁转角可按平均壁厚确定内、外圆角半径。对于塑件上某些部位如分型面处、型芯与型腔配合处以及使用上有特殊要求的或不便做成圆角的部位必须以尖角过渡。

7. 孔的设计

塑件在使用上经常需要设置一些孔,如紧固连接孔、定位孔、安装孔及特殊用途的孔等。常见的孔有通孔、盲孔(不通孔)、螺纹孔和形状复杂的异形孔等。塑件上的孔是用模具的型芯成型的,因此,孔的形状应力求简单,以免增加模具制造的难度,同时孔的位置应尽可能开设在强度大或厚壁部位;孔与孔之间、孔与壁之间均应有足够的距离,见表 3-6 热固性塑料孔与孔之间、孔与壁之间的距离;孔径与孔的深度也有一定的关系,见表 3-7 孔径与孔的深度的关系。

表 3-6 热固性塑料孔与孔之间、孔与壁之间的距离　　　　　mm

孔 径	<1.5	1.5~3	3~6	6~10	10~18	18~30
孔间距、孔边距	1~1.5	1.5~2	2~3	3~4	4~5	5~7

注:1. 热塑性塑料为热固性塑料的 75%。
　　2. 增强塑料宜取大值。
　　3. 两孔径不一致时,以小孔的孔径查表。

表 3-7 孔径与孔的深度的关系　　　　　mm

成型方式	孔的形式	孔的深度	
		通孔	盲孔
压缩成型	横孔	2.5d	<1.5d
	竖孔	5d	<2.5d
注射或挤出成型		10d	4~5d

注:1. d 为孔的直径。
　　2. 采用纤维塑料时,表中数值系数 0.75。

如果使用上要求两个孔的间距或孔的边距小于表 3-6 中规定的数值时，如图 3-21（a）所示，可将孔设计成图 3-21（b）所示的结构形式。塑件的紧固孔和其他受力孔四周可采用凸边予以加强，如图 3-22 所示。

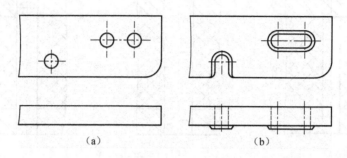

图 3-21　两个孔的间距或孔的边距过小改进设计

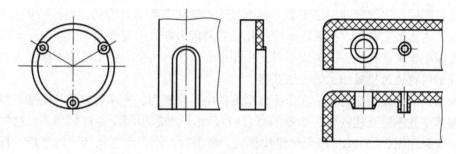

图 3-22　孔边增厚加强

固定孔多数采用图 3-23（a）所示沉头螺钉孔形式，图 3-23（c）所示的沉头螺钉孔形式较少采用，由于设置型芯不便，一般不采用 3-23（b）所示沉头螺钉孔形式。

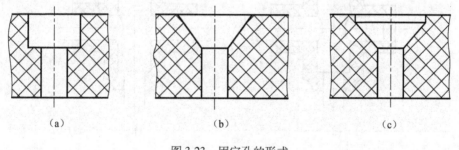

图 3-23　固定孔的形式

通孔的成型方法如图 3-24 所示，图 3-24（a）形成通孔的型芯由一端固定，成型时在另一端分型面会产生不易修整的横向飞边，成型孔的深度不易太深或直径不易太小，否则型芯会发生弯曲。图 3-24（b）是采用两个一端固定的型芯组合成型，在型芯结合处会产生横向飞边，由于不易保证两个型芯的同轴度，设计时应使其中一个型芯直径比另一个大 0.5～1 mm，这样即使稍不同心，仍然能保证安装和使用。和图 3-24（a）形式相比，其特点是型芯长度缩短，型芯稳定性增加。图 3-24（c）由一端固定，另一端导向固定来成型，型芯强度和刚度好,能保证孔的轴向精度。但导向一端由于磨损,长期使用易产生圆周纵向飞边。

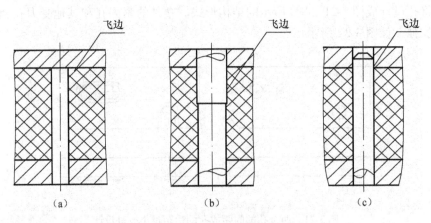

图 3-24 通孔的成型方法

盲孔只能用一端固定的型芯成型。对于与熔体流动方向垂直的孔,当孔径在 1.5 mm 以下时,为了防止型芯弯曲,孔深以不超过孔径的两倍为好。一般情况下,注射成型或压注成型时,孔深小于 4 倍孔径。压缩成型时,孔深小于 2.5 倍孔径。当孔径较小深度太大时,孔只能用成型后再通过机械加工的方法获得。

互相垂直的孔或相交的孔,在压缩成型塑件中不宜采用,在注射成型和压注成型中可以采用,但两个孔不能互相嵌合,如图 3-25(a)所示,型芯中间要穿过侧型芯,这样容易产生故障。应采用图 3-25(b)所示的结构形式。成型时,小孔型芯从两边抽芯后,再抽大孔型芯。塑件上需要设置侧壁孔时,为使模具结构简化,应尽量避免侧向抽芯机构。

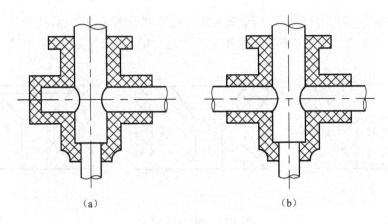

图 3-25 两相交孔的设计

对于某些斜孔或形状复杂的异形孔,为避免侧向抽芯,简化模具,可考虑采用拼合的型芯成型,如图 3-26 所示。

8. 文字、符号及花纹

(1) 文字、符号

由于某些使用上的特殊要求,塑件上经常需要带有文字、符号或花纹(如凸、凹纹、皮

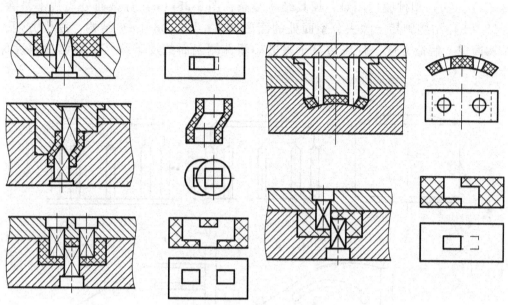

图 3-26　拼合的型芯成型复杂孔

革纹等）。模具上的凹型标志及花纹易于加工，塑件上一般采用凸型文字、符号或花纹，如图 3-27（a）所示。如果塑件上不允许有凸起，或在文字符号上需涂色时，可将凸起的标志设在凹坑内，如图 3-27（b）所示，此种结构形式的凸字在塑件抛光或使用时不易损坏。模具设计时可采用活块结构，在活块中刺凹字，然后镶入模具中，如图 3-27（c）所示，制造较方便。

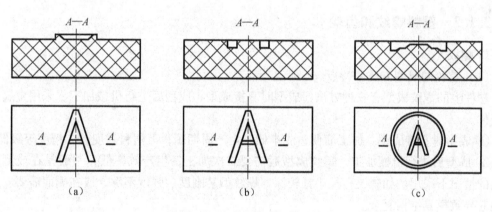

图 3-27　塑件上标记符号形式

塑件上的文字、符号等凸出的高度应不小 0.2 mm，通常以 0.8 mm 为适宜，线条宽度应不小于 0.3 mm，两线条之间的距离应不小于 0.4 mm，字体或符号的脱模斜度应大于 10°，一般以边框比字体高出 0.3 mm 以上为宜。

（2）花纹

有些塑件塑件外表面设有条形花纹，如手轮、手柄、瓶盖、按钮等，设计时要考虑其条纹的方向应与脱模的方向一致，以便于塑件脱模和制造模具。如图 3-28 所示，图

3-28（a）、（d）塑件脱模困难，模具结构复杂；图 3-28（c）分型面处飞边不易除去；图 3-28（b）结构则易于除去分型面处的圆形飞边；图 3-28（e）结构，脱模方便，模具结构简单，制造方便，且飞边易于除去。塑件侧表面的皮革纹是依靠侧壁斜度保证脱模的。

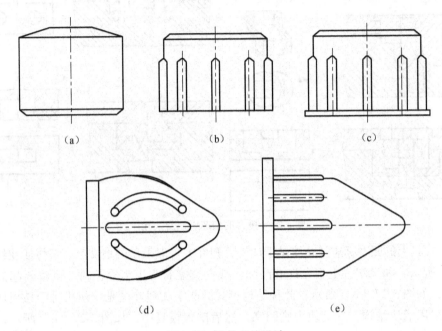

图 3-28　塑件花纹设计

3.1.3　塑料螺纹和齿轮

1. 螺纹

（1）螺纹的成型方法和特点

塑件上的螺纹成型有三种方法：成型时直接成型、成型后进行机械加工、采用金属的螺纹嵌件。

① 成型时直接成型。加工简便，成本低，生产周期短；但塑料强度差，精度等级低。

② 成型后进行机械加工。螺纹成型后需要二次加工，生产效率低，一般是在成型螺纹困难的情况下采用。如螺纹孔径小且较深，螺纹型芯刚度、强度不够，或在侧面需要安装螺纹型芯导致模具结构复杂。

③ 采用金属的螺纹嵌件。金属嵌件螺纹精度高，强度好。但成型塑件时，嵌件周围易形成应力集中，加工嵌件和安放嵌件使生产周期增长，成本提高。一般用于要求配合精度较高，经常装拆和受力较大的螺纹。

（2）螺纹直接成型

塑件中的螺纹直接成型时，由于螺纹过细，会造成使用强度不够。所以牙形尺寸应有一定限制，细牙螺纹不宜采用直接成型，而是采用金属螺纹嵌件。表 3-8 列出塑料螺纹的选用范围。

表 3-8 塑料螺纹的选用范围

螺纹公称直径/mm	螺纹种类				
	普通螺纹标准	1级细牙螺纹	2级细牙螺纹	3级细牙螺纹	4级细牙螺纹
<3	+	−	−	−	−
3～6	+	−	−	−	−
6～10	+	+	−	−	−
10～18	+	+	+	−	−
18～30	+	+	+	+	−
30～50	+	+	+	+	+
注：表中"+"号为建议选用的螺纹。					

塑料螺纹的直径不宜过小。一般螺纹直径应大于 4 mm，螺纹的螺距应大于 0.7 mm，内螺纹直径应大于 2 mm。在塑件上直接成型的螺纹精度等级不能要求太高，一般不超过 IT7，并且应选用螺牙尺寸较大者。如果模具上螺纹的螺距未考虑收缩值，则塑件螺纹与金属螺纹的配合长度一般不大于螺纹直径的 1.5 倍，否则会因塑件收缩引起的螺距不匹配，连接时使螺纹连接强度降低或损坏。

由于一般塑料螺纹的机械强度比金属螺纹机械强度低，和金属螺纹件不同，为了防止塑件螺纹始端和末端在使用中崩裂或变形，螺纹起止端应设计为圆台即圆柱结构，以提高该处螺纹强度，并使得模具结构简单。塑件外螺纹的始端与顶面应留有 0.2 mm 以上的距离，末端与底面也应留有 0.2 mm 的距离（图 3-29（a））。塑件内螺纹始端应有一深度为 0.3～0.8 mm 的台阶孔，螺纹末端也不宜与垂直底部相连接，一般与底面应留有不小于 0.2 mm 的距离，如图 3-29（b）所示。螺纹的始端和末端均应有过渡部分 L，L 值可按表 3-9 选取。

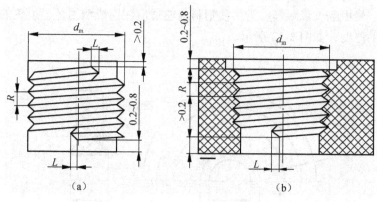

图 3-29 塑料螺纹的结构
（a）外螺纹；（b）内螺纹

表 3-9 塑料螺纹的始端和末端过渡部分尺寸   mm

螺纹直径	螺距 P		
	<0.5	0.5～1	>1
	始端和末端过渡部分尺寸		
≤10	1	2	3
>10～20	2	3	4
>20～34	2	4	6
>34～52	3	6	8
>52	3	8	10

螺纹直接成型的方法：

① 采用螺纹型芯或螺纹型环在成型后将塑件旋出。

② 外螺纹采用瓣合模成型，塑件会带有不易除去的飞边。

③ 使用要求不高的螺纹用软塑料成型时，采用强制脱模。主要用于要求不高的软塑料成型，螺纹断面较浅，且为圆形或梯形，如图3-30所示。

④ 同一塑件同一轴线上有两段不同直径螺纹，当两段螺纹方向相同、螺距相等时，成型后直接将塑件旋出，如图3-31（a）所示。当方向相反或螺距不等时，采用两段螺纹型芯或型环组合在一起的形式，成型后分段旋出，如图3-31（b）所示。

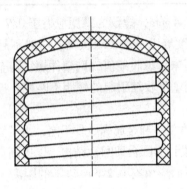
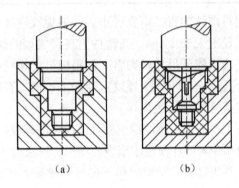

图3-30 能强制脱出的圆牙螺纹　　　　图3-31 两段同轴不同直径螺纹

2. 齿轮

目前，塑料齿轮在机械、电子、仪表等工业部门得到广泛应用，其常用的塑料有聚酰胺、聚碳酸酯、聚甲醛、聚砜等。为了使塑料齿轮适应注射成型工艺，齿轮的轮缘、辐板和轮毂应有一定的厚度，如图3-32所示。

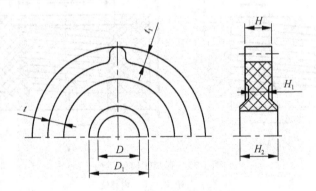

图3-32 齿轮的尺寸设计

齿轮各部分尺寸一般应满足以下关系：

轮缘宽度 $t \geqslant 3$ 倍齿高 h；

辐板厚度 $H_1 \leqslant$ 轮缘厚度 H；

轮毂厚度 $H_2 \geqslant$ 轮缘厚度 H 或 $H_2 =$ 轴孔直径 D；

轮毂外径 $D_1 \geqslant (1.5 \sim 3)$ 倍轴孔直径 D。

为了减小尖角处的应力集中及齿轮在成型时内应力的影响，设计齿轮时应尽量平缓过渡，尽可能加大圆角及过渡圆弧的半径。装配时为了避免装配产生内应力，轴和孔的配合应尽可采用过渡配合，不采用过盈配合。图 3-33 所示为轴与齿轮孔两种固定方法。其中，图 3-33（a）为常用的轴和孔呈月形孔过渡配合，图 3-33（b）轴和孔采用两个销孔固定。

齿顶圆在 50 mm 以下、齿宽为 1.5～3.5 mm 的较小的齿轮，由于厚度不均匀会引起齿轮歪斜，一般设计成无轮毂、无轮缘形式，齿轮为薄片形。较大齿轮应采用薄肋形式，对称布置，如图 3-34（b）所示。若采用在辐板上开孔的结构，如图 3-34（a）所示，因孔在成型时很少向中心收缩，辐板变形使齿轮歪斜，将影响齿轮精度。相互啮合的塑料齿轮宜用相同塑料制成。

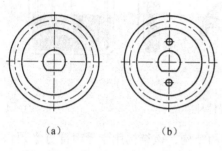

图 3-33 塑料齿轮与轴的固定形式

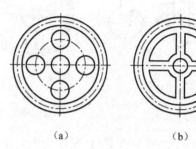

图 3-34 塑料齿轮辐板形式
(a) 不合理；(b) 合理

3.1.4 带嵌件的塑件设计

在塑件成型时，将金属或非金属零件嵌入其中，与塑件连成不可拆卸的整体，所嵌入的零件称为嵌件。嵌件的材料一般为金属材料，也有用非金属材料的。

1. 嵌件的作用

各种塑件中嵌件的作用各不相同，塑件中镶入嵌件，可以增强塑件局部的强度、硬度、耐磨性、导电性、导磁性等，也可以增加塑件尺寸的稳定性，还可以降低材料的消耗。但采用嵌件一般会增加塑件成本，使模具结构复杂，降低生产效率。

2. 嵌件的类型

常用的嵌件如图 3-35 所示，图 3-35（a）为圆筒形嵌件，有通孔和不通孔，有螺纹套、轴套和薄壁套管等，其中以带螺纹孔的嵌件最为常见；图 3-35（b）为圆柱形嵌件，有螺杆、轴销、接线柱等；图 3-35（c）为片状或板状嵌件，常用做塑件内的导体和焊片；图 3-35（d）为细杆状贯穿嵌件，如汽车转向盘。图 3-35（e）为非金属嵌件，ABS 黑色塑料做嵌件的改性有机玻璃仪表壳。

3. 嵌件的设计

设计塑件的嵌件时，主要应考虑嵌件与塑件的牢固连接、成型过程中嵌件定位的可靠性和嵌件固定的稳定性及塑件的强度等问题。而这些问题的解决关键在于嵌件的结构、嵌件与塑件的配合关系。

（1）嵌件与塑件的连接

为了避免嵌件受力时在塑件内转动或被拔出，保证嵌件与塑件的牢固连接，嵌件嵌入部分表面必须设计有适当的凸状或凹状部分，如图 3-36（a）所示；柱状嵌件可在外形滚直纹或菱形花并切出沟槽，如图 3-36（b）所示，中间为联入部分表面滚菱形花纹（适于小件），

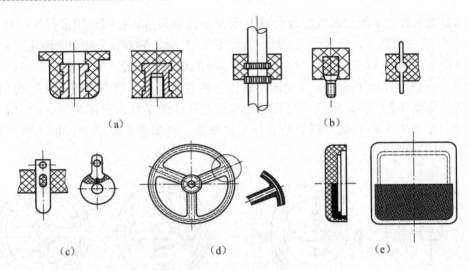

图 3-35 常见的嵌件种类

如图 3-36（c）、图 3-36（d）所示为嵌入部分压扁的结构，该结构用于导电部分必须保证有一定横截面的场合，板、片状嵌件嵌入部分采用切口、冲孔或压弯方法固定；薄壁管状线件可将端部翻边以便固定，如图 3-36（e）所示。

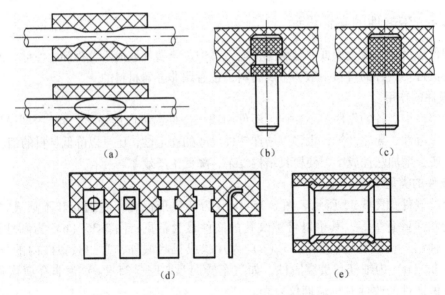

图 3-36 嵌件嵌入部分的结构形式

由于金属嵌件和塑件在冷却时的热收缩率相差很大，金属嵌件在成型过程中收缩量极小，而塑料却有明显的收缩，嵌件的设置使嵌件周围塑料中产生内应力，设计不当，会造成塑件的变形，甚至开裂。内应力大小与嵌件材料、塑料特性、塑料收缩率差异以及嵌件结构有关。因此，对有嵌件的塑件，从选材上，选用弹性大、收缩率小的塑料或选用与塑料收缩率相近的金属嵌件；从设计上，应保证嵌件周围的塑料层有足够的厚度以防塑件开裂，同时嵌件不应带有尖角，形状变化应以斜面或圆角过渡，以减少应力集中。嵌件上还应尽量不要设计通孔，以免塑料挤入孔内。表 3-10 列出嵌件周围塑料层厚度的推荐值，供设计时参考。

表3-10　金属嵌件周围塑料层厚度　　　　　　　　　　　　　　　mm

图　　例	金属嵌件直径 D	塑料厚度最小层 C	顶部塑料层最小厚度 H
	≤4	1.5	0.8
	>4~8	2.0	1.5
	>8~12	3.0	2.0
	>12~16	4.0	2.5
	>16~25	5.0	3.0

从成型工艺上，嵌件应进行去油污处理；对大型嵌件应预热到接近物料温度；对于内应力难以消除的塑件，可先在嵌件周围覆盖一层高聚物弹性体或成型后退火处理来降低内应力。

（2）嵌件在模具内的定位与固定

嵌件在模具中必须正确定位和可靠固定，以防成型时嵌件受到充填塑料流的冲击发生歪斜或变形，同时还应防止成型时塑料挤入嵌件上的预留孔或螺纹中，影响嵌件的使用。嵌件固定的方式很多，杆形嵌件定位方法，例如外螺纹在模具内的固定方法，如图 3-37 所示，图 3-37（a）采用光杆插入模具定位孔内，和孔的间隙配合长度应至少为 1.5~2 mm。与模具孔间隙配合不得大于成型塑料的溢料间隙。图 3-37（b）采用凸肩配合，增加了嵌件插入模具后的稳定性，还可防止熔融塑料进入螺纹中。图 3-37（c）采用凸出的圆环，在成型时，圆环被压紧在模具上形成密封环以防止塑料进入。

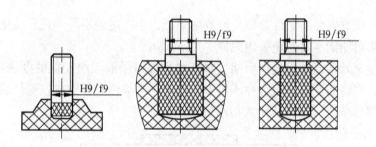

图 3-37　外螺纹在模具内的固定方法

圆环形嵌件定位方法，例如内螺纹在模具内的固定方法，如图 3-38 所示。内螺纹嵌件直接插在光杆上，如图 3-38（a）所示；为了增强稳定性，采用外部凸台或内部凸阶与模具密切配合，如图 3-38（b）、（c）、（d）所示。当注射压力不大时，螺纹细小（M3.5 以下）的嵌件可直接插在光杆上，从而使操作大为简便。嵌件在模具内的安装配合形式常采用 H9/f9，配合长度一般为 3~5 mm。

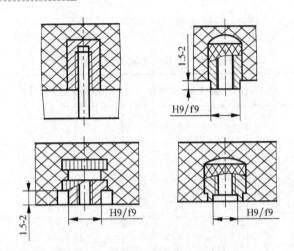

图 3-38　内螺纹在模具内的固定方法

无论是杆形还是环形嵌件，在模具中伸出的自由长度均不应超过定位部分直径的两倍。否则，成型时熔体压力会使嵌件移位或变形。当嵌件过高或使用细杆状或片状的嵌件时，应在模具上设支柱，以免嵌件弯曲，如图 3-39（a）、（b）所示。但需要注意的是，所设支柱在塑件上产生的支柱工艺孔应不影响塑件的使用。薄片状嵌件为了降低对料流的阻力，同时防止嵌件的受力变形，可在塑料熔体流动的方向上钻孔，如图 3-39（c）所示。

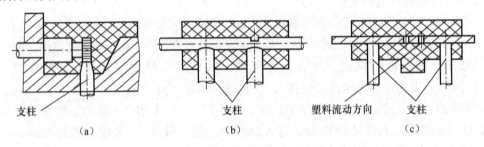

图 3-39　细长类嵌件在模具内的支撑方法

总之，生产带有嵌件的塑件会使生产效率降低，生产过程不易实现自动化，因此，在设计塑件时，如果可能则尽量避免采用嵌件。

为了提高生产效率，缩短生产周期，对有些嵌件可采取成组安放的办法。如图 3-40 所示，四个塑件，先将四个嵌件组合冲压出来，作为一个整体嵌件安放，塑件成型之后，再将嵌件两端连接部分切断（虚线所示为切断位置）。

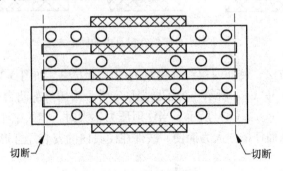

图 3-40　嵌件组合安放

近年来，还采用了成型后压入嵌件的方法，如图 3-41 所示，有菱形滚花的黄铜套，带有四条开口槽及内螺纹，一个铜制十字形零件扣在里面，将此嵌件放入成型后的塑件孔中，然后将十字形零件沿槽推动，黄铜套的菱形滚花部分即涨开而紧固。还有某些特制嵌件，如电气元件，利用超声波使嵌件周围的热塑性塑料层软化压入嵌件。

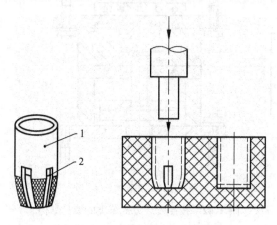

图 3-41　塑件成型后压入的嵌件
1—内螺纹黄铜套；2—十字形零件

3.2　塑料模的分类和基本结构

3.2.1　塑料模的分类

塑料模的分类方法很多。最常用的是按照模塑的方法、模具安装方式、型腔数目及分型面形式的不同进行分类。

1. 按模塑方法分类

（1）注射模

注射模是在注射机上使用的模具。目前它主要用与成型热塑性塑料，少数品种的热固性塑料适用于该模具成型。

（2）压缩模

压缩模是在液压机上采用压缩工艺来成型塑件的模具。它主要用于成型热固性塑料。

（3）压注模

压注模是在液压机上采用压注工艺来成型塑件的模具。它适用于成型热固性塑料。

2. 按模具的安装方式分类

（1）移动式模具

这种模具不固定安装在设备上，如图 3-42（a）所示。

（2）固定式模具

这种模具是固定安装在设备上，如图 3-42（b）所示。

(3) 半固定式模具

这种模具在工作时有部分零件需要取出，如图 3-42（c）所示。

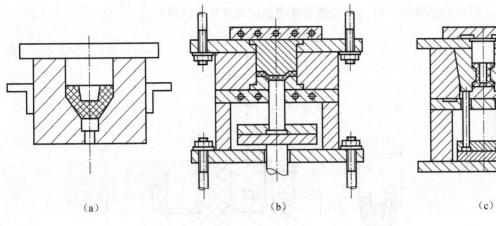

图 3-42 按照安装方式分类的模具结构
(a) 移动式；(b) 固定式；(c) 半固定式

3. 按型腔数目分类

（1）单型腔模具

单型腔模具是仅有一个型腔的模具，每次成型一个塑件。

（2）多型腔模具

多型腔模具是有两个或两个以上的型腔的模具，可一模成型多个塑件。目前常规设计都是单层腔。它的优点是在模板面积大小基本不变的情况下，获得加倍数量产品，提高效益。

4. 按分型面特征分类

若按分型面的数目，可分为一个分型面、两个分型面、三个分型面等多个分型面模具。例如，图 3-43 和图 3-44 所示的均为具有三个分型面的模具，但是这两副模具分型面的位置

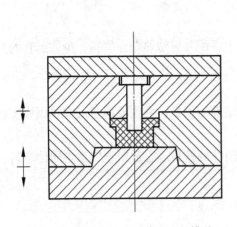

图 3-43 具有三个水平分型面的模具

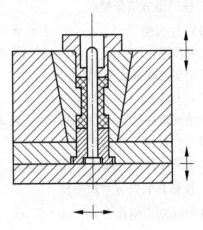

图 3-44 具有两个水平分型面和一个垂直分型面的模具

形式却不同。为了进一步说明它们的特性,将模具与设备工作台面平行的分型面称为水平分型面,而与设备工作台面垂直时的分型面称为垂直分型面,这样无论模具被立式放置或者卧式放置,称呼效果不变。

3.2.2 塑料模的基本结构

1. 塑料模的组成零件

塑料模组成零件按照用途分为成型零件和机构零件两大类。

成型零件:是指直接与塑料接触或部分接触并决定塑件形状、尺寸、表面质量的零件,是核心零件;其包括凸模、凹模、型芯、螺纹型芯、螺纹型环及镶件等。

结构零件:是除了成型零件以外模具的其他零件;包括固定板、垫板、导向零件、浇注系统,分型与抽芯机构、推出机构等零部件,加热或冷却装置及标准件如螺钉、销钉、弹簧等。

2. 塑料模的基本结构

图 3-45 所示为一副成型热固性塑料制品的压缩模,它是具有一个水平分型面、单型腔、移动式模具。模具由上模和下模构成。

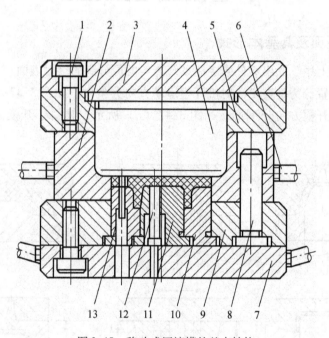

图 3-45 移动式压缩模的基本结构

1—螺钉;2—型腔;3—上模板;4—上凸模;5—上固定板;6—手柄;7—下模板;8—导柱;
9—下固定板;10—镶件;11—下凸模;12—顶杆;13—螺纹型芯

图 3-46 所示为一副热塑性塑料注射模,它是具有一个水平分型面、多型腔、固定式模具。模具分动模和定模两大部分。

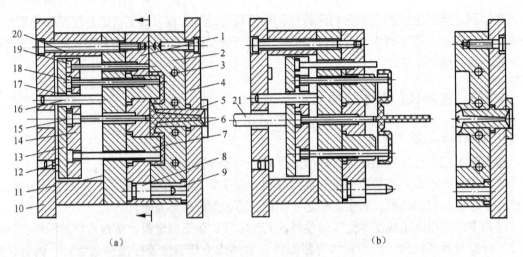

图 3-46 固定式注射模的基本结构

1—动模板；2—定模板；3—冷却水道；4—定模座板；5—定位圈；6—浇口套；7—型芯；8—导柱；9—导套；10—动模座板；11—支承板；12—支承钉；13—推板；14—推板固定板；15—主流道拉料杆；16—推板导柱；17—推板导套；18—推杆；19—复位杆；20—垫块；21—注射机顶杆

3.3 塑料模分型面的选择

3.3.1 分型面及其基本形式

分型面是模具上用于取出塑件或浇注系统凝料的可分离的接触表面。

按分型面的位置分为垂直于注射机开模运动方向分型面，如图 3-47（a）、（b）、（c）、（f）所示；平行于开模方向分型面，如图 3-47（e）所示；倾斜于开模方向分型面，如图 3-47（d）所示。

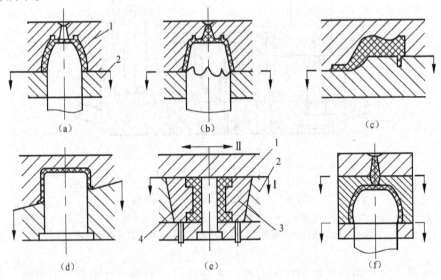

图 3-47 分型面的形式

(a) 平面分型面；(b) 曲面分型面；(c) 阶梯分型面；
(d) 斜面分型面；(e) 瓣合分型面；(f) 双分型面

1—定模；2—动模；3，4—瓣合模块

按分型面的形状分为平面分型面,如图3-47(a)所示;曲面分型面,如图3-47(b)所示;阶梯形分型面,如图3-47(c)所示。

3.3.2 分型面的数量

1. 常见单分型面模具只有一个与开模运动方向垂直的分型面。
2. 有时为了取出浇注系统凝料,如采用针点浇口时,需增设一个取出浇注系统凝料的辅助分型面,如图3-47(f)所示。
3. 有时为了实现侧向抽芯,也需要另增辅助分型面。
4. 对于有侧凹或侧孔的制品,如图3-47(e)所示(线圈骨架),则可采用平行于开模方向的瓣合模式分型面,开模时先使动模与定模面分开,然后再使瓣合模面分开。

3.3.3 分型面选择原则

总的原则:保证塑件质量,且便于制品脱模和简化模具结构。

1. 分型面应便于塑件脱模和简化模具结构,尽可能使塑件开模时留在动模,便于利用注射机锁模机构中的顶出装置带动塑件脱模机构工作。若塑件留在定模,将增加脱模机构的复杂程度。见表3-11中例1、例2。

表3-11中例3,塑件外形较简单,而内形带有较多的孔或复杂的孔时,塑件成型收缩将包紧在型芯上,型腔设于动模不如设于定模脱模方便,后者仅需采用简单的推板脱模机构便可使塑件脱模。

表3-11例2图(a),当塑件带有金属嵌件时,因嵌件不会因收缩而包紧型芯,型腔若仍设于定模,将使模件留在定模,使脱模困难,故应将型腔设在动模图(b)。

表3-11中例4,对带有侧凹或侧孔的塑件,应尽可能将侧型芯置于动模部分,以避免在定模内抽芯。同时应使侧抽芯的抽拔距离尽量短,见表3-11中例5。

2. 分型面应尽可能选择在不影响外观的部位,并使其产生的溢料边易于消除或修整。

分型面处不可避免地要在塑件上留下溢料或拼合缝痕迹,分型面最好不要设在塑件光亮平滑的外表面或带圆弧的转角处。表中例6,带有球面的塑件,若采用图(a)的形式将有损塑件外观,改用图(b)的形式则较为合理。分型面还影响塑件飞边的位置,如图3-48所示塑件,图3-48(a)在 A 面产生径向飞边,图3-48(b)在 B 面产生径向飞边,若改用图3-48(c)结构,则无径向飞边,设计时应根据塑件使用要求和塑料性能合理选择分型面。

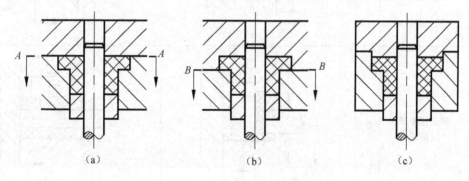

图3-48 分型面对制品飞边的影响

表 3-11 分型面选择原则

选择原则		示 例	
		不合理	改进
便于塑件脱模和简化模具结构	尽可能使塑件留于动模	1 (a)	(b)
		2 (a)	(b)
	便于推出塑件	3 (a)	(b)
	侧孔、侧凹优先置于动模	4 (a)	(b)
	侧抽芯距离尽量短	5 (a)	(b)

续表

选择原则		示 例	
		不合理	改 进
便于塑件脱模和简化模具结构	利于塑件外观 6	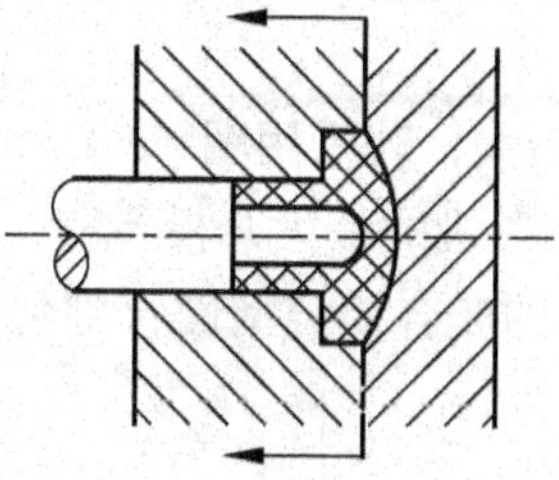 (a)	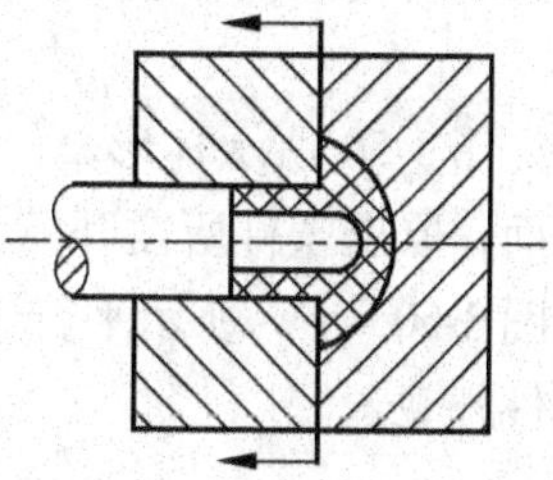 (b)
	利于保证塑件精度 7	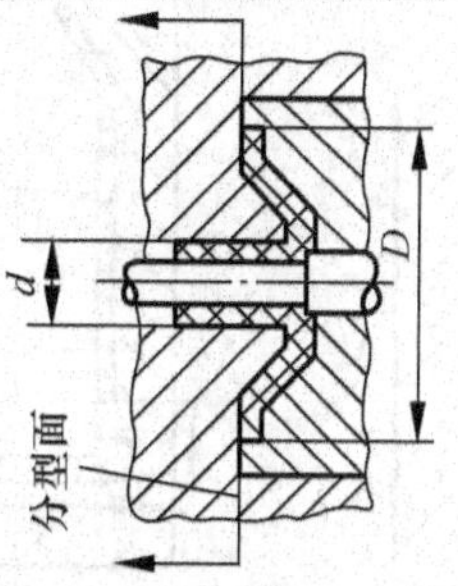 (a)	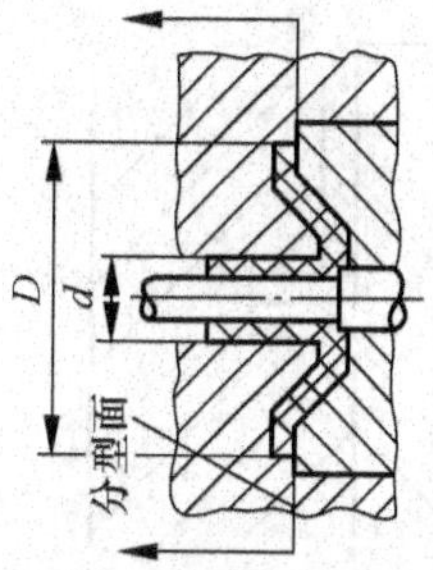 (b)
	利于排气 8	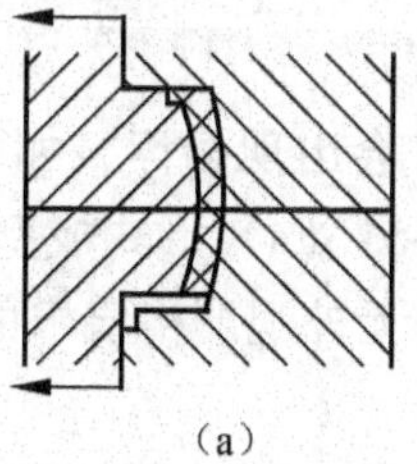 (a)	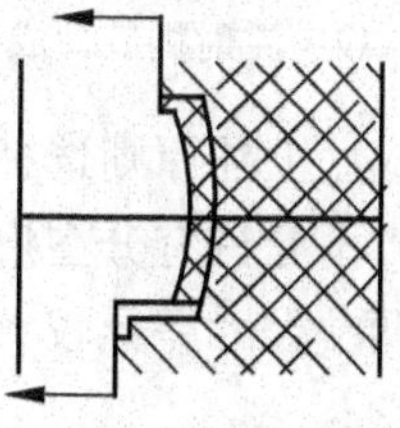 (b)
	便于模具加工 9	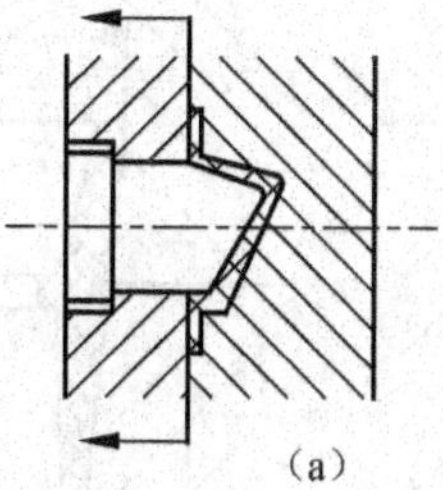 (a)	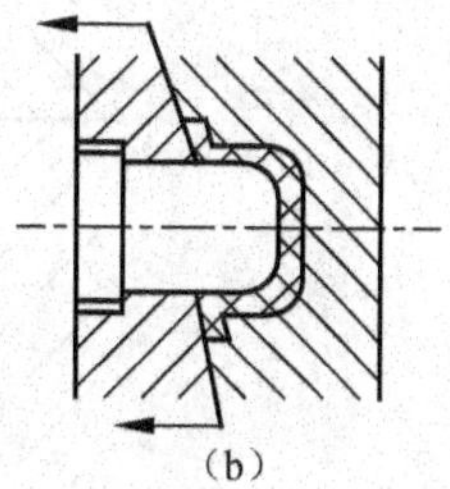 (b)

3. 分型面的选择应保证塑件尺寸精度。

表 3-11 中例 7 塑件，D 和 d 两表面有同轴度要求。选择分型面应尽可能使 D 与 d 同置于动模成型，如图（b）所示。若分型面选择图（a）所示，D 与 d 分别在动模与定模内成型，由于合模误差的存在，不利于保证其同轴度要求。

4. 分型面选择应有利于排气。

应尽可能使分型面与料流末端重合，这样才有利于排气。见表 3-11 中例 8 图（b）。

5. 分型面选择应便于模具零件的加工。

表 3-11 中例 9，图（a）采用一垂直于开模运动方向的平面作为分型面，凸模零件加工不便，而改用倾斜分型面，如图（b）所示，则使凸模便于加工。

6. 分型面选择应考虑注射机的技术规格。

图3-49弯板塑件，若采用图3-49（a）的形式成型，当塑件在分型面上的投影面积接近注射机最大成型面积时，将可能产生溢料，若改为图3-49（b）形式成型，则可克服溢料现象。

如图3-50所示杯形塑件，其高度较大，若采用图3-50（a）所示垂直于开模运动方向的分型面，取出塑件所需开模行程超过注射机的最大开模行程，当塑件外观无严格要求时，可改用图3-50（b）所示平行于开模方向的瓣合模分型面，则将使塑件上留下分型面痕迹，影响塑件外观。

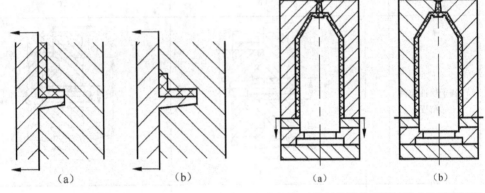

图3-49 注射机最大成型面积对分型面的影响　　图3-50 注射机最大开模行程对分型面的影响

在应用上述原则选择分型面时，有时会出现相悖，如图3-51所示塑件，当对制品外观要求高，不允许有分型痕迹时宜采用图3-51（a）形式成型，但当塑件较高时将使制品脱模困难或两端尺寸差异较大，因此在对制品无外观严格要求的情况下，可采用图3-51（b）的形式分型。

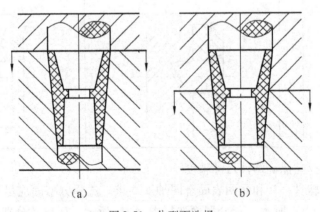

图3-51 分型面选择

选择分型面应综合考虑各种因素的影响，权衡利弊，以取得最佳效果。

3.4 成型零件的设计

3.4.1 成型零件的结构设计

设计原则：在保证塑件质量要求的前提下，从便于加工、装配、使用、维修等角度加以考虑。

1. 凹模

凹模：成型塑件外表面的零部件，按其结构类型分为整体式和组合式。

（1）整体式

特点：由一整块金属加工而成，如图3-52（a）所示。结构简单、牢固、不易变形，塑件无拼缝痕迹。

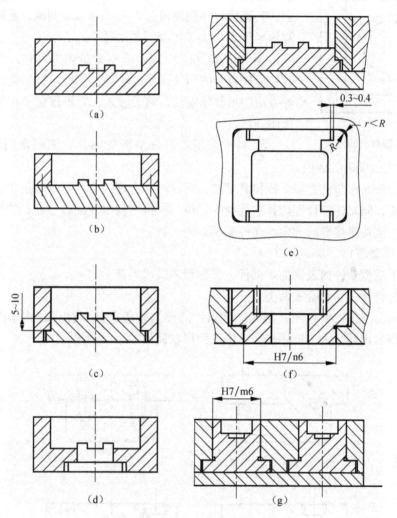

图 3-52　凹模的结构类型

(a) 整体式；(b) 底板与侧壁组合式；(c) 底板与侧壁镶嵌式；(d) 局部镶嵌式；
(e) 侧壁镶拼嵌入式；(f)、(g) 整体嵌入式

适用场合：形状较简单的塑件

（2）组合式

适用场合：塑件外形较复杂，整体凹模加工工艺性差。

优点：改善加工工艺性，减少热处理变形，节省优质钢材。

组合式类型：

① 如图3-52所示，图3-52（b）、（c）底部与侧壁加工后分别用螺钉连接或镶嵌，

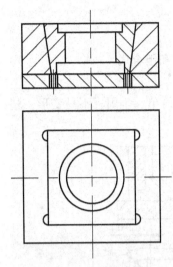

图 3-53 瓣合式凹模

图 3-52（c）拼接缝与塑件脱模方向一致，有利于脱模。

② 图 3-52（d）为局部镶嵌，便于加工，磨损后更换方便。

③ 对于大型和复杂的模具，可采用图 3-52（e）所示的侧壁镶拼嵌入式结构，将四侧壁与底部分别加工、热处理、研磨、抛光后压入模套，四壁相互锁扣连接，为使内侧接缝紧密，其连接处外侧应留有 0.3~0.4 mm 间隙，在四角嵌入件的圆角半径 R 应大于模套圆角半径。

④ 图 3-52（f）、（g）所示为整体嵌入式，常用于多腔模或外形较复杂的塑件，如齿轮等，常用冷挤、电铸或机械加工等方法制出整体镶块，然后嵌入，它不仅便于加工，且可节省优质钢材。

⑤ 对于采用垂直分型面的模具，凹模常用瓣合式结构。图 3-53 所示为线圈架的凹模。

组合式凹模易在塑件上留下拼接缝痕迹，设计时应合理组合，拼块数量少，减少塑件上的拼接缝痕迹，同时还应合理选择拼接缝的部位和拼接结构以及配合性质，使拼接紧密。此外，还应尽可能使拼接缝的方向与塑件脱模方向一致。

2. 凸模（型芯）

凸模用于成型塑件内表面的零部件，又称型芯或成型杆。

凸模分为整体式和组合式两类。

① 整体式。如图 3-54（a）所示。优点：凸模与模板做成整体，结构牢固，成型质量好。缺点：钢材消耗量大。适用场合：内表面形状简单的小型凸模。

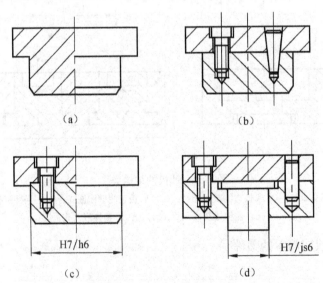

图 3-54 凸模的结构类型

② 组合式。适用场合：塑件内表面形状复杂不便于机械加工，或形状虽不复杂，但为节省优质钢材、减少切削加工量的成型塑件。

结构形式：

① 将凸模及固定板分别采用不同材料制造和热处理，然后连接在一起，图 3-54（b）、(c)、(d) 为常用连接方式示例。图 3-54（d）采用轴肩和底板连接；图 3-54（b）用螺钉连接，销钉定位；图 3-54（c）用螺钉连接，止口定位。

② 小凸模（型芯）往往单独制造，再镶嵌入固定板中，其连接方式多样。图 3-55（a）采用过盈配合，从模板上压入；图 3-55（b）采用间隙配合再从型芯尾部铆接，以防脱模时型芯被拔出；图 3-55（c）对细长的型芯可将下部加粗或做得较短，由底部嵌入，然后用垫板固定或用垫块或螺钉压紧（图 3-55（d）、(e)），不仅增加了型芯的刚性，便于更换，且可调整型芯高度。

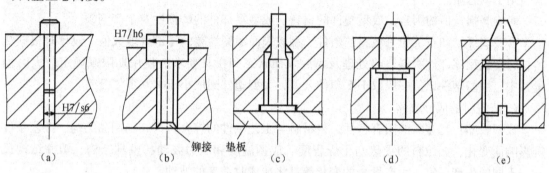

图 3-55　小型芯组合方式

③ 对异形型芯为便于加工，可做成图 3-56 所示的结构，将下面部分做成圆柱形（图 3-56（a）），甚至只将成型部分做成异形，下面固定与配合部分均做成圆形（图 3-56（b））。

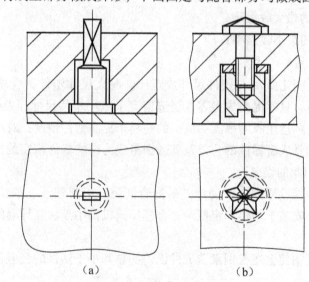

图 3-56　异形型芯

3.4.2　成型零件的工作尺寸计算

成型零部件工作尺寸指成型零部件上直接决定塑件形状的有关尺寸。主要包括型腔和型芯的径向尺寸（含长、宽尺寸）、高度尺寸，及中心距尺寸等。

1. 塑件尺寸精度的影响因素

（1）成型零部件的制造误差

包括：成型零部件的加工误差和安装、配合误差。设计时一般应将成型零件的制造公差控制在塑件相应公差的1/3左右，通常取IT6～IT9级。

（2）成型零部件的磨损

主要原因：塑料熔体在型腔中的流动以及脱模时塑件与型腔的摩擦，以后者造成的磨损为主。

为了简化计算，只考虑与塑件脱模方向平行的表面的磨损，对垂直于脱模方向的表面的磨损则予以忽略。

影响磨损量值的因素：成型塑件的材料、成型零部件的磨损性及生产纲领。

含玻璃纤维和石英粉等填料的塑件、型腔表面耐磨性差的零部件取大值。设计时根据塑料材料、成型零部件材料、热处理及型腔表面状态和模具要求的使用期限来确定最大磨损量，中、小型塑件该值一般取1/6塑件公差，大型塑件则取小于1/6塑件公差。

（3）塑料的成型收缩

成型收缩：是塑料的固有特性，是材料与工艺条件的综合特性，随制品结构、工艺条件等影响而变化，如原料的预热与干燥程度、成型温度和压力波动、模具结构、塑件结构尺寸、不同的生产厂家、生产批号的变化等都将造成收缩率的波动。

由于设计时选取的计算收缩率与实际收缩率的差异以及由于塑件成型时工艺条件的波动、材料批号的变化而造成的塑件收缩率的波动，导致塑件尺寸的变化值为

$$\delta_س = (S_{\max} - S_{\min})L_s \tag{3-1}$$

式中　$S_{\max}$——塑料的最大收缩率；

　　　$S_{\min}$——塑料的最小收缩率；

　　　L_s——塑料的基本尺寸。

结论：塑件尺寸变化值δ_s与塑件尺寸成正比。对大尺寸塑件，收缩率波动对塑件尺寸精度影响较大。此时，只靠提高成型零件制造精度来减小塑件尺寸误差是困难和不经济的，应从工艺条件的稳定和选用收缩率波动值小的塑料来提高塑件精度；对小尺寸塑件，收缩率波动值的影响小，模具成型零件的公差及其磨损量成为影响塑件精度的主要因素。

（4）配合间隙引起的误差

配合间隙引起的误差原因：活动型芯的配合间隙，引起塑件孔的位置误差或中心距误差；凹模与凸模分别安装于动模和定模时，合模导向机构中导柱和导套的配合间隙，引起塑件的壁厚误差。

为保证塑件精度须使上述各因素造成的误差的总和小于塑件的公差值，即

$$\delta_z + \delta_c + \delta_s + \delta_j \leq \Delta \tag{3-2}$$

式中　δ_z——成型零部件制造误差；

　　　δ_c——成型零部件的磨损量；

　　　δ_s——塑料的收缩率波动引起的塑件尺寸变化值；

　　　δ_j——由于配合间隙引起塑件尺寸误差；

　　　Δ——塑件的公差。

2. 成型零部件工作尺寸计算

成型零部件工作尺寸计算方法有平均值法和公差带法。

在计算前规范塑件标注的规定,对塑件尺寸和成型零部件的尺寸偏差统一按"入体"原则标注。模具成型零件工作尺寸与塑件尺寸的关系,如图3-57所示。

对包容面(型腔和塑件内表面)尺寸采用单向正偏差标注,基本尺寸为最小。如图3-57所示,设 Δ 为塑件公差,δ_z 为成型零件制造公差,则塑件内径为 $l_s{}^{+\Delta}_{\;\;0}$,型腔尺寸 $L_m{}^{+\delta_z}_{\;\;0}$。

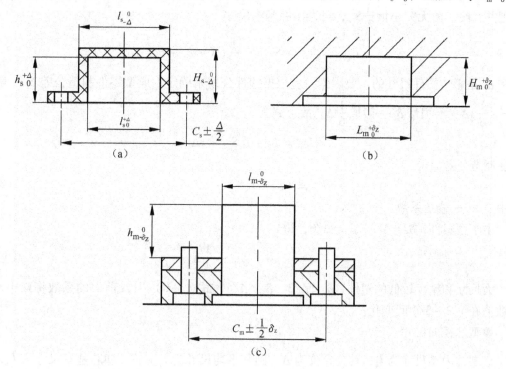

图3-57 塑件与成型零件尺寸标注
(a) 塑件;(b) 型腔;(c) 型芯

对被包容面(型芯和塑件外表面)尺寸采用单向负偏差标注,基本尺寸为最大,型芯尺寸为 $l_m{}^{\;\;0}_{-\delta_z}$,塑件外形尺寸为 $L_s{}^{\;\;0}_{-\Delta}$。

对中心距尺寸采用双向对称偏差标注,塑件间中心距为 $C_s \pm \dfrac{\Delta}{2}$,型芯间的中心距为 $C_m \pm \dfrac{\delta_z}{2}$。

注意:当塑件原有偏差的标注方法与此不符合时,应按此规定换算。

(1) 平均值法

按塑料收缩率、成型零件制造公差和磨损量均为平均值时,制品获得的平均尺寸来计算。

1) 型腔与型芯径向尺寸

● 型腔径向尺寸

设塑料平均收缩率为 S_{cp},塑件外形基本尺寸为 L_s,其公差值为 Δ,则塑件平均尺寸为

$L_s - \dfrac{\Delta}{2}$；型腔基本尺寸为 L_m，其制造公差为 δ_z，则型腔平均尺寸为 $L_m + \dfrac{\delta_z}{2}$。考虑平均收缩率及型腔磨损为最大值的一半 $\dfrac{\delta_c}{2}$，有

$$\left(L_m + \dfrac{\delta_z}{2}\right) + \dfrac{\delta_c}{2} - \left(L_s - \dfrac{\Delta}{2}\right)S_{cp} = L_s - \dfrac{\Delta}{2} \tag{3-3}$$

整理并忽略二阶无穷小量 $\dfrac{\Delta}{2}S_{cp}$，可得型腔基本尺寸

$$L_m = L_s(1 + S_{cp}) - \dfrac{1}{2}(\Delta + \delta_z + \delta_c) \tag{3-4}$$

δ_z 和 δ_c 是影响塑件尺寸的主要因素，应根据塑件公差来确定，成型零件制造公差 δ_z 一般取 $\left(\dfrac{1}{3} \sim \dfrac{1}{6}\right)\Delta$；磨损量 δ_c 一般取 $\dfrac{1}{6}\Delta$，故上式为

$$L_m = L_s + L_s S_{cp} - x\Delta$$

标注制造公差后得

$$L_m = (L_s + L_s S_{cp} - x\Delta)^{+\delta}_{0} \tag{3-5}$$

式中　x——修正系数。

中小型塑件，$\delta_z = \Delta/3$，$\delta_c = \Delta/6$，得

$$L_m = \left(L_s + L_s S_{cp} - \dfrac{3}{4}\Delta\right)^{+\delta_z}_{0} \tag{3-6}$$

大尺寸和精度较低的塑件，$\delta_z < \Delta/3$，$\delta_c < \Delta/6$，式 (3-6) 中 Δ 前面的系数将减小，该系数值在 $1/2 \sim 3/4$ 间变化。

● 型芯径向尺寸

设塑件内型尺寸为 l_s，其公差值为 Δ，则其平均尺寸为 $l_s + \dfrac{\Delta}{2}$；型芯基本尺寸为 l_m，制造公差为 δ_z，其平均尺寸为 $l_m - \dfrac{\delta_z}{2}$。同上面推导型腔径向尺寸类似，得

$$l_m = (l_s + l_s S_{cp} + x\Delta)^{0}_{-\delta_z} \tag{3-7}$$

式中　系数 $x = 1/2 \sim 3/4$。

中小型塑件：

$$l_m = \left(l_s + l_s S_{cp} + \dfrac{3}{4}\Delta\right)^{0}_{-\delta_z} \tag{3-8}$$

2) 型腔深度与型芯高度尺寸

按上述公差带标注原则，塑件高度尺寸为 $H_s{}^{0}_{-\Delta}$，型腔深度尺寸为 $H_m{}^{+\delta_z}_{0}$。型腔底面和型芯端面均与塑件脱模方向垂直，磨损很小，因此计算时磨损量 δ_c 不予考虑，则有

$$H_m + \dfrac{\delta_z}{2} - \left(H_s - \dfrac{\Delta}{2}\right)S_{cp} = H_s - \dfrac{\Delta}{2}$$

略去 $\dfrac{\Delta}{2}S_{cp}$，得

$$H_m = H_s + H_s S_{cp} - \left(\dfrac{\Delta}{2} + \dfrac{\delta_z}{2}\right)$$

标注公差后得

$$H_\mathrm{m} = (H_\mathrm{s} + H_\mathrm{s}S_\mathrm{cp} - x'\Delta)^{+\delta_\mathrm{z}}_{0} \qquad (3\text{-}9)$$

对中、小型塑件，$\delta_\mathrm{z} = \frac{1}{3}\Delta$，故得

$$H_\mathrm{m} = \left(H_\mathrm{s} + H_\mathrm{s}S_\mathrm{cp} - \frac{2}{3}\Delta\right)^{+\delta_\mathrm{z}}_{0} \qquad (3\text{-}10)$$

对大型塑件 x' 可取较小值，故公式中 x'，可在 $\frac{1}{2} \sim \frac{2}{3}$ 范围选取。

同理可得型芯高度尺寸计算公式

$$h_\mathrm{m} = (h_\mathrm{s} + h_\mathrm{s}S_\mathrm{cp} + x'\Delta)^{0}_{-\delta_\mathrm{z}} \qquad (3\text{-}11)$$

对中、小型塑件则为

$$h_\mathrm{m} = \left(h_\mathrm{s} + h_\mathrm{s}S_\mathrm{cp} + \frac{2}{3}\Delta\right)^{0}_{-\delta_\mathrm{z}} \qquad (3\text{-}12)$$

3）中心距尺寸

影响模具中心距误差的因素为制造误差 δ_z、活动型芯与其配合孔的配合间隙 δ_j。

中心距误差表示方法为双向公差。如图 3-57 所示，塑件上中心距 $C_\mathrm{s} \pm \frac{1}{2}\Delta$，模具成型零件的中心距为 $C_\mathrm{m} \pm \frac{1}{2}\delta_\mathrm{z}$，其平均值即为其基本尺寸。

塑件、模具中心距的关系：型芯与成型孔的磨损可认为是沿圆周均匀磨损，不影响中心距，计算时仅考虑塑料收缩，而不考虑磨损余量，得到

$$C_\mathrm{m} = C_\mathrm{s} + C_\mathrm{s}S_\mathrm{cp}$$

标注制造偏差后则得

$$C_\mathrm{m} = (C_\mathrm{s} + C_\mathrm{s}S_\mathrm{cp}) \pm \frac{\delta_\mathrm{z}}{2} \qquad (3\text{-}13)$$

模具中心距制造公差 δ_z 的确定方法：根据塑件孔中心距尺寸精度要求、加工方法和加工设备等确定，坐标镗床加工，一般小于 ±（0.015～0.02）mm。通常按塑件公差的 1/4 选取。

注意：对带有嵌件或孔的塑件，在成型时由于嵌件和型芯等影响了自由收缩，故其收缩率较实体塑件为小。计算带有嵌件的塑件的收缩值时，上述各式中收缩值项的塑件尺寸应扣除嵌件部分尺寸。S_cp 根据实测数据或选用类似塑件的实测数据。如果把握不大，在模具设计和制造时，应留有一定的修模余量。

平均值法比较简便，常被采用。但对精度较高的塑件将造成较大误差，这时可采用公差带法。

（2）公差带法

公差带法是使成型后的塑件尺寸均在规定的公差带范围内。

具体求法是先在最大塑料收缩率时满足塑件最小尺寸要求，计算出成型零件的工作尺寸，然后校核塑件可能出现的最大尺寸是否在其规定的公差带范围内。按最小塑料收缩率时满足塑件最大尺寸要求，计算成型零件工作尺寸，然后校核塑件可能出现的最小尺寸是否在其公差带范围内。

选用求法的原则是有利于试模和修模，有利于延长模具使用寿命。如对于型腔径向尺

寸，修大容易，而修小困难，应先按满足塑件最小尺寸来计算；而型芯径向尺寸修小容易，应先按满足塑件最大尺寸来计算工作尺寸；对型腔深度和型芯高度计算也先要分析是修浅（小）容易还是修深（大）容易，依此来确定先满足塑件最大尺寸还是最小尺寸。

1）型腔与型芯径向尺寸

● 型腔径向尺寸

如图 3-58 所示，塑件径向尺寸为 $L_s{}_{-\Delta}^{\ 0}$，型腔径向尺寸为 $L_m{}_{\ 0}^{+\delta_z}$，为了便于修模，先按型腔径向尺寸为最小，塑件收缩率为最大时，恰好满足塑件的最小尺寸，来计算型腔的径向尺寸，则有

$L_m - S_{max}(L_s - \Delta) = L_s - \Delta$ 整理并略去二阶微小量 $\delta\Delta S_{max}$，得

$$L_m = (1 + S_{max})L_s - \Delta \tag{3-14}$$

接着校核塑件可能出现的最大尺寸是否在规定的公差范围内。塑件最大尺寸出现在尺寸为最大（$L_m + \delta_z$），且塑件收缩率为最小时，并考虑型腔的磨损达最大值，则有

$$L_m + \delta_z + \delta_c - S_{min}(L_s - \Delta + \delta) \leq L_s \tag{3-15}$$

式中　δ——塑件实际尺寸分布范围。

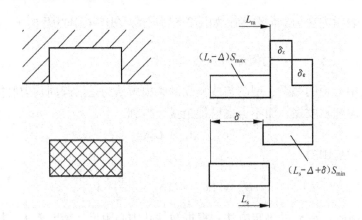

图 3-58　型腔与塑件径向尺寸关系

略去二阶微小量 ΔS_{min}，由式（3-15）和式（3-16）得验算合格的必要条件

$$(S_{max} - S_{min})L_s + \delta_z + \delta_c \leq \Delta \tag{3-16}$$

若验算合格，型腔径向尺寸则可表示为

$$L_m = (L_s + L_s S_{max} - \Delta)_{\ 0}^{+\delta_z} \tag{3-17}$$

若验算不合格，则应提高模具制造精度以减小 δ_z，或降低许用磨损量 δ_c，必要时改用收缩率波动较小的塑料材料。

● 型芯径向尺寸

如图 3-59 所示，塑件尺寸为 $l_s{}_{\ 0}^{+\Delta}$，型芯径向尺寸为 $l_m{}_{-\delta_z}^{\ 0}$，与型腔径向尺寸的计算相反，修模时型芯径向尺寸修小方便，且磨损也使型芯变小，计算型芯径向尺寸应按最小收缩率时满足塑件最大尺寸，则有

$l_m - S_{min}(l_s + \Delta) = l_s + \Delta$

略去二阶微小量 ΔS_{min}，并标注制造偏差，得

$$l_m = (l_s + l_s S_{min} + \Delta)_{-\delta_z}^{\ 0} \tag{3-18}$$

验算当型芯按最小尺寸制造且磨损到许用磨损余量，而塑件按最大收缩率收缩时，生产出的塑件是否合格，则有

$$l_m - \delta_z - \delta_c - S_{max} l_s \geq L_s \tag{3-19}$$

此外也可按下面公式验算

$$(S_{max} - S_{min}) l_s + \delta_z + \delta_c \leq \Delta \tag{3-20}$$

脱模斜度标注规定：为了便于塑件脱模，型芯和型腔沿脱模方向有斜度。从便于加工测量的角度出发，通常型腔径向尺寸以大端为基准斜向小端方向，而型芯径向尺寸则以小端为基准斜向大端。

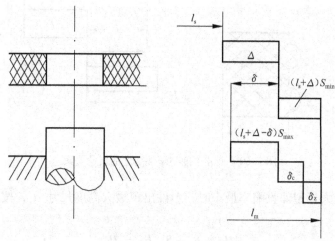

图3-59 型芯与塑件径向尺寸关系

脱模斜度的大小：按塑件精度和脱模难易程度而定，一般在保证塑件精度和使用要求的情况下宜尽量取大值，对于有配合要求的孔和轴，当配合精度要求不高时，应保证在配合面的2/3高度范围内径向尺寸满足塑件公差要求。当塑件精度要求很高，其结构不允许有较大的脱模斜度时，则应使成型零件在配合段内的径向尺寸均满足塑件配合公差的要求。为此，可利用公差带法计算型腔与型芯大小端尺寸，型腔小端径向尺寸按式（3-17）计算，大端尺寸可按下式求得

$$L_m = [(1 + S_{min}) L_s - (\delta_z + \delta_c)]_0^{+\delta_z} \tag{3-21}$$

型芯大端尺寸按式（3-19）计算，其小端尺寸可按下式计算

$$l_m = [(1 + S_{min}) l_s + \delta_z + \delta_c]_{-\delta_z}^0 \tag{3-22}$$

2) 型腔深度与型芯高度

公差带法计算型腔深度与型芯高度时，先按满足塑件最大尺寸进行计算，后验算塑件尺寸是否全落在公差带范围内，还是先按满足塑件最小尺寸进行初算，再验算是否全部合格，主要从便于修模的角度来考虑，即修模是使型腔深度或型芯高度增大方便还是缩小方便，这与成型零件的结构有关。

● 型腔深度

型腔底面一般有圆角、凸凹或刻有花纹、文字等，修磨底部不方便，若将修磨余量放在分型面处（图3-60），修模较方便。设计计算型腔深度尺寸时，先应满足塑件高度最大尺寸进行初算，再验算塑件高度最小尺寸是否在公差范围内。

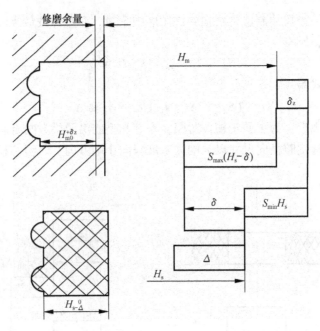

图 3-60 型腔深度与塑件高度的尺寸关系

当型腔深度最大，塑件收缩率最小时，塑件出现最大高度尺寸 H_s，按此初算型腔尺寸，则有

$$H_m + \delta_z - S_{min} H_s = H_s$$

整理并标注偏差得

$$H_m = [(1 + S_{min})H_s - \delta_z]_0^{+\delta_z} \tag{3-23}$$

接着验算当型腔深度为最小，且收缩率为最大时，所得到的塑件最小高度（$H_s - \Delta$）是否在公差范围内，则

$$H_m - S_{max}(H_s - \delta) \geqslant H_s - \Delta$$

略去二阶微小量 $S_{max}\delta$，得验算公式

$$H_m - S_{max} H_s + \Delta \geqslant H_s \tag{3-24}$$

● 型芯高度

型芯分类有组合式和整体式。

整体式型芯如图 3-61（a）所示，修磨型芯根部较困难，以修磨型芯端部为宜；常见的轴肩连接组合式型芯如图 3-61（b）所示，修磨型芯固定板较为方便。

① 修磨型芯端部将使型芯高度减小，设计宜按满足塑件孔最大深度初算，则得

$$h_m - S_{min}(h_s + \Delta) = h_s + \Delta$$

忽略二阶微小量 $S_{min}\Delta$，并标注制造偏差，得初算公式

$$h_m = [(1 + S_{min})h_s + \Delta]_{-\delta_z}^0 \tag{3-25}$$

验算塑件可能出现的最小尺寸是否在公差范围内

$$h_m - \delta_z - S_{max}(h_s + \Delta - \delta) \geqslant h_s$$

略去二阶微小量，得验算公式

$$h_m - \delta_z - h_s S_{max} \geqslant h_s \tag{3-26}$$

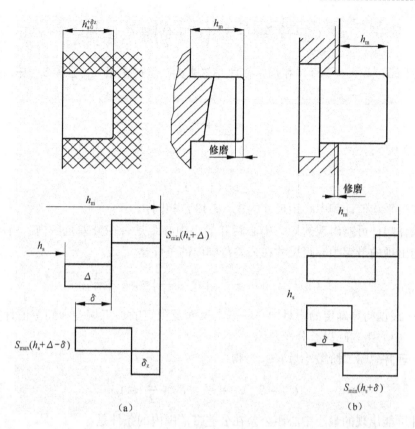

图 3-61 型芯高度与塑件深度尺寸关系

② 修磨型芯固定板的情况。修磨将使型芯高度增大，初算时应按满足塑件孔深度最小尺寸计算，则

$$h_m - \delta_z - h_s S_{max} = h_s$$

得初算公式

$$h_m = [(1 + S_{max})h_s + \delta_z]_{-\delta_z}^{0} \tag{3-27}$$

验算塑件可能出现的最大尺寸是否在公差范围内，则

$$h_m - S_{min}(h_s + \Delta) \leq h_s + \Delta$$

整理并略去二阶微小量，得验算公式

$$h_m - S_{min}h_s - \Delta \leq h_s \tag{3-28}$$

和前述一样，型芯高度也可采用下式校核

$$(S_{max} - S_{min})h_s + \delta_z \leq \Delta \tag{3-29}$$

3) 中心距尺寸

设塑件上两孔中心距为 $C_s \pm \dfrac{\Delta}{2}$，模具上型芯中心距为 $C_m \pm \dfrac{\delta_z}{2}$，活动型芯与安装孔的配合间隙为 δ_j。当两型芯中心距最小，且收缩率最大时，所得塑件中心距最小，即

$$C_m - \frac{\delta_z}{2} - \delta_j - S_{max}\left(C_s - \frac{\Delta}{2}\right) = C_s - \frac{\Delta}{2} \tag{3-30}$$

当两型芯中心距为最大，且塑料收缩率为最小时，所得塑件中心距为最大，即

$$C_{\mathrm{m}} + \frac{\delta_{\mathrm{z}}}{2} + \delta_{\mathrm{j}} - S_{\min}\left(C_{\mathrm{s}} + \frac{\Delta}{2}\right) = C_{\mathrm{s}} + \frac{\Delta}{2} \tag{3-31}$$

将式（3-30）和式（3-31）相加，整理并忽略去二阶微小量 $S_{\min}\dfrac{\Delta}{2}$ 和 $S_{\max}\dfrac{\Delta}{2}$，得中心距基本尺寸

$$C_{\mathrm{m}} = \frac{S_{\max} + S_{\min}}{2} C_{\mathrm{s}} + C_{\mathrm{s}}$$

即

$$C_{\mathrm{m}} = (1 + S_{\mathrm{cp}})C_{\mathrm{s}} \tag{3-32}$$

此式和按平均值计算中心距尺寸的式（3-13）相同。

接着验算塑件可能出现的最大中心距和最小中心距是否在公差范围内。由图 3-32 得塑件实际可能出现的最大中心距尺寸在公差范围内的条件是

$$C_{\mathrm{m}} + \frac{\delta_{\mathrm{z}}}{2} + \delta_{\mathrm{j}} - S_{\min}\left(C_{\mathrm{s}} - \frac{\delta}{2}\right) \leqslant C_{\mathrm{s}} + \frac{\Delta}{2}$$

式中 δ——根据初算确定的模具中心距基本尺寸及预定的加工偏差和间隙值计算所得塑件中心距实际误差分布范围。

此式整理并忽略二阶微小量 $\delta S_{\min}$，得

$$C_{\mathrm{m}} - S_{\min} C_{\mathrm{s}} + \frac{\delta_{\mathrm{z}}}{2} + \delta_{\mathrm{j}} - \frac{\Delta}{2} \leqslant C_{\mathrm{s}} \tag{3-33}$$

同理，塑件可能出现的最小中心距公差在公差带范围内的条件是

$$C_{\mathrm{m}} - S_{\max} C_{\mathrm{s}} - \frac{\delta_{\mathrm{z}}}{2} - \delta_{\mathrm{j}} + \frac{\Delta}{2} \geqslant C_{\mathrm{s}} \tag{3-34}$$

当型芯为过盈配合时，$\delta_{\mathrm{j}} = 0$。

中心距尺寸偏差为对称分布，只需验算塑件最大或最小中心距中的任何一个不超出规定的公差范围则可，上两式只需校核其中任一式。验算合格后，模具中心距尺寸可表示为

$$C_{\mathrm{m}} = (1 + S_{\mathrm{cp}})C_{\mathrm{s}} \pm \frac{1}{2}\delta_{\mathrm{z}} \tag{3-35}$$

3. 螺纹型芯与螺纹型环

由于塑件螺纹成型时收缩的不均匀性，影响塑件螺纹成型的因素很复杂，目前尚无成熟的计算方法，一般多采用平均值法。

（1）螺纹型芯与型环径向尺寸

径向尺寸计算方法与普通型芯和型腔的径向尺寸的计算方法基本相似，但螺距和牙尖角的误差较大，从而影响其旋入性能，因此在计算径向尺寸时，采用增加螺纹中径配合间隙的办法来补偿，即增加塑件螺纹孔的中径和减小塑件外螺纹的中径的办法来改善旋入性能。将式（3-5）和式（3-7）一般型腔和型芯径向尺寸计算公式中的系数 x 适当增大，得下列螺纹型芯与螺纹型环径向尺寸相应的计算公式。

螺纹型芯

中径 $d_{\mathrm{m}中} = [(1 + S_{\mathrm{cp}})D_{\mathrm{s}中} + \Delta_{中}]_{-\delta_{中}}^{0} \tag{3-36}$

大径 $d_{\mathrm{m}大} = [(1 + S_{\mathrm{cp}})D_{\mathrm{s}大} + \Delta_{中}]_{-\delta_{大}}^{0} \tag{3-37}$

小径 $\quad d_{m小} = [(1+S_{cp})D_{m小} + \Delta_{中}]_{-\delta_{小}}^{0}$ （3-38）

螺纹型环

中径 $\quad D_{m中} = [(1+S_{cp})d_{s中} - \Delta_{中}]_{0}^{+\delta_{中}}$ （3-39）

大径 $\quad D_{m大} = [(1+S_{cp})d_{s大} - \Delta_{中}]_{0}^{+\delta_{大}}$ （3-40）

小径 $\quad D_{m小} = [(1+S_{cp})d_{s小} - \Delta_{中}]_{0}^{+\delta_{小}}$ （3-41）

式中 $d_{m中}$、$d_{m大}$、$d_{m小}$——分别为螺纹型芯的中径、大径和小径；

$D_{s中}$、$D_{s大}$、$D_{s小}$——分别为塑件内螺纹的中径、大径和小径的基本尺寸；

$D_{m中}$、$D_{m大}$、$D_{m小}$——分别为螺纹型环的中径、大径和小径；

$d_{s中}$、$d_{s大}$、$d_{s小}$——分别为塑件外螺纹的中径、大径和小径的基本尺寸；

$\Delta_{中}$——塑件螺纹中径公差；目前国内尚无标准，可参考金属螺纹公标准选用精度较低者；

$\delta_{中}$、$\delta_{大}$、$\delta_{小}$——分别为螺纹型芯或型环中径、大径和小径的制造公差；一般按塑件螺纹中径公差的 1/5~1/4 选取。

上列各式与相应的普通型芯和型腔径向尺寸计算公式相比较，可见公式第三项系数 x 值增大了，普通型芯或型腔为 3/4，而螺纹型芯或型环为 1，不仅扩大了螺纹中径的配合间隙，而且使螺纹牙尖变短，增加了牙尖的厚度和强度。

（2）螺距

螺纹型芯与型环的螺距尺寸计算公式与前述中心距尺寸计算公式相同

$$P_m = [(1+S_{cp})P_s] \pm \frac{\delta_z}{2} \quad (3-42)$$

式中 P_m——螺纹型芯或型环的螺距；

P_s——塑件螺纹螺距基本尺寸；

δ_z——螺纹型芯与型环螺距制造公差，其值可参照表 3-12 选取。

表 3-12 螺纹型芯与型环螺距制造公差　　　　　　　　　　　　　　　　mm

螺纹直径	配合长度	制造公差 δ_z
3~10	~12	0.01~0.03
12~22	>12~20	0.02~0.04
24~66	>20	0.03~0.05

式（3-42）计算出的螺距常有不规则的小数，使机械加工较为困难。因此，相连接的塑件内外螺纹的收缩率相同或相近似时，两者均可不考虑收缩率；塑件螺纹与金属螺纹相连接，但配合长度小于极限长度或不超过 7~8 牙的情况，可仅在径向尺寸计算时，按式（3-36）~式（3-41）加放径向配合间隙补偿即可，螺距计算可以不考虑收缩率。

例：图 3-62 为硬聚氯乙烯制件，收缩率为 0.6%~1%，试确定凹模直径与深度、凸模直径与高度、4-φ5 型芯间中心距及螺纹型环尺寸。

解：按平均值法求解。

① 凹模（型腔）直径。塑件平均收缩率为 0.8%，取凹模制造公差 $\delta_z = \frac{1}{3}\Delta = 0.087$ mm，

此值介于 IT9~IT10。

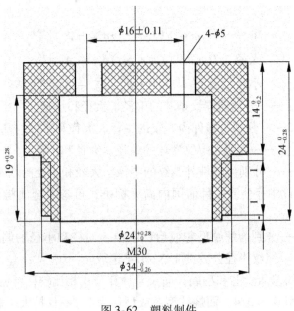

图 3-62 塑料制件

$$L_m = \left(L_s + L_s S_{cp} - \frac{3}{4}\Delta\right)_0^{+\delta_z} = \left(34 + 34 \times \frac{0.8}{100} - \frac{3}{4} \times 0.26\right)_0^{+0.087} = 34.08_{\ 0}^{+0.087}(\text{mm})$$

② 凹模深度。设 $\delta_z = \frac{1}{3}\Delta = 0.073$ mm，按 IT10 制造，$\delta_z = 0.07$ mm，$\delta_z = \frac{1}{6}\Delta = 0.037$ mm

$$H_m = \left[(1 + S_{cp})H_s - \frac{2}{3}\Delta\right]_0^{+\delta_z}$$
$$= \left[\left(1 + \frac{0.8}{100}\right) \times 14 - \frac{2}{3} \times 0.22\right]_0^{+0.070} = 13.97_{\ 0}^{+0.070}$$

③ 凸模直径。设凸模按 IT9 级制造，$\delta_z = 0.052$ mm，约为 $\frac{1}{5}\Delta$。

$$l_m = \left[(1 + S_{cp})l_s + \frac{3}{4}\Delta\right]_{-\delta_z}^{0}$$
$$= \left[\left(1 + \frac{0.8}{100}\right) \times 24 + \frac{3}{4} \times 0.28\right]_{-0.052}^{0} = 24.4_{-0.052}^{\ 0}(\text{mm})$$

④ 凸模高度。设 $\delta_z = \frac{1}{3}\Delta = 0.093$ mm，此值在 IT10~IT11，按 IT10 级制造，$\delta_z = 0.084$ mm，磨损余量取 $\delta_c = 0.05$ mm，约为 $\frac{1}{6}\Delta$。

$$h_m = \left[h_s(1 + S_{cp}) + \frac{2}{3}\Delta\right]_{-\delta_z}^{0}$$
$$= \left[19 \times \left(1 + \frac{0.8}{100}\right) + \frac{2}{3} \times 0.28\right]_{-0.084}^{0} = 19.34_{-0.084}^{\ 0}(\text{mm})$$

⑤ 两型芯中心距。若按 $\delta_z = \frac{1}{4}\Delta = \frac{0.22}{4} = 0.055$（mm），现按 IT9 级精度，取 $\delta_z = 0.048$ mm，则型芯中心距为

$$C_m = [C_m(1 + S_{cp})] \pm \frac{\delta_z}{2}$$

$$= 16 \times \left(1 + \frac{0.8}{100}\right) \pm \frac{0.048}{2} = 16.13 \pm 0.024 \text{（mm）}$$

⑥ 螺纹型环。M30 粗牙螺纹由有关手册查得 $d_{s小} = 26.21$ mm，$d_{s中} = 27.73$ mm，螺距 $P_s = 3.5$ mm，查得螺纹中径公差 $\Delta_中 = 0.31$ mm；查得螺纹型环制造公差 $\delta_大 = 0.04$ mm，$\delta_中 = 0.03$ mm，$\delta_小 = 0.04$ mm，将上述数据代入式（3-36）～式（3-38）得

螺纹型环中径：

$$D_{m中} = [(1 + S_{cp})d_{s中} - \Delta_中]_0^{+\delta_中}$$

$$= \left[\left(1 + \frac{0.8}{100}\right) \times 27.73 - 0.31\right]_0^{+0.03} = 27.64_0^{+0.03} \text{（mm）}$$

螺纹型环小径：

$$D_{m小} = [(1 + S_{cp})d_{s小} - \Delta_中]_0^{+\delta_小}$$

$$= \left[\left(1 + \frac{0.8}{100}\right) \times 26.21 - 0.31\right]_0^{+0.04} = 26.11_0^{+0.04} \text{（mm）}$$

螺纹型环大径：

$$D_{m大} = [(1 + S_{cp})d_{s大} - \Delta_中]_0^{+\delta_大}$$

$$= \left[\left(1 + \frac{0.8}{100}\right) \times 30 - 0.31\right]_0^{+0.04} = 29.93_0^{+0.04} \text{（mm）}$$

由于塑件螺纹长度很短，故不考虑螺距收缩，螺纹型环螺距直接取塑件螺距，按制造公差 $\delta_z = 0.04$ mm，得螺纹型环螺距为 $P_m = 3.5 \pm 0.02$ mm。

4. 成型型腔壁厚的计算

注射成型时，为了承受型腔高压熔体的作用，型腔侧壁与底板应该具有足够强度与刚度。小尺寸型腔常因强度不够而破坏；大尺寸型腔，刚度不足常为设计失效的主要原因。

确定型腔壁厚的计算法有传统的力学分析法和有限元法或边界元法等现代数值分析法。后者结果较可靠，特别适用于模具结构复杂、精度要求较高的场合，但由于受计算机硬件和软件等经济与技术条件的限制，目前应用尚不普遍。前者则根据模具结构特点与受力情况建立力学模型，分析计算其应力和变形量，控制其在型腔材料许用应力和型腔许用弹性（即刚度计算条件）范围内。

（1）成型型腔壁厚刚度计算条件

1）型腔不发生溢料

高压塑料熔体作用下，模具型腔壁过大的塑性变形将导致某些结合面出现溢料间隙，产生溢料和飞边。因此，须根据不同塑料的溢料间隙来决定刚度条件。表 3-13 为部分塑料许用的不溢料间隙值。

表 3-13 不发生溢料的间隙值

黏度特性	塑料品种举例	允许变形值 [δ]
低黏度塑料	尼龙（PA）、聚乙烯（PE）、聚丙烯（PP）、聚甲醛（POM）	≤0.025～0.04
中黏度塑料	聚苯乙烯（PS）、ABS、聚甲基丙烯甲酯（PMMA）	≤0.05
高黏度塑料	聚碳酸酯（PC）、聚砜（PSF）、聚苯醚（PPO）	≤0.06～0.08

图 3-63 型腔壁厚与型腔半径的关系
1—强度曲线；2—刚度曲线
p—型腔压力；$[\sigma]$—模具材料许用应力；
δ—型腔壁许用变形量

2）保证塑料精度

当塑件的某些工作尺寸要求精度较高时，成型零件的弹性变形影响塑件精度，因此应使型腔压力为最大时，该型腔壁的最大弹性变形量小于塑件公差的 1/5。

3）保证塑件顺利脱模

若型腔壁的最大变形量大于塑件的成型收缩值，开模后，型腔侧壁的弹性恢复将使其紧包住塑件，使塑件脱模困难或在脱模过程中被划伤甚至破裂，因此型腔壁的最大弹性变形量应小于塑件的成型收缩值。

一般来说，对于大尺寸型腔，刚度不足是主要矛盾，按刚度条件计算型腔壁厚；小尺寸型腔，发生较大的弹性变形前，其内应力常已超过许用应力，按强度计算型腔壁厚。

如图 3-63 所示，组合圆形型腔分别按强度和刚度计算所需型腔壁厚与型腔半径的关系曲线，图中 A 点为分界尺寸，当半径超过 A 值，按刚度条件计算的壁厚大于按强度条件计算的壁厚，因此按刚度计算。

决定分界尺寸值有关的因素有型腔形状、成型压力、模具材料许用应力和型腔允许的弹性变形量。

在分界尺寸不明的情况下，应分别按强度条件和刚度条件计算壁厚后，取其中较大值。

(2) 型腔侧壁厚度

1) 圆形型腔

① 组合式圆形型腔（图 3-64）

a. 其侧壁可视为两端开口、受均匀内压的厚壁圆筒，塑料熔体的压力 p 作用下，侧壁将产生内半径增长量

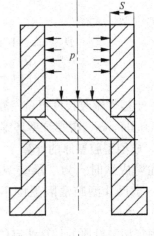

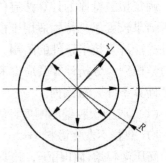

图 3-64 组合式圆形型腔壁厚计算

$$\delta = \frac{rp}{E}\left(\frac{R^2 + r^2}{R^2 - r^2} + \mu\right) \tag{3-43}$$

式中 p——型腔内压力，MPa，一般为 20～50 MPa；

E——弹性模量，MPa，中碳钢 $E = 2.1 \times 10^5$ MPa，预硬化塑料模具钢 $E = 2.2 \sim 10^5$ MPa；

r——型腔内半径，mm；

R——型腔外半径，mm；

μ——泊松比，碳钢取 0.25。

当已知刚度条件（即许用变形量）$[\delta]$，可按刚度条件计算的侧壁厚度

$$S = r\left[\sqrt{\frac{\frac{E[\delta]}{rp} - (\mu - 1)}{\frac{E[\delta]}{rp} - (\mu + 1)}} - 1\right] \tag{3-44}$$

b. 按第三强度理论推算得强度计算公式

$$S = r\left(\sqrt{\frac{[\sigma]}{[\sigma] - 2p}} - 1\right) \tag{3-45}$$

式中 $[\sigma]$——型腔材料的许用应力，MPa；中碳钢 $[\sigma]$ = 160 MPa，预硬化钢塑料、模具钢 $[\sigma]$ = 300 MPa。

② 整体式圆形型腔（图 3-65）

a. 在进行刚度计算时，整体式圆形型腔与组合式圆形型腔的区别在于当受高压熔体作用时，其侧壁下部受底部约束，沿高度方向向上约束减小，超过一定高度极限 h_0 后，便不再约束，视为自由膨胀，即与组合式型腔计算相同。

根据工程力学知识，约束膨胀与自由膨胀的分界点 A 的高度为

$$h_0 = \sqrt[4]{\frac{2}{3}r(R-r)^3} \tag{3-46}$$

AB 线以上部分为自由膨胀，按式（3-44）和式（3-45）计算。

AB 线以下按下式计算

$$\delta_1 = \delta\frac{h_1^4}{h_0^4} \tag{3-47}$$

式中 h_1——约束膨胀部分距底部的高度，mm。

b. 将整体式圆形凹模视为厚壁圆筒，其壁厚可按下列近似公式计算

$$S = \frac{prh}{[\sigma]H} \tag{3-48}$$

式中 h——型腔深度，mm；

H——型腔外壁高度，mm。

2）矩形型腔

① 组合式矩形型腔（图 3-66）

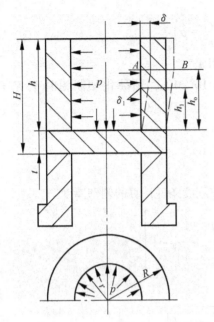
图 3-65 整体式圆形型腔壁厚计算

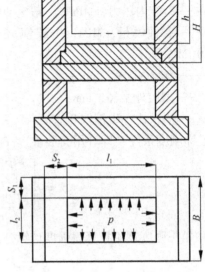
图 3-66 组合式矩形型腔壁厚计算

a. 在进行刚度计算时，将每一侧壁视为均布载荷的两端固定梁，其最大挠度发生在中点，由此得侧壁厚度计算公式

$$S = \sqrt[3]{\frac{phl_1^4}{32EH[\delta]}} \tag{3-49}$$

式中　h——型腔内壁受压部分的高度，mm；

　　　H——型腔外壁高度，mm；

　　　L_1——型腔内壁长度，mm。

b. 进行强度校核时，在高压塑料熔体压力 p 作用下，每一边侧壁受到弯曲应力和拉应力的联合作用，如图 3-67 所示。对两端固定受均布载荷的梁，其最大弯曲应力在梁两端，其值为

$$\sigma_w = \frac{phl_1^2}{2HS^2}$$

同时由于两相邻边的作用，侧壁受到的拉应力为

$$\sigma_1 = \frac{phl_2}{2HS}$$

侧壁所受的总应力为弯曲应力和拉应力之和，且应小于许用应力，即

$$\sigma = \sigma_w + \sigma_1 = \frac{phl_1^2}{2HS^2} + \frac{phl_2}{2HS} \leq [\sigma] \tag{3-50}$$

由此式便可求得所需的侧壁厚度 S。

② **整体式矩形型腔**（图3-68）

a. 整体式矩形型腔任一侧壁均可简化为三边固定、一边自由的矩形板，在塑料熔体压力下，其最大变形发生在自由边的中点，变形量为

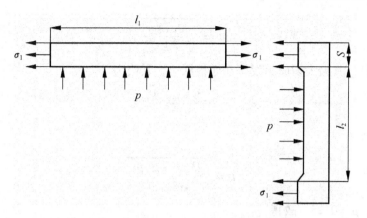

图 3-67　组合式矩形型腔侧壁强度计算

$$\delta = \frac{Cph^4}{ES^3} \tag{3-51}$$

式中　C——常数，随 l/h 而变化，见表 3-14。C 值也可按近似公式计算。

$$C = \frac{3l^4/h^4}{2l^4/h^4 + 96} \tag{3-52}$$

按刚度条件，侧壁厚度为

$$S = \sqrt[3]{\frac{Cph^4}{E\delta}} \tag{3-53}$$

表 3-14　系数 C 值

l/h	3.33	2.5	2	1.65	1.43	1.25	1.1	1.0	0.832	0.667	0.5
C	0.930	0.570	0.330	0.188	0.117	0.073	0.045	0.031	0.015	0.006	0.002

注：$[\delta] = 1/5\Delta = 0.05$ mm 时，强度计算与刚度计算的型腔长度分界尺寸为 $l = 300$ mm。
　　当 $l > 300$ mm 时，按允许变形量（如 $\delta = 0.05$ mm）计算壁厚；
　　当 $l < 300$ mm 时，则按允许变形量 $\delta = l/6\,000$ 计算壁厚。

b. 整体式矩形侧壁的强度计算较麻烦，因此转化为自由变形来计算。根据应力与应变的关系，当塑料熔体压力 $p = 50$ MPa，变形量 $\delta = l/6\,000$ 时，板的最大应力接近于 45 钢的许用应力为 200 MPa，变形量再大，则会超过许用应力。

此处底板厚度计算均指底板平面不与动模板或定模板紧贴而用模脚支承的情况，对于底板的底平面直接与定模板或动模板紧贴的情况，其厚度仅由经验决定即可。

(3) 型腔底板厚度计算

1) 圆形型腔底部厚度

① 组合式圆形型腔（图 3-64）的底板：可视为周边简支的圆板，最大挠度发生在中心，且

$$\delta = 0.74 \frac{pr^4}{Et^3}$$

由此按刚度条件计算的底板厚度为

$$t = \sqrt[3]{\frac{0.74pr^4}{E\delta}} \tag{3-54}$$

按强度条件计算，其最大切应力发生在底板周边，其值为

$$\sigma_{\max} = \frac{3(3+\mu)pr^2}{8t^2} \leqslant [\sigma]$$

由此得底板厚度为

$$t = \sqrt{\frac{3(3+\mu)pr^2}{8(\sigma)}} \tag{3-55}$$

对于钢材，$\mu = 0.25$，故得

$$t = \sqrt{\frac{1.22pr^2}{[\sigma]}}$$

② 整体式圆形型腔（图3-65）底板：可视为周边固定的圆板，其最大变形位于板中心，其值为

$$\delta = 0.175\frac{pr^4}{Et^3}$$

由此按刚度条件，底板厚度应为

$$t = \sqrt[3]{0.175\frac{pr^4}{E\delta}} \tag{3-56}$$

按强度条件分析，其最大应力发生在周边，所需底板厚度为

$$t = \sqrt{\frac{3pr^2}{4(\sigma)}} \tag{3-57}$$

2）矩形型腔

① 整体式矩形型腔（图3-68）的底板。

可视为周边固定受均布载荷的矩形板，在塑料熔体压力p的作用下，板的中心产生最大变形，其值为

$$\delta = C'\frac{pb^4}{Et^3} \tag{3-58}$$

式中 C'——常数，随底板内壁两边长之比l/b而异，其值列于表3-15。C'的值也可按近似公式计算

$$C' = \frac{l^4/b^4}{32(l^4/b^4 + 1)} \tag{3-59}$$

如果已知允许的变形量，则按刚度条件计算的底板厚度为

$$t = \sqrt[3]{\frac{C'pb^4}{E\delta}} \tag{3-60}$$

同侧壁的厚度计算一样，底板强度计算也较复杂，通过计算分析得知，在$p = 50$ MPa时，只要$\delta \leqslant l/6000$作为满足强度条件的依据即可。

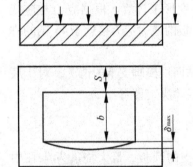

图3-68 整体式矩形型腔壁厚计算

表 3-15　系数 C' 的值

l/b	C'	l/b	C'	l/b	C'	l/b	C'
1	0.0138	1.3	0.0209	1.6	0.0251	1.9	0.0272
1.1	0.0164	1.4	0.0226	1.7	0.0260		
1.2	0.0188	1.5	0.0240	1.8	0.0267	2.0	0.0277

② 组合式矩形型腔底板（图 3-69）。

双支脚底板，可视为均布载荷简支梁。设支脚间距 L 与型腔长度 l 相等。

a. 按刚度条件计算时，最大变形量

$$\delta = \frac{5pbL^4}{32EBt^3}$$

则底板厚度为

$$t = \sqrt[3]{\frac{5pbL^4}{32EB\delta}} \tag{3-61}$$

式中　L——支脚间距，mm；

　　　B——底板总宽度，mm。

b. 按强度条件计算时，简支梁最大弯曲应力也出现在中部，其值为

$$\sigma = \frac{3pbL^2}{4Bt^2}$$

故按强度计算所得的底板厚度为

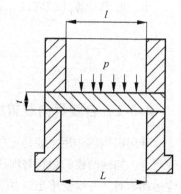
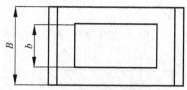

图 3-69　组合式矩形型腔底板厚度计算

$$t = \sqrt{\frac{3pbL^2}{4B[\sigma]}} \tag{3-62}$$

大型模具型腔支脚跨度较大，计算出的底板厚度甚大，但若改变支撑方式，如增加一中间支撑时，则

$$t = \sqrt[3]{\frac{5pb(L/2)^4}{32EB\delta}} \tag{3-63}$$

所得的底板厚度值为由式（图 3-70（a））所得之值的 1/2.5。

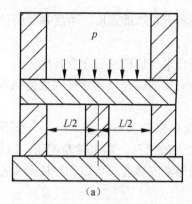
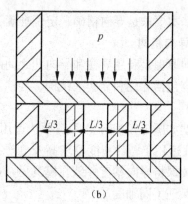

图 3-70　底板增设中间支撑

当增加两根中间支撑时(图3-70(b)),则有

$$t = \sqrt[3]{\frac{5pb(L/3)^4}{32EB\delta}} \qquad (3\text{-}64)$$

由此式计算所得的壁厚仅为双脚支撑情况下的厚度的1/4.3。

由于壁厚计算比较麻烦,设计时常用经验推荐数据。

3.5 结构零件的设计

3.5.1 合模导向装置的设计

导向机构的作用主要是定位和定向,保证动模和定模两大部分或模内其他零部件之间的准确对合。如使凸模的运行与加压方向平行,保证凸凹模的配合间隙;在推出机构中保证推出机构运动定向,并承受推出时的部分侧压力;在垂直分型时,使垂直分型拼块在闭合时准确定位等。

结构形式有导柱导向和锥面、销等定位(图3-71)。

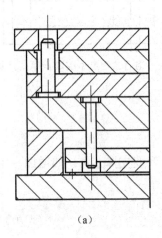
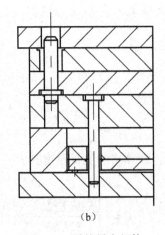
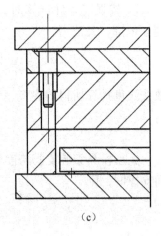

(a)　　　　　　　　　　(b)　　　　　　　　　　(c)

图3-71　导柱导向机构

设计的基本要求是导向精确,定位准确,并具有足够的强度、刚度和耐磨性。

1. 导柱导向机构

导柱导向原理是利用导柱和导向孔之间的配合来保证模具的配合精度。

设计内容包括导柱和导套的结构、导柱与导向孔的配合以及导柱的数量和布置等。

(1) 导柱

结构类型如图3-72所示,A型导柱适用于简单模具和小批量生产,一般不要求配置导套;B型导柱适用于塑件精度要求高及生产批量大的模具,常与导套配用,以便在磨损后,更换导套继续保持导向精度。装在模具另一边的导套安装孔,可以和导柱安装孔以同一尺寸加工而成,保证了同轴度。

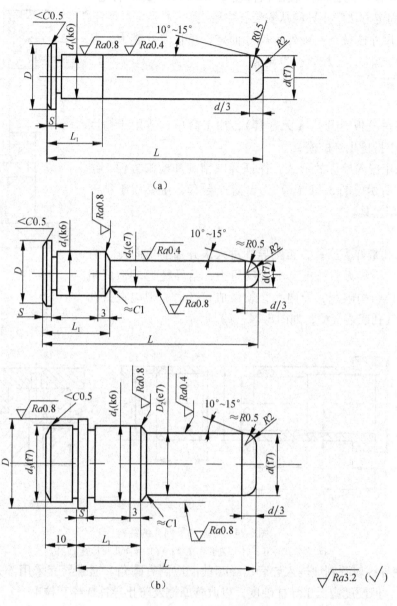

图 3-72 导柱结构

(a) A 型；(b) B 型

设计要点：

① 直径视模具大小而定，但须具有足够的抗弯强度，且表面要耐磨，芯部要坚韧，材料多半采用低碳钢（20）渗碳淬火，或用碳素工具钢（T8、T10）淬火处理，硬度为 50～55 HRC。

② 长度通常应高出凸模端面 6～8 mm（图 3-73），以免在导柱未导正时凸模先进入型腔与其碰撞而损坏。

③ 端部常设计成锥形或半球形，便于导柱顺利地进入导向孔。

④ 配合精度。导柱与导向孔通常采用间隙配合 H7/f6 或 H8/f8，与安装孔采用过渡配合

H7/m6 或 H7/k6，配合部分表面粗糙度为 $Ra = 0.8~\mu m$。注意，采用适当的固定方法防止导柱从安装孔中脱出。

⑤ 直径尺寸按模具模板外形尺寸而定，模板尺寸越大，导柱间中心距应越大，导柱直径也越大。

(2) 导套

结构形式：

① 直接在模板上开孔（无导套），加工简单，适用于精度要求不高且小批量生产的模具。

② 常采用镶入导套的形式，保证导向精度和检修方便，结构如图 3-74 所示。图 3-74 (a) 为台阶式导套，主要用于精度要求高的大型模具。

设计要点：

① 导向孔最好为通孔，否则导柱进入未开通的导向孔（盲孔）时，孔内空气无法逸出，产生反压力，给导柱运动造成阻力。若受模具结构限制，导向孔必须做成盲孔时，则应在盲孔侧壁增设透气孔或透气槽，如图 3-74 (c) 所示。

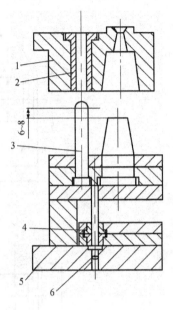

图 3-73 导柱的导向作用
1—定模；2—导套；3—导柱；
4—双联导套；5—动模座板；6—导柱

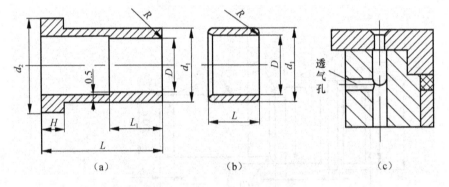

图 3-74 导套和导向孔的结构
(a) 台阶式导套；(b) 直套式导套；(c) 导向孔及其透气结构

② 为使导柱较顺利地进入导套，导套前端应倒有圆角。通常导套采用淬火钢或铜等耐磨材料制造，但硬度应低于导柱硬度，以改善摩擦及防止导柱或导套拉毛。

③ 导套孔滑动部分按 H8/f8 间隙配合，导套外径按 H7/n6 过渡配合。

④ 安装固定方式如图 3-75 所示，其中图 3-75 (a)、(b) 均采用台阶式导柱，利用轴肩防止开模时拔出导套，图 3-75 (c) 采用直导套，用螺钉起止动作用。

2. 导柱的数量和布置

导柱的数量一般取 2~4 根。布置形式根据模具的结构形式和尺寸来确定，如图 3-75 所示。图 3-75 (a) 为 2 根直径相同的导柱对称布置，图 3-75 (b) 为 2 根直径相同的导柱不对称布置，上述布置形式适用于结构简单、精度要求不高的小型模具；图 3-75 (c) 为 2 根直径不同的导柱对称布置，其导向精度较高，不易发生安装方位错误；图 3-75 (d) 为 3 根直径相同的导柱不对称布置；图 3-75 (e) 为 4 根直径相同的导柱不对称布置。

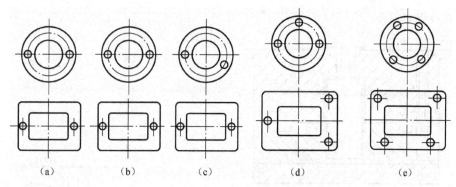

图 3-75 导柱的数量和布置

3. 锥面和合模销定位机构

(1) 锥面定位

适用场合多用于大型、深腔和精度要求高的塑件,特别是薄壁偏置不对称的壳体。主要因为大尺寸塑件在注射时,成型压力会使型芯与型腔偏移,且过大侧压力让导柱单独承受,使导柱导向过早失去对合精度,需用锥面承受一定的侧压力,同时锥面定位也能提高模具的刚性。

结构如图 3-76 所示,圆锥面定位机构的模具,常用于圆筒类塑件,其锥角为 5°～20°,高度大于 15 mm,两锥面均需淬火处理。图 3-77 为斜面镶条定位机构,常用于矩形型腔的模具。用 4 条淬硬的斜面镶条,安装在模板上。这种结构加工简单,通过对镶条斜面调整可对塑件壁厚进行修正,磨损后镶条又便于更换。

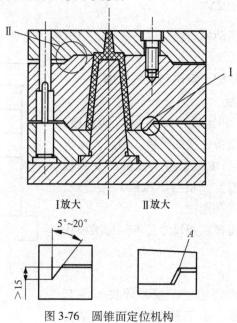

图 3-76 圆锥面定位机构

(2) 合模销定位

垂直分型面的模具中,为保证锥模套中的对拼凹模相对位置准确,常采用两个合模销定位。分模时,为防止合模销拔出,其固定端采用 H7/k6 过渡配合,另一滑动端采用 H9/f9 间隙配合,如图 3-78 所示。

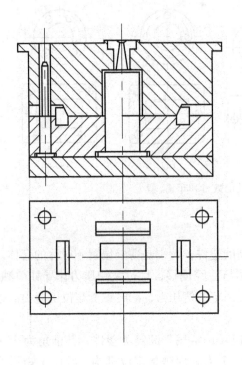

图 3-77　斜面镶条定位机构的注射模

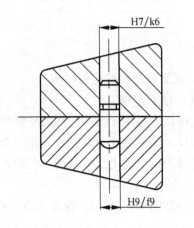

图 3-78　合模销定位示例

3.5.2　支承零件的设计

塑料模的支承零件包括动模座板、定模座板、定模板、支承板、垫板等。注射模的支承零件的典型组合如图 3-79 所示。

塑料模的支承零件起装配、定位和安装作用。

1. 动模座板和定模座板

它是动模（或上模）和定模（或下模）的基座，也是固定式塑料模与成型设备连接的模板。因此，座板的轮廓尺寸和固定孔必须与成型设备上模具的安装板（即移动模板与固定模板或上压板与下压板）相适应。座板还必须具有足够的强度和刚度。

注射模的动模座板和定模座板尺寸可参照标准模板（GB4169.8—2006）选用。

2. 动模板和定模板

其作用是固定凸模或型芯、凹模、导柱、导套等零件，所以又称固定板。由于模具的类型及结构

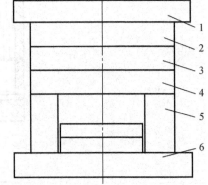

图 3-79　注射模具支承零件的典型组合
1—定模座板；2—定模板；3—动模板；
4—支承板；5—垫板；6—动模座板

的不同，固定板的工作条件也有所不同。对于移动式压缩模，开模力作用在固定板上，因而固定板应有足够的强度和刚度。为了保证凹模、型芯等零件固定稳固，固定板应有足够的厚度。

固定板与型芯（或凸模）、凹模的基本连接方式如图 3-80 所示，其中图 3-80（a）为台

阶孔固定，装卸方便，是常用的固定方式；图3-80（b）为沉孔固定，可以不用支承板，但固定板需加厚，对沉孔的加工还有一定要求，以保证型芯与固定板的垂直度；图3-80（c）为平面固定，既不需要支承板，又不需要加工沉孔，只需平面连接，但必须有足够安装螺钉和销钉的位置，一般用于固定较大尺寸的型芯或凹模。

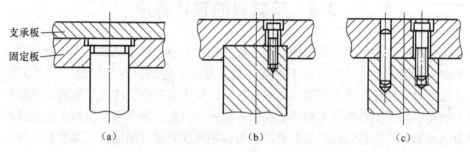

图3-80　固定板与型芯（或凸模）、凹模的连接方式

固定板的尺寸可参照标准模板（GB/T 4169.8—2006）选用。

3. 支承板

支承板是垫在固定板背面的模板。它的作用是防止型芯或凸模、凹模、导柱、导套等零件脱出，增强这些零件的稳固性并承受型芯和凹模等传递而来的成型压力。支承板与固定板的连接通常用螺钉和销钉紧固，也有用铆接的。螺钉连接，适用于推杆分模的移动式模具和固定式模具，为了增加连接强度，一般采用圆柱头内六角螺钉；铆钉连接，适用于移动式模具，它拆装麻烦，修理不便。

支承板应具有足够的强度和刚度，以承受成型压力而不过量变形，它的强度和刚度计算方法与型腔底板的相似。

支承板的尺寸也可参照标准模板（GB/T 4169.8—2006）选用。

4. 垫块

垫块的作用是使动模支承板与动模座板之间形成用于推出机构运动的空间，或调节模具总高度以适应成型设备上模具安装空间对模具总高的要求。

垫块与支承板和座板组装方法如图3-81所示。所有垫块的高度应一致，否则由于负荷不匀而造成动模板损坏。

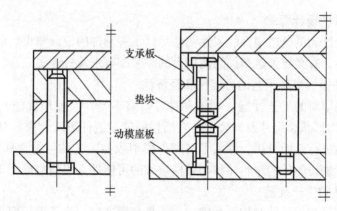

图3-81　垫块与支承板和座板的组装

对于大型模具，为了增强动模的刚度，可在动模支承板和动模座板之间采用支承柱。这种支承起辅助支承作用。如果推出机构设有导向装置，则导柱也能起到辅助支承作用。

垫块和支承柱的尺寸可参照有关标准（GB/T 4169.6—2006）。

3.6 塑料模的设计程序

在实际生产中，由于塑件结构的复杂程度、尺寸大小、精度高低、生产批量以及技术要求等各不相同，因此，模具设计是不可能一成不变的，应根据具体情况，结合实际生产条件，综合运用模具设计的基本原理和基本方法，设计出合理经济的成型模具。由塑料模的分类和基本结构可知，塑料模的类型和结构形式很多，但是，各类塑料模的设计是具有共同点的，只要认真掌握这些共同点的基本规律，可以缩短模具设计周期，提高模具设计的水平。

塑料模设计时应保证塑件的质量要求，尽量减少塑件的后加工，模具应具有最大的生产能力，且经久耐用，制造方便，价格便宜等。现就注射模、压缩模、压注模设计的一般程序简述如下。

3.6.1 接受任务书

成型塑料制件的任务书通常由制件设计者提出，其内容如下。
① 经过审签的正规制件图纸，并注明采用塑料的牌号、透明度等。
② 塑料制件说明书或技术要求。
③ 生产产量。
④ 塑料制件样品。

通常模具设计任务书由塑料制件工艺员根据成型塑料制件的任务书提出，模具设计人员以成型塑料制件任务书、模具设计任务书为依据来设计模具。

3.6.2 搜集、分析和消化原始资料

搜集整理有关塑件设计、成型工艺、成型设备、机械加工及特殊加工等技术资料以备模具设计时使用。

1. 分析塑件

（1）明确塑件的设计要求

通常，模具设计人员通过塑件的零件图就可以了解塑件的设计要求。但对形状复杂和精度要求较高的塑件，有必要了解塑件的使用目的、装配要求及外观等。

（2）分析塑件模塑成型工艺的可能性和经济性

根据塑件所用塑料的工艺性能（如流动性、收缩率等）及使用性能（如机械强度、透明性等）、塑件结构形状、尺寸及其公差、表面粗糙度、嵌件形式、模具结构及其加工工艺等，对塑件工艺性进行全面分析，深入了解塑件模塑成型工艺的可能性和经济性。必要时，就应与产品设计者探讨塑件的塑料品种与结构修改的可能性，以适应成型工艺的要求。

（3）明确塑件的生产批量

塑件的生产批量与模具的结构关系密切。小批量生产时，为了缩短模具制造周期，降低成本，多采用移动式单型腔模具；而在大批量生产时，为了缩短生产周期，提高生产率，通

常采用固定式多型腔模具和自动化生产。为了满足自动化生产的需要，对模具的推出机构、塑件及流道凝料的自动脱落机构等提出了相应要求。

(4) 计算塑件的体积和重量

为了选用成型设备，提高设备利用率，确定模具型腔数目及模具加料腔尺寸等，必须计算塑件的体积和重量。

2. 分析工艺资料

分析工艺资料就是分析工艺任务书提出的成型方法、成型设备、材料型号、模具类型等要求是否合理，能否落实。

3. 熟悉有关参考资料及技术标准

常用的有关参考资料有《塑料材料手册》《成型设备说明书》等，常用的有关技术标准有《机械制图标准》等。

4. 熟悉工厂实际情况

这方面的内容很多，主要是成型设备的技术规范、模具生产车间的技术水平、工厂现有设计参考资料以及有关技术标准等。

3.6.3 设计模塑成型工艺

有些分工比较细致的工厂，模塑成型工艺的设计任务是专由塑料成型工艺人员来完成的。否则，模具设计人员也可兼做此项工作。

3.6.4 熟悉成型设备的技术规范

在设计模塑成型工艺中，只是对成型设备的类型、型号等作了粗略的选择，这种选择远远不能满足模具设计的需要。因此，模具设计人员必须熟悉成型设备的有关技术规范。如液压机的公称压力（吨位）、顶出力、顶出杆的最大行程、上压板的行程、上下压板之间的最大开距及最小开距、台面结构及尺寸等。如注射机定位圈的直径、喷嘴前端孔径及球面半径、最大注射量、注射压力、注射速度、锁模力、固定模板与移动模板之间的最大开距及最小开距、模板的面积大小、安装螺孔位置、注射机调距螺母的可调长度、最大开模行程、注射机拉杆的间距、顶出杆直径及其位置、顶出行程等。要初步估计模具外形尺寸，判断模具能否在所选的注射机上安装和使用。

3.6.5 确定模具结构

理想的模具结构必须满足塑件的工艺技术要求和生产经济要求，工艺技术要求是要保证塑件的几何形状、尺寸公差及表面粗糙度；生产经济要求是要使塑件的成本低，生产率高，模具使用寿命长，操作安全方便。在确定模具结构时主要解决以下问题。

① 塑件成型位置及分型面的选择。

② 型腔数目的确定，型腔的布置和流道布局以及浇口位置的设计。

③ 模具工作零件的结构设计。

④ 侧向分型与抽芯机构的设计。

⑤ 推出机构的设计。

⑥ 拉料杆形式的选择。

⑦ 排气方式的设计。
⑧ 加热或冷却方式、沟槽的形状及位置、加热元件的安装部位的确定。

3.6.6 模具设计的有关计算

① 成型零件的工作尺寸计算。
② 加料腔的尺寸计算。
③ 型腔壁厚、底板厚度的确定。
④ 相关机构的设计计算。
⑤ 模具加热或冷却系统的有关计算。

3.6.7 模具总体尺寸的确定与结构草图的绘制

在以上模具零部件设计的基础上，参照有关塑料模架标准和结构零件标准，初步绘出模具的完整结构草图，并校核预选的成型设备。

3.6.8 模具结构总装图和零件工作图的绘制

要求按照国家制图标准绘制，但是也要求结合本厂标准和国家规定的工厂习惯画法。

1. 模具总装图的绘制

① 尽可能按1:1比例绘制，并应符合机械制图国家标准。
② 绘制时先由型腔开始绘制，主视图与其他视图同时画出。为了更好地表达模具中成型塑件的形状、浇口位置等，在模具总图中俯视图上，可将上模或（定模）拿掉，而只画出下模或（动模）部分的俯视图。
③ 模具总装图应包括全部组成零件，要求投影正确，轮廓清晰。
④ 通常，将塑件零件图绘制在模具总装图的右上方，并注明名称、材料、收缩率、制图比例等。
⑤ 按顺序将全部零件的序号编出，并填写零件明细表。
⑥ 标注技术要求和使用说明，标注模具的必要尺寸（如外形尺寸、装配尺寸、闭合尺寸等）。模具的技术要求的内容通常是：对于模具某些系统的性能要求，如对顶出系统的要求、滑块抽芯结构的装配要求；对模具装配工艺的要求，如模具装配后分型面的贴合面的贴合间隙应不大于0.05 mm模具上、下面的平行度要求，并指出由装配决定的尺寸和对该尺寸的要求；模具使用，装拆方法；防氧化处理、模具编号、刻字、标记、油封、保管等要求；有关试模及检验方面的要求等。

2. 主要零件图的绘制

由模具总装图拆画零件图的顺序应为：先内后外，先复杂后简单，先成型零件，后结构零件。

① 图形要求：一定要按比例画，允许放大或缩小。视图选择合理，投影正确，布置得当。为了使加工者看图容易、便于装配，图形尽可能与总装图一致，图形要清晰。
② 标注尺寸要求统一、集中、有序、完整。标注尺寸的顺序为：先标主要零件尺寸和脱模斜度，再标注配合尺寸，然后标注全部尺寸。在非主要零件图上先标注配合尺寸，后标注全部尺寸。

③ 表面粗糙度。把应用最多的一种粗糙度标于图纸右上角，如标注"$\sqrt{Ra3.2}$ ($\sqrt{\ }$)"。其他粗糙度符号在零件各表面分别标出。

④ 其他内容，例如零件名称、模具图号、材料牌号、热处理和硬度要求、表面处理、图形比例、自由尺寸的加工精度、技术说明等都要正确填写。

3.6.9 校对、审图后用计算机出图

1. 需进行校对的内容

（1）模具及其零件与塑件图纸的关系

模具及模具零件的材质、硬度、尺寸精度，结构等是否符合塑件图纸的要求。

（2）塑料制件方面

塑料料流的流动、缩孔、熔接痕、裂口、脱模斜度等是否影响塑料制件的使用性能、尺寸精度、表面质量等方面的要求。图案设计有无不足，加工是否简单，成型材料的收缩率选用是否正确。

（3）成型设备方面

注射量、注射压力、锁模力，模具安装、塑料制件的抽芯、脱模有无问题，注射机的喷嘴与浇口套是否正确地接触。

（4）模具结构方面

① 分型面位置及精加工精度是否满足需要，会不会发生溢料，开模后是否能保证塑料制件留在有顶出装置的模具一边。

② 脱模方式是否正确，推杆、推管的大小、位置、数量是否合适，推板会不会被型芯卡住，会不会造成擦伤成型零件。

③ 模具温度调节方面。加热器的功率、数量；冷却介质的流动线路位置、大小、数量是否合适。

④ 处理塑件侧凹的方法，推出机构是否恰当，例如斜导柱抽芯机构中的滑块与推杆是否相互干扰。

⑤ 浇注、排气系统的位置、大小是否恰当。

（5）设计图纸

① 装配图上各模具零件安置部位是否恰当，表示是否清楚，有无遗漏。

② 零件图上的零件编号、名称；制作数量、零件是内制还是外购的。是标准件还是非标准件；零件配合处理精度、成型塑料制件高精度尺寸处的修正加工及余量；模具零件的材料、热处理、表面处理、表面精加工程度是否标记、叙述清楚。

③ 主要零件、成型零件工作尺寸及配合尺寸。尺寸数字应正确无误，不要使生产者换算。

④ 检查全部零件图及总装图的视图位置，投影是否正确，画法是否符合制图国标，有无遗漏尺寸。

（6）校核加工性能

所有零件的几何结构、视图画法、尺寸标注等是否有利于加工。

（7）复算辅助工具的主要工作尺寸

2. 审图

审核模具总装图、零件图的绘制是否正确，验算成型零件的工作尺寸、装配尺寸、安装尺寸等。描图时要先消化图形，按国标要求描绘，填写全部尺寸及技术要求，自校并且签字。

3. 晒图

在所有校对、审核正确无误后，用计算机打印出图，或以磁盘或联网的方式将设计结果送达生产部门组织生产。

4. 编写制造工艺卡片

由模具制造单位技术人员编写制造工艺卡片，并且为加工制造做好准备。

在模具零件的制造过程中要加强检验，把检验的重点放在尺寸精度上。模具组装完成后，由检验员根据模具检验表进行检验，主要的是检验模具零件的性能情况是否良好，只有这样才能保证模具的制造质量。

此外，模具设计人员还应参加模具零件的加工、组装、试模、投产的全过程才算完成任务。

3.7 复习与思考

1. 塑件尺寸受哪些因素限制？
2. 塑件尺寸公差遵循什么国标？
3. 什么是塑件的表面质量？塑件的表面质量受哪些因素影响？
4. 塑件的表面粗糙度遵循什么国标？
5. 塑件为什么要有脱模斜度，其大小取决于什么？
6. 塑件的壁厚过薄、过厚会使制件产生哪些缺陷？塑件壁厚的最小尺寸应满足什么要求？
7. 塑件上加强肋的作用是什么？设计时遵守哪些原则？
8. 塑件为什么常用圆弧过渡？哪些情况不宜设计为圆角？
9. 塑件中镶入嵌件的目的是什么？设计塑件的嵌件时需要注意哪些问题？
10. 设计塑件时，为什么既要满足塑件的使用要求，又要满足塑件的结构工艺性？
11. 影响塑件尺寸精度的因素有哪些？在确定塑件尺寸精度时，为何要将其分为四个类别？（根据塑料收缩率变化范围，将塑件尺寸精度分为四个类别）
12. 试确定注塑件 PC 的孔类尺寸 $\phi 85$ mm、PA—1010 的轴类尺寸 $\phi 50$ mm 和 PP 的中心距尺寸 28 mm 公差。
13. 为什么要尽量避免塑件上具有侧孔或侧凹？强制脱模的侧凹的条件是什么？
14. 塑件上带有的螺纹，可用哪些方法获得？每种方法的优缺点如何？
15. 看图回答：

请判断图 3-82 所示塑件工艺性的好坏，若工艺性较差，请在尽量不改变塑件的使用功能的基础上作改进。

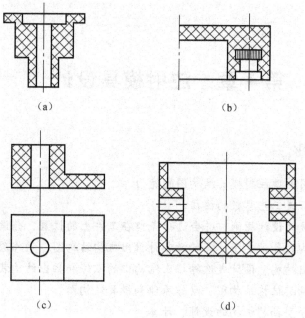

图 3-82 习题 15 图

16. 如图 3-83 所示塑件，材料：ABS。试画出成型零件结构草图，计算成型零件的工作尺寸并在结构草图上标注成型零件工作尺寸。

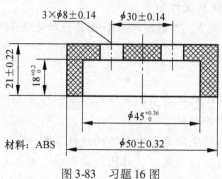

图 3-83 习题 16 图

第4章 注射模具设计

配套资源

学习目标与要求

1. 具有读懂不同类型注射模具结构图的能力。
2. 掌握注射机有关工艺参数的校核。
3. 掌握浇注系统的设计原则,并会选择浇口在工件上的位置,会设计浇注系统。
4. 了解推出机构的各种类型,能读懂各种推出机构结构图、动作原理和模具结构图。
5. 具有设计推出结构、设计或选择推出结构中的零件和推出结构装配的能力。
6. 能读懂各种抽芯机构结构图、动作原理和模具结构图。
7. 掌握斜导柱分型抽芯机构的设计、计算。
8. 了解绝热流道、加热流道的基本结构特点和上述流道适用的塑料材料。
9. 了解热固性塑料与热塑性塑料模具设计的不同点,掌握热固性塑料注射模设计要点。
10. 了解气辅成型模具的工艺过程及设计要点。
11. 了解精密注射成型模具设计要点。
12. 理解塑料模具设计程序,掌握塑料注射模具设计方法和步骤。

学习重点

1. 典型注射模具的结构组成及其不同类型的注射模具结构特点。
2. 注射机有关工艺参数的校核。
3. 浇注系统的设计原则,浇注系统中零件的设计及制造。
4. 各种推出机构的类型及动作原理,推出机构和模具整体结构的关系。
5. 推出机构的设计原则,推出机构中零件的设计和推出机构装配。
6. 各种抽芯机构结构图和动作原理,抽芯机构和模具整体结构的关系。
7. 斜导柱分型抽芯机构的设计、计算。
8. 以注射模具设计的案例引出塑料模具设计程序。

学习难点

1. 读懂不同类型的注射模具结构图和动作原理。
2. 浇口位置的选择、浇口和分流道类型的选择和设计。
3. 点浇口的模具结构设计。
4. 推出机构中零件的设计和推出结构装配。
5. 抽芯机构结构图和动作原理,抽芯机构的设计。
6. 理论联系实践,综合运用所学知识进行注射模具的设计。

4.1 注射模的分类及典型结构

4.1.1 概述

塑料注射模是一种可以重复、大批量生产塑料零件或产品的一种生产工具。它由动模和定模两部分组成,动模安装在注射成型机的移动模板上,定模安装在注射机的固定模板上,动模和定模闭合构成浇注系统和型腔。注射成型时,定模部分和被拖动的动模部分经导柱导向而闭合,塑料熔体从注射机喷嘴经模具浇注系统进入型腔;注射成型冷却后开模时动模与定模分离以便取出塑料制件。一般情况下,塑件留在动模部分上,模具推出机构将塑件推出模外。这种模具是靠成型零件在装配后形成的一个或多个型腔,来成型制品所需的形状。

由于注射模(或称注塑模)使用方便灵活、工作可靠、生产效率高而成为塑料成形领域里最常用到的一种模具。目前日常生活中90%以上的塑料制品是通过注塑成型的。其市场前景好,容量大,应用广。

4.1.2 注射模的结构组成

图4-1为典型的单分型面注射模结构,根据模具中各个部件所起的作用,可将注射模分为以下几个基本组成部分。

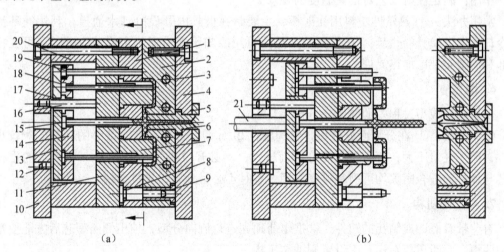

图4-1 单分型面注射模
(a)合模状态;(b)开模状态

1—动模板;2—定模板;3—冷却水道;4—定模座板;5—定位环;6—浇口套;7—凸模;8—导柱;
9—导套;10—动模座板;11—支承板;12—限位销;13—推板;14—推杆固定板;15—拉料杆;
16—推板导柱;17—推板导套;18—推杆;19—复位杆;20—垫板;21—注射机顶杆

1. 成型部件

型芯成型制品的内表面形状,凹模成型制品的外表面形状。合模后型芯和凹模便构成了模具的型腔(图4-1),该模具的型腔由件2和件7组成。

结构：按制造工艺要求，有时型芯或凹模由若干拼块组成，有时做成整体，在易损坏、难加工的部位采用镶件。

2. 浇注系统

浇注系统又称为流道系统。作用：将塑料熔体由注射机喷嘴引向型腔的一组进料通道。

组成：主流道、分流道、浇口和冷料穴。浇注系统的设计十分重要，它直接关系到塑件的成型质量和生产效率。

3. 导向部件

作用：① 确保动模与定模合模时能准确对中，其组成：常采用四组导柱与导套，有时还需在动模和定模上分别设置互相吻合的内、外锥面来辅助定位；② 避免制品推出过程中推板发生歪斜现象，其组成：在模具的推出机构中设有使推板保持水平运动的导向部件，如导柱与导套。

4. 推出机构

作用：开模过程中，将塑件及其在流道内的凝料推出或拉出。

组成：如图4-1中的推杆18、推杆固定板14、推板13、主流道的拉料杆15及注射机推杆21。推杆固定板和推板的作用是夹持推杆。在推板中一般还固定有复位杆，复位杆的作用是在动模和定模合模时使推出机构复位。

5. 调温系统

作用：满足注射工艺对模具温度的要求。

常用办法：① 热塑性塑料用注射模，主要是在模具内开设冷却水通道，利用循环流动的冷却水带走模具的热量；② 模具的加热除可用冷却水通道通热水或蒸汽外，还可在模具内部和周围安装电加热元件。

6. 排气槽

作用：将成型过程中的气体充分排除。

常用办法：① 在分型面处开设排气沟槽；② 分型面之间存在有微小的间隙，对较小的塑件，因排气量不大，可直接利用分型面排气，不必开设排气沟槽；③ 一些模具的推杆或型芯与模具的配合间隙均可引起排气作用，有时不必另外开设排气沟槽。

7. 侧抽芯机构

有些带有侧凹或侧孔的塑件，被推出前须先进行侧向分型，抽出侧向型芯后方能使塑件顺利脱模，此时需要在模具中设置侧抽芯机构。

8. 标准模架

为了减少繁重的模具设计与制造工作量，注射模大多采用了标准模架结构。如图4-1中的定位环5、定模座板4、定模板2、动模板1、支承板11、动模座板10、推杆固定板14、推板13、推杆18、导柱8等都属于标准模架中的零部件，它们都可以从有关厂家订购。

4.1.3 注射模的分类及典型结构

从模具设计的角度出发，注射模按总体结构特征分为以下几类。

第4章 注射模具设计

1. 单分型面注射模

只要动、定模分开，就可以取出塑件，称为单分型面注射模，或双板式注射模。其结构如图4-1所示，是结构最简单、最基本的一种注射模，也是应用最广泛的一种注射模。

2. 双分型面注射模

双分型面注射模有两个分型面，如图4-2所示。A—A为第一分型面，分型后浇注系统凝料由此脱出，而B—B为第二分型面，分型后塑件由此脱出。它的特点是加了一块可以局部移动的中间板（或叫做活动浇口板），所以也叫做三板式注射模，它常用于点浇口进料的单型腔或多型腔的注射模。

3. 带侧向分型与抽芯机构的注射模

当塑件侧向上有侧凸或侧凹时，就需要用带侧向分型与抽芯机构的注射模来成型。图4-3所示为塑料水杯模具的开模情形，也是典型的需要侧向分型与抽芯机构的注射模。图4-4所示的是利用斜导柱进行侧向抽芯的注射模。

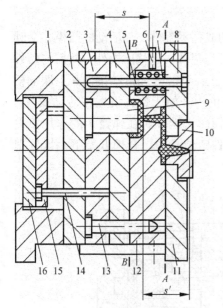

图4-2 双分型面注射模
1—模座板；2—支承板；3—动模板；4—推件板；5—导柱；6—限位销；7—弹簧；8—定距拉杆；9—凸模；10—浇口套；11—定模板；12—中间板；13—导柱；14—推杆；15—推杆固定板；16—推板

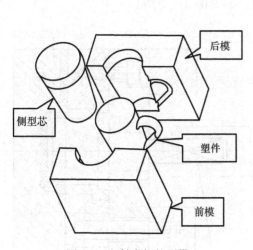

图4-3 塑料水杯的开模

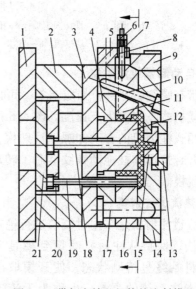

图4-4 带侧向抽芯机构的注射模
1—动模座板；2—垫块；3—支承板；4—凸模固定板；5—挡块；6—螺母；7—弹簧；8—滑块拉杆；9—锁紧块；10—斜导柱；11—侧型芯滑块；12—凸模；13—定位环；14—定模板；15—浇口套；16—动模板；17—导柱；18—拉杆；19—推杆；20—推杆固定板；21—推板

4. 带有活动镶件（块）的注射模

如果塑件上有特殊结构，要求在注射模上设置活动的成型零部件，如活动的凸模、活动的凹模、活动镶件、活动螺纹型芯或型环等，在脱模时可与塑件一起移出模外，然后与塑件分离。图 4-5 所示为带有活动镶块的注射模。开模时塑件包在型芯 8 和活动镶件 9 上跟动模部分左移，并脱离定模座 11，分型到一定距离后，脱出机构开始工作，设置在活动镶件 9 上的推杆 3 将活动镶件连同塑件一起推出型芯脱模。合模时，推杆 3 在弹簧 4 的作用下复位，推杆复位后，动模板停止移动，人工将镶件插入镶件定位孔中，合模开始下一次注射成型。

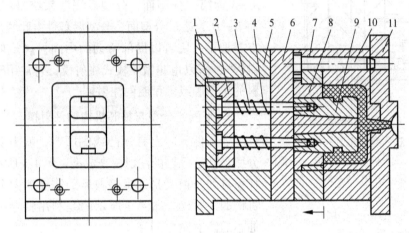

图 4-5　带有活动镶块的注射模
1—推板；2—推杆固定板；3—推杆；4—弹簧；5—动模座；6—动模垫板；
7—动模板；8—型芯；9—活动镶件；10—导柱；11—定模座

5. 自动卸螺纹注射模

对带有螺纹的塑件，如瓶盖等，可以设置自动脱模机构，加快生产速度。图 4-6 所示为用于直角式注射机的自动卸螺纹注射模，注射机上的开合螺母丝杠拖动螺纹型芯 1 转动，完成自动脱模。

6. 热流道注射模

热流道注射模是采用对流道进行绝热或加热的方法，保持从注射机喷嘴到模具型腔之间的塑料始终呈熔融状态，使开模取出塑件时没有浇注系统的凝料，也称为无流道注射模。这类模具可以节约材料，提高生产效率，容易实现自动化，但模具成本较高，只适用于大批量生产。图 4-7 所示的热流道注射模即是该类模具中的一种。

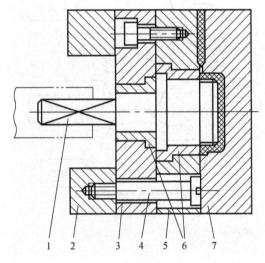

图 4-6　自动卸螺纹注射模
1—型芯；2—垫块；3—动模垫块；4—定距螺钉；
5—动模板；6—衬套；7—定模板

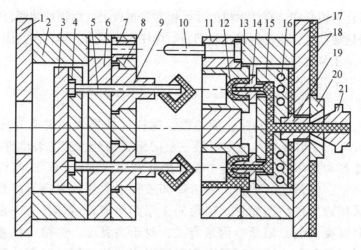

图 4-7 热流道注射模

1,8—动模板；2,13—支架；3,4—推板；5—推杆；6—动模座板；7—导套；9—凸模；
10—导柱；11—定模板；12—凹模；14—喷嘴；15—热流道板；16—加热器孔道；
17—定模座板；18—绝热层；19—浇口套；20—定位环；21—注射机喷嘴

4.2 注射模与注射机的关系

4.2.1 注射机的分类及技术规范

注射成型机（简称注射机）的种类较多，按其外形特征可分为立式注射机、卧式注射机、直角式注射机和转盘式注射机；按加压方式可分为机械式注射机和液压式注射机；按塑料在料筒里的塑化方式可分为柱塞式注射机和螺杆式注射机；按用途可分为加工热塑性塑料的通用注射机和用于加工热固性塑料等特殊材料及工艺的专用注射机。在生产中最常用的是卧式螺杆热塑性塑料通用注射机。

1. 注射机的基本结构

注射机为塑料注射成型所用的主要设备。图 4-8 所示为最常用的卧式注射机外形。

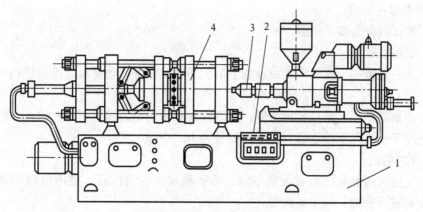

图 4-8 卧式注射机外形图

1—机架；2—控制系统；3—注射装置；4—合模装置

注射成型时注射模具安装在注射机的动模板和定模板上，由锁模装置合模并锁紧，塑料在料筒内加热呈熔融状态，由注射装置将塑料熔体注入型腔内，塑料制品固化冷却后由锁模装置开模，并由推出装置将制件推出。

注塑机包括以下几部分。

（1）注射装置

注射装置包括加料装置、料筒、加热器、螺杆（柱塞式注射机为柱塞和分流梭）、喷嘴和驱动装置等。注射装置是注射机最主要的组成部分，其主要部件是螺杆和喷嘴，螺杆的作用是拌料和加压，它的长度、头部形状和螺纹的结构形式与注射塑料的种类有关，对于结晶型、低黏度的塑料，采用头部带有止逆环的突变压缩型螺杆；而非结晶型塑料则可采用渐变压缩型螺杆。喷嘴的作用是使塑料熔体具有一定的射程，它的结构形式与塑料种类和制品形状等因素有关，对于高黏度、热稳定性差的塑料宜采用直通式喷嘴，对于低黏度的结晶型塑料宜采用带有加热装置的自锁式喷嘴，对于壁薄和形状复杂的塑件可采用小直径大射程的喷嘴，而对于壁厚较大的塑件则应选用大直径补缩性好的喷嘴。

主要作用：使固态的塑料颗粒均匀地塑化成理想的流动状态，并以足够的压力和速度将塑料熔体注入闭合的型腔中。

（2）锁模装置

作用：① 实现模具的开闭动作；② 在成型时提供足够的夹紧力使模具锁紧；③ 开模时推出模内制件。

锁紧装置类型：机械式、液压式或者液压机械联合作用方式。

推出机构类型：机械式和液压式推出。液压式推出有单点推出、多点推出。

（3）液压传动和电器控制

作用：保证注射成型按照预定的工艺要求（压力、速度、时间、温度）和动作程序准确进行。液压传动系统是注射机的动力系统；电器控制系统则是控制各个动力液压缸完成开启、闭合和注射、推出等动作的系统。

2. 注射机分类

（1）按外形特征分

按外形特征可分为如下三类。

1）立式注射机

特点：注射装置和定模板设置在设备上部，而锁模装置、动模板、推出机构均设置在设备的下部。

优点：占地面积小，模具装拆方便，安装嵌件和活动型芯简便可靠；缺点：不容易自动操作，只适用于小注射量的场合，一般注射量为 10~60 g。

2）卧式注射机

特点：注射装置和定模板在设备一侧，而锁模装置、动模板、推出机构均设置在另一侧。这是注射机最普通、最主要的形式。

优点：机体较矮，容易操作加料，制件推出后能自动落下，便于实现自动化操作。

缺点：设备占地面积大，模具安装比较麻烦。

3）直角式注射机

特点：注射装置为立式布置，锁模、顶出机构以及动模板、定模板按卧式排列，两者互为直角，适用于中心部分不允许留有浇口痕迹的塑件。

缺点：加料较困难，嵌件或活动型芯安放不便，只适用于小注射量的场合，注射量一般为 20~45 g。

（2）按塑料在料筒中的塑化方式分

按塑料在料筒中的塑化方式分为以下两类。

1）柱塞式注射机

工作原理：如图 4-9 所示，柱塞是直径为 20~100 mm 的金属圆杆，在料筒内仅做往复运动，将熔融塑料注入模具。分流梭是装在料筒靠前端的中心部分，形如鱼雷的金属部件，其作用是将料筒内流经该处的塑料分成薄层，使塑料分流，以加快热传递。同时塑料熔体分流后，在分流梭表面流速增加，剪切速率加大，剪切发热使料温升高、黏度下降，塑料得到进一步混合和塑化。

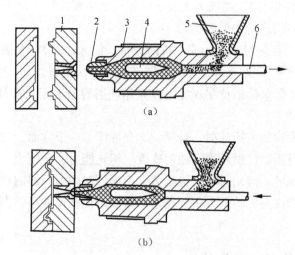

图 4-9 柱塞式注射机示意

1—注射机；2—喷嘴；3—料桶；4—分流梭；5—料斗；6—注射柱塞

适用场合：塑料的导热性差，若料筒内塑料层过厚，塑料外层熔融塑化时，它的内层尚未塑化，若要等到内层熔融塑化，则外层就会因受热时间过长而分解。因此，柱塞式注射机的注射量不宜过大，一般为 30~60 g，且不宜用来成型流动性差、热敏性强的塑料制件。

2）螺杆式注射机

工作原理：如图 4-10 所示。螺杆的作用是送料、压实、塑化与传压。当螺杆在料筒内旋转时，将料斗中的塑料熔体卷入，并逐步将其压实、排气、塑化，不断地将熔体推向料筒前端，积存在料筒前部与喷嘴之间，螺杆本身受到熔体的压力而缓缓后退。当积存的熔体达到预定的注射量时，螺杆停止转动，并在液压油缸的驱动下向前移动，将熔

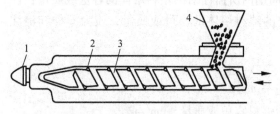

图 4-10 螺杆式注射机示意

1—喷嘴；2—料筒；3—螺杆；4—料斗

体注入模具。

螺杆式注射机中螺杆既可旋转又可前后移动，因而能够胜任塑料的塑化、混合和注射工作。

立式注射机和直角式注射机的结构为柱塞式，而卧式注射机的结构多为螺杆式。

3. 注射机的工作过程

注射机的工作过程实际上是一种工作循环过程，在每一次工作循环结束之后将得到一个或一组塑件制成品。它的每一个工作循环都包括这样一些动作：料筒加料—加热装置加热塑化—锁模机构闭合模具—注射部分加压注射充型—保压定型—开启模具—顶出机构推出塑件。此外还有预热、干燥、塑件的修整与后处理等外围工作。

4. 注射机规格及主要技术参数

注射机的规格：各国尚无统一的标准，有的以注射量为主要参数，有的以锁模力为主要参数。

① 国际上趋于用注射容量/锁模力来表示注射机的主要特征。这里所指的注射容量是指注射压力为 100 MPa 时的理论注射容量。

② 我国习惯上采用注射量来表示注射机的规格，如 XS-ZY-500，表示注射机在无模具对空注射时的最大注射容量不低于 500 cm³ 的螺杆式（Y）塑料（S）注射（Z）成型（X）机。我国制定的注射机国家标准草案规定可以采用注射容量表示法和注射容量/锁模力表示法来表示注射机的型号。

注射机的主要技术参数包括注射、合模、综合性能等三个方面，如公称注射量、螺杆直径及有效长度、注射行程、注射压力、注射速度、塑化能力、合模力、开模力、开模合模速度、开模行程、模板尺寸、推出行程、推出力、空循环时间、机器的功率、体积和质量等。

附录 6 列出了国产注射机的部分主要技术参数和定位孔尺寸等，供设计模具选择注射机时参考。

4.2.2 注射机有关参数的校核

注射模是安装在注射机上使用的。设计模具时，除应掌握注射成型工艺过程外，还应对所选用注射机的有关技术参数有全面了解，才能生产出合格的塑料制件。

1. 注射量的校核

注射机公称注射量（也称额定注射量）的表示方法有容量（cm³）和质量（g）两种。国产的标准注射机的注射量均以容量（cm³）表示。

在进行模具设计时，须使在一个注射成型周期内所需注射的塑料熔体的容量或质量在注射机额定注射量的 80% 以内。需注射入模具内的塑料熔体的容量或质量，应为塑件和浇注系统两部分容量或质量之和，即

$$\left.\begin{array}{l} V = nV_n + V_j \\ m = nm_n + m_j \end{array}\right\} \tag{4-1}$$

式中　$V(m)$——一个成型周期内所需注射的塑料容积或质量，cm³ 或 g；
　　　n——型腔数目；

V_n（m_n）——单个塑件的容积或质量，cm^3 或 g；

V_j（m_j）——浇注系统凝料的容量或质量，cm^3 或 g。

故应使

$$\left. \begin{array}{r} nV_n + V_j \leqslant 0.8V_g \\ nm_n + m_j \leqslant 0.8m_g \end{array} \right\} \tag{4-2}$$

式中　V_g（m_g）——注射机额定注射量，cm^3 或 g。

一般情况下，仅对最大注射量进行校核即可，但有时还应注意注射机能处理的最小注射量。例如，对于热敏性塑料，最小注射量应不小于注射机额定最大注射量的20%，因为当每次注射量过小时，塑料在料筒内停留的时间将过长，这样会使塑料高温分解，影响制件的质量和性能。

2. 注射压力的校核

校核的目的：校验注射机的最大注射压力能否满足制品成型的需要。只有在注射机额定的注射压力内才能调整出某一制件所需要的注射压力。

影响塑件成型所需注射压力的因素：塑料品种、注射机类型、喷嘴形式、塑件形状的复杂程度以及浇注系统等。确定制品成型所需的注射压力的方法有：类比法；参考各种塑料的注射成型工艺数据，一般制品的成型注射压力为 70～150 MPa；注射模模拟计算机软件（如美国的 CFLOW、澳大利亚的 MOLDFLOW、华中理工大学的 H-FLOW 等），对注射成型过程进行计算机模拟，获得注射压力的预测值。

3. 锁模力的校核

锁模力是指在注射成形时注射机合模装置对模具施加的夹紧力，它在一定程度上决定了注射机所能成型的塑件在分型面上的最大投影面积。因高压塑料熔体充满型腔时，会产生一个沿注射机轴向的很大推力，其大小等于制件与浇注系统在分型面上的垂直投影之和（图4-11）乘以型腔内塑料熔体的平均压力。该推力应小于注射机额定的锁模力 $T_合$，否则在注射成型时会因锁模不紧而发生溢边跑料现象（图4-12）。

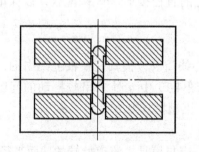

图 4-11　制品与浇注系统在分型面上的投影面积

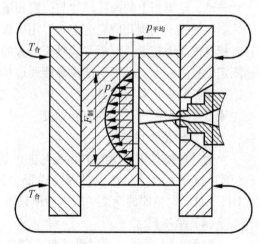

图 4-12　锁模力计算

注射机的锁模力应大于模具型腔内由于塑料熔体的压力而产生的对模具的胀开力,即

$$T_{合} \geqslant pA \tag{4-3}$$

式中　$T_{合}$——锁模力,N;
　　　p——模具型腔内塑料熔体的压力(MPa),一般取注射压力的 1/3~2/3;
　　　A——所有塑件及浇注系统在模具分型面上的投影面积之和,cm^2。

型腔内塑料熔体的压力(MPa)还可按经验公式计算

$$p = kp_0 \tag{4-4}$$

式中　p_0——注射压力,MPa;
　　　k——压力损耗系数,随塑料品种、注射机形式、喷嘴阻力、流道阻力等因素变化,可在 0.2~0.4 的范围内选取。

型腔压力确定方法:根据经验估计,成型中、小型塑料制品时型腔压力 p 取 20~40 MPa;对于流动性差、形状复杂、精度要求高的制品,成型时需要较高的型腔压力。

4. 安装部分的尺寸校核

校核的目的:因为不同型号和规格的注射机,其安装模具部位的形状和尺寸各不相同,为了使注射模具能顺利地安装在注射机上并生产出合格的制件,在设计模具时必须校核注射机上与模具安装有关的尺寸(附录6、附录7)。

(1) 模具厚度

注射机规定的模具最大与最小厚度:指注射机模板闭合后达到规定锁模力时动模板和定模板最大与最小距离。所设计模具的厚度应落在注射机规定的模具最大与最小厚度之内,否则将不可能获得规定的锁模力。当模具厚度小时,可加高垫块。

(2) 模具的长度与宽度

这要与注射机拉杆间距相适应,模具安装时应可以穿过拉杆空间在动、定模固定板上固定。安装的方式有:螺钉直接固定和用螺钉压板压紧两种(图4-13)。设计时必须使安装尺寸与动、定模板上的螺孔尺寸与位置相适应。具体方法为:用螺钉直接固定时模具固定板与注射机模板上的螺孔应完全吻合;用压板固定时,只要在模具固定板需安放压板的外侧附近有螺孔就能固定紧。压板方式具有较大的灵活性。对于质量较大的大型模具,采用螺钉直接固定则较为安全。必须保证模具能通过拉杆间距安装到动、定模板上,模板上还应留有足够的位置来装夹模具。模具定位圈的直径与模板定位孔的直径按 H9/d8 来配合,以保证模具主流道轴线与喷嘴孔轴线的同轴度。

(3) 定位圈尺寸

为了使模具主流道的中心线与注射机喷嘴的中心线重合,模具定模板上凸出的定位圈(图4-13中 b 处)与注射机固定模板上的定位孔(图4-13中 a 处)呈较松动的间隙配合 H11/h11。定位圈的高度一般小型模具为 8~10 mm,大型模具为 10~15 mm。

(4) 喷嘴尺寸

如图4-14所示,注射机喷嘴头部的球面半径 R_1 应与模具主流道始端的球面半径 R_2 吻

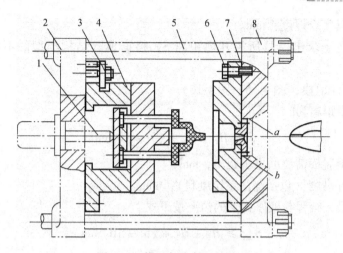

图 4-13 模具与注射机的关系

1—注射机顶杆；2—注射机动模固定板；3—压板；4—动模；5—注射机拉杆；
6—螺钉；7—定模；8—注射机定模固定板

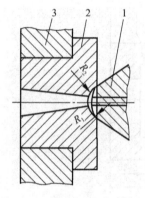

图 4-14 主流道始端与喷嘴的
不正确配合

1—喷嘴；2—主流道衬套；3—定模板

合，以免高压塑料熔体从缝隙处溢出。一般 R_1 应比 R_2 小 1～2 mm，否则主流道内的塑料凝料将无法脱出。图 4-14 中，$R_1 > R_2$ 属不正确的配合。

5. 开模行程的校核

模具开模后为了便于取出塑件，要求有足够的开模距离。注射机的开模行程是有限的，模具设计时须进行注射机开模行程的校核。不同形式的锁模机构的注射机，其最大开模行程有的与模具厚度有关，有的则与模具厚度无关。

（1）注射机最大开模行程与模具厚度无关时的校核

液压—机械式合模机构的注射机（如 XS-ZY-125 型等），其最大开模行程是由肘杆机构的最大行程所决定的，而不受模具厚度的影响，当模具厚度变化时可由其调模装置调整。校核时只需使注射机最大开模行程大于模具所需的开模距离，即

$$S_{\max} \geqslant S \tag{4-5}$$

式中　$S_{\max}$——注射机最大开模行程，mm；

　　　S——模具所需开模距离，mm。

（2）注射机最大开模行程与模具厚度有关时的校核

直角式注射机和全液压式合模机构的注射机（如 XS-ZY-250 型等），其最大开模行程等于注射机移动模板与固定模板之间的最大开距 S_k 减去模具闭合厚度 H_m（图 4-15），校核可按下式

$$S_k - H_m \geqslant S \tag{4-6}$$

或

$$S_k \geqslant H_m + S \tag{4-7}$$

式中　S_k——注射机移动模板与固定模板之间的最大距离，mm；

H_m——模具闭合厚度，mm。

问题的关键在于求出模具所需开模距离 S，根据模具结构类型的不同讨论下列几种情况。

1) 单分型面注射模（图4-15、图4-16）

模具所需开模距离为

$$S = H_1 + H_2 + (5 \sim 10)\text{mm} \tag{4-8}$$

式中　H_1——塑料脱模需要的推出距离，mm；

　　　H_2——塑件高度（包括浇注系统凝料），mm。

校核时，对最大行程与模厚无关的情况按下式

$$S_{max} \geqslant H_1 + H_2 + (5 \sim 10)\text{mm} \tag{4-9}$$

对最大行程与模厚有关的情况则按下式

$$S_k \geqslant H_m + H_1 + H_2 + (5 \sim 10)\text{mm} \tag{4-10}$$

2) 双分型面注射模（图4-17）

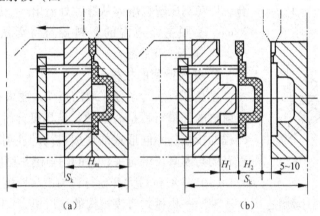

图4-15　角式机单分型面注射模开模行程校核
(a) 开模前；(b) 开模后

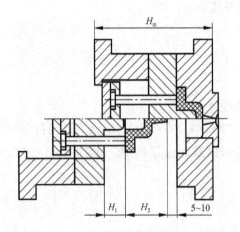

图4-16　单分型面注射模开模行程校核

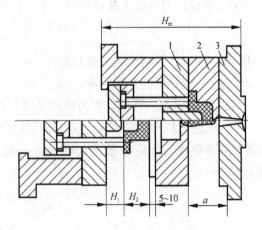

图4-17　双分型面注射模开模行程校核
1—动模；2—浇口套；3—定模

模具所需开模距离需增加浇口板与固定模板间为取出浇注系统凝料所需分开的距离 a，故得

$$S = H_1 + H_2 + a + (5 \sim 10)\text{mm} \tag{4-11}$$

式中　a——取出浇注系统凝料所需中间板与定模之间的距离，mm。

对最大行程与模厚无关的情况可按下式校核

$$S_{\max} \geqslant H_1 + H_2 + a + (5 \sim 10)\text{mm} \tag{4-12}$$

对最大开模行程与模厚有关的情况则按下式校核

$$S_k \geqslant H_m + H_1 + H_2 + a + (5 \sim 10)\text{mm} \tag{4-13}$$

注意，塑件脱模所需的推出距离 H_1 常常等于模具型芯高度，但对于内表面为阶梯状的塑件，有些不必推出型芯的全部高度即可取出塑件，如图 4-18 所示。

3）利用开模动作完成侧向分型抽芯

当模具的侧向分型抽芯或脱螺纹是依靠开模动作来实现时，图 4-19 斜导柱侧抽芯机构，为完成侧向抽芯距离 l，所需的开模距离设为 H_c。当最大开模行程与模厚无关时，其校核按下述两种情况进行。

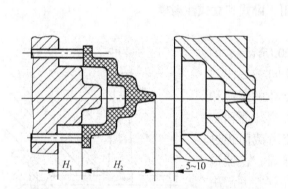

图 4-18　塑件内表面为阶梯状时开模行程校核

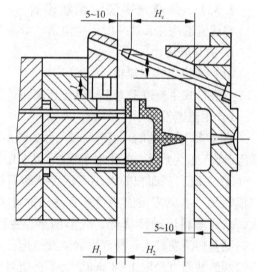

图 4-19　有侧向抽芯机构的开模行程校核

当 $H_c > H_1 + H_2$ 时，取

$$S_{\max} \geqslant H_c + (5 \sim 10)\text{mm} \tag{4-14}$$

当 $H_c < H_1 + H_2$ 时，取

$$S_{\max} \geqslant H_1 + H_2 + (5 \sim 10)\text{mm} \tag{4-15}$$

6. 推出装置的校核

国产注射机推出装置有下列四种形式。

① 中心推杆机械推出，如角式 SYS-45 及 SYS-60、卧式 XS-Z-60，立式 SYS-30 等注射机。

② 两侧双推杆机械推出，如 XS-ZY-125 注射机。

③ 中心推杆液压推出与两侧双推杆机械推出联合作用，如 XS-ZY-250、XS-ZY-500

注射机。

④ 中心推杆液压推出与其他开模辅助液压缸联合作用，如 XS-ZY-1000 注射机。

设计模具推出机构时，需校核注射机推出的推出形式，弄清所使用的注射机是中心推出还是两侧推出、最大的推出距离、推杆直径、双推杆中心距等，还要注意在两侧推出时模具推板的面积应能覆盖注射机的双推杆，并要根据推杆位置确定模具推板的尺寸，以保证注射机推杆能够推到模具推板上。模具动模板上的推杆孔直径应大于注射机推杆直径 1~2 mm。注射机的最大推出距离要保证能将塑件从模具中脱出等。

部分国产注射机的主要技术规格和合模机构图示及有关参数详见本书附录 6 和附录 7。

4.3 浇注系统的设计

浇注系统是指塑料熔体从注射机喷嘴射出后到达型腔之前在模具内流经的通道。浇注系统分为普通流道的浇注系统和热流道浇注系统两大类。浇注系统的设计是注射模设计的一个很重要的环节，它对获得优良性能和理想外观的塑料制件以及最佳的成型效率有直接影响，是模具设计工作者必须十分重视的技术问题。

4.3.1 普通流道浇注系统设计

普通流道浇注系统一般由主流道、分流道、浇口和冷料穴等四部分组成。

1. 主流道设计

（1）直浇口式主流道

直浇口式主流道垂直于模具分型面，适用于卧式和立式注射模。

1）主流道设计

直浇口式主流道的几何形状和尺寸如图 4-20 所示。它的截面形状一般为圆形，在设计时要注意以下几个问题。

① 主流道截面积的大小直接影响塑料熔体的流速和充模时间。主流道截面积过小，注射时相对冷却面积就大，造成塑料流动性降低，成形困难；主流道截面积过大，则塑料浪费较大，易产生涡流及气泡。通常，主流道进口端的截面直径取 4~8 mm。为了补偿对中误差并解决凝料脱模问题，主流道进口端直径一般要比喷嘴出口直径大 0.5~1 mm。

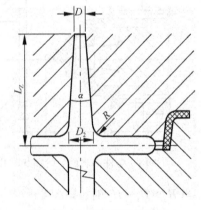

图 4-20 主流道的形状和尺寸

② 为了便于取出主流道凝料，主流道应呈圆锥形，锥角为 2°~4°。流动性差的塑料可取锥角为 6°~10°。

③ 主流道出口部位应有圆角，圆角半径 R 取 0.3~3 mm 或取 $0.125D_2$（D_2 为主流道出口端直径）。

④ 主流道的型腔内表面粗糙度应小于 $Ra0.63~1.25~\mu m$。

⑤ 主流道尽可能设计得短一些，一般长度在 60 mm 以下。

⑥ 主流道进口端与喷嘴头部接触应做成凹陷的球面，为的是和喷嘴头部的球面相匹配。

2）主流道衬套设计

一般不把主流道直接开在定模上，而是将它单独开设在一个嵌套中，然后将此套再嵌入定模里,该嵌套就是主流道衬套(又叫做浇口套)。采用主流道衬套不仅对主流道的加工和热处理有利,而且在主流道损坏后便于修理或更换。主流道衬套有 A、B 两种类型(如图 4-21 所示),可视实际情况选用。在设计主流道衬套时应注意以下内容。

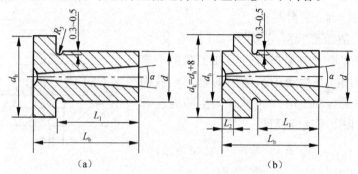

图 4-21 主流道衬套形式

(a) A 型;(b) B 型

① 主流道衬套应选用优质钢材,热处理后硬度要达到 53~57 HRC。

② 主流道衬套与定模之间为紧配合,一般采用 H7/m6。

③ 主流道衬套的长度应与定模配合部分的厚度一致,主流道出口处的端面不能突出在分型面上,不然就会造成溢料或模具损坏。

(2) 横浇口式主流道

横浇口式主流道平行于模具分型面并开设在分型面的一侧或两侧,只适用于直角式注射模。横浇口式主流道截面形状有圆形、半圆形、椭圆形和梯形,实际使用中以椭圆形为多。横浇口式主流道尺寸的设计可以参考图 4-22 所示。图中 $b' = 4.8 \sim 6$ mm,$h' = 0.8 b'$,$s = b'$,$L_x = 4 \sim 5$ mm,$\alpha = 40° \sim 50°$,$L_f = 5 \sim 8$ mm,$h'' = 0.5 b'$,$b = (3 \sim 10) h$,$h = (1/3 \sim 2/3)$ 制品壁厚。

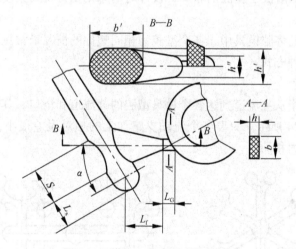

图 4-22 横浇口式浇注系统及尺寸

2. 分流道设计

分流道也有直浇口式分流道和横浇口式分流道两种形式。

(1) 直浇口式分流道

单腔注射模不用分流道，但多腔注射模必须开设有分流道。在设计分流道时，要求熔体通过时产生的温度和压力损失要小，而且还能把物料均匀平稳地分配给各个型腔。在设计分流道时有以下要求。

① 分流道的排列布置要平衡。

② 分流道的截面形状可参考图 4-23 所示设计。其中圆形截面在理论上效果最好，但加工装配不容易，所以很少使用。在生产中最常用的是梯形截面的分流道，它加工容易，熔体通过时产生的温度和压力损失少，可按以下比例设计：

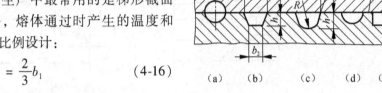

$$h = \frac{2}{3}b_1 \quad (4\text{-}16)$$

$$b_2 = \frac{3}{4}b_1 \quad (4\text{-}17)$$

图 4-23 分流道的截面形状

b_1 可根据成形条件和模具结构确定，一般在 5~10 mm。

③ 分流道的尺寸需要根据制品的壁厚、体积、形状复杂程度以及所用塑料的性能等因素综合确定，长度一般为 8~30 mm。

④ 分流道的内壁表面粗糙度为 $Ra1.25~2.5~\mu m$，不宜过小，以免冷料被带入模具型腔。

(2) 横浇口式分流道

横浇口式分流道的截面形状也有圆形、椭圆形、长圆形和梯形等多种形状。其结构可以参考图 4-22 所示设计。

(3) 分流道的布置形式

分流道的布置形式取决于型腔的布局，设计时的原则是：排列紧凑，模板尺寸小，流动距离短，锁模力平衡。

实际生产上用到的多腔模具中，各个型腔为相同塑件的情况最常见，其分流道分布和浇注系统平衡有如下两种方式。

1) 流动支路平衡

流动支路平衡是指从主流道到达各个模具型腔的分流道和浇口，其长度、截面形状和尺寸完全相同，如图 4-24 所示。只要各个流动支路加工的相对误差很小，就能保证各个模具型腔同时充型并且压力相同。

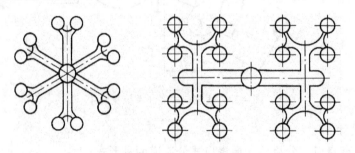

图 4-24 流动支路平衡

2）熔体压降平衡

这种情况多见于型腔数量非常多的时候，在模具的整个尺寸上已经无法平均分布的情况下，不能采用流动支路平衡方法。这时，各个模具型腔的分流道截面形状和大小可以相同，但长度不同，进入各个模具型腔的浇口截面大小因此也不同，如图4-25所示。只有通过对各个模具型腔浇口截面大小的调节，使熔体从主流道流经不同长度的分流道，并经过大小不一的各个模具型腔浇口而产生相同的压力降，以达到各个模具型腔的同时充满。

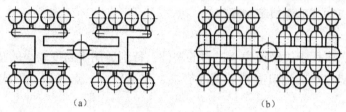

图4-25 熔体压降平衡

3. 冷料穴与拉料杆的匹配

立式和卧式注射机用注射模的主流道在定模一侧，模具打开时，为了将主流道凝料能够拉向动模一侧，并在顶出行程中将它脱出模具，在动模一侧应当设计有拉料杆。

（1）冷料穴与Z形拉料杆匹配

冷料穴底部安装一个头部为Z形的圆杆，动、定模打开时，借助头部的Z形结构将主流道凝料拉出，如图4-26所示。Z形拉料杆安在推出元件（推杆或顶管）的固定板上，与推出元件同步运动。

（2）锥形或圆环槽形冷料穴与推料杆的匹配

图4-27所示为锥形冷料穴和圆环槽形冷料穴与推料杆的匹配。将冷料穴设计为带有锥度或圆环槽，当动、定模打开时冷料本身可将主流道凝料拉向动模一侧，冷料穴下面的圆杆在推出行程中将凝料推出模具。

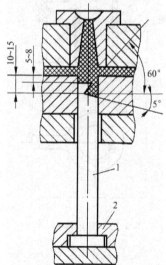

图4-26 Z形拉料杆形式
1—拉料杆；2—推杆固定板

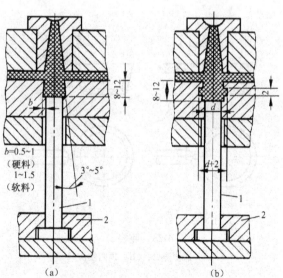

图4-27 锥形和圆环槽形冷料穴与推料杆
（a）锥形冷料穴；（b）圆环槽形冷料穴
1—拉料杆；2—推杆固定板

4. 浇口设计

(1) 浇口的形式

浇口根据其截面积的大小可分为宽浇口和窄浇口。

1) 宽浇口

截面积较大,主要适用于浇口直接进料的塑件、黏度较高的塑料、深度不一致或厚度不均匀的大型塑件等。宽浇口能形成流线型料流,减小塑件的收缩、气泡和拼合线等缺陷。盘形浇口、扇形浇口和环形浇口等都属于这一类。

2) 窄浇口

截面积较小,多用于边缘或中心进料的塑件,特别适用于黏度较小的塑料。窄浇口冷却封闭迅速,而且浇口小,浇口凝料的清除容易,痕迹较小。点浇口、爪式浇口等都属于这一类。

根据外形的不同,可将浇口分为以下类型。

1) 侧浇口

开设在塑件的边缘(图4-28(a))或边缘顶面(图4-28(b))。这种浇口不影响制品的外观,有时可以避免旋涡流纹的产生。为防止塑件劈裂,在侧浇口进入或连接模具型腔的部位应呈圆角过渡。

2) 环形浇口

环形浇口适用于长管形塑件,如图4-29所示。这种浇口能使熔料环绕型芯均匀进入模具型腔,充模状态较好,排气效果比侧浇口的好,并能减少熔接痕的产生,但浇口凝料的切除较困难。

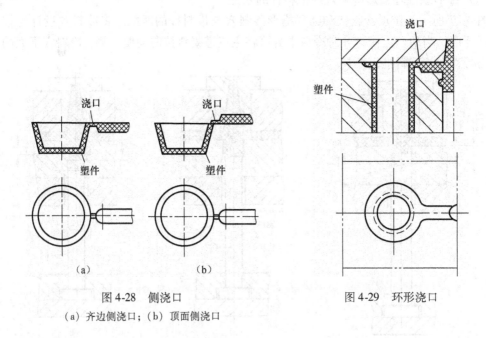

图4-28 侧浇口
(a) 齐边侧浇口; (b) 顶面侧浇口

图4-29 环形浇口

3) 扇形浇口

如图4-30所示,该类浇口适用于长条或扁平的塑件。由于熔融塑料横向分散进入模具型腔,所以减少了流纹。这种浇口切除凝料困难,而且残留痕迹较大。

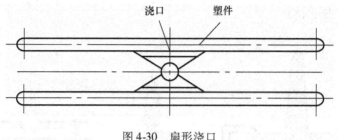

图 4-30　扇形浇口

4）盘形浇口

图 4-31 所示为盘形浇口，它适用于成形管状或扁平状的、深度较小的塑件。这类浇口具有进料点对称，充模均匀，能减少熔接痕的产生，排气便利等优点。浇口凝料的切除多采用冲切法。

5）轮辐式浇口

图 4-32 所示为轮辐式浇口，适用于成形管状或扁平状且深度不大的塑件。熔融塑料从主流道经过与轮辐式流道相连的浇口进入型腔。这种浇口切除凝料较方便，但容易产生熔接痕。

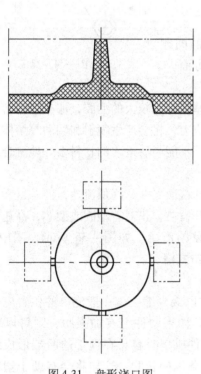

图 4-31　盘形浇口图

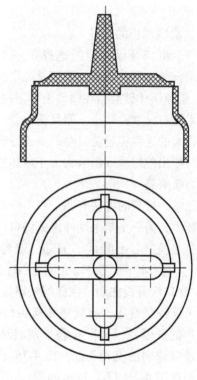

图 4-32　轮辐式浇口

6）中心浇口

如图 4-33 所示为中心浇口，它直接和注料口连接，所以又被称为直接浇口。中心浇口适用于成形单型腔模具和大型塑件，优点是物料流程短，压力损失小，但浇口凝料会留在塑件上，需要单设工序去除。

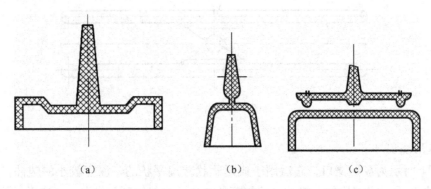

图 4-33 中心浇口

7）点浇口（又称针状浇口）

如图 4-34 所示，点浇口是一种较小的浇口，一般只适用于流动性好的塑料。浇口的长度很短，不超过其自身直径，所以在脱模后残留的痕迹不明显，不需要进行修整。该类浇口应用广泛，但需要增加分型面以便凝料脱模。如图 4-34 所示。

（2）浇口部位的选择

塑件上浇口开设部位的选择是一个较为复杂的问题，应注意综合考虑各种因素。下面是几个需要注意的方面。

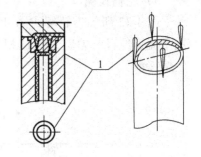

图 4-34 点浇口

1）避免熔体破裂后在塑件上留下缺陷

如果浇口尺寸比较小，而且正对着一个宽度和厚度都比较大的型腔，那么塑料熔体在高压下以很大的速度流过浇口时，由于受到过高的剪应力，将会产生喷射和蠕动等熔体破裂现象。此时喷出的细丝或断裂物由于冷却较快而变硬，不能与后进入的物料很好地融合而使塑件出现熔接痕迹。

克服熔体破裂的办法有两个：一个是加大浇口的截面尺寸，降低流速，但是这样会使充模速度减小；另一个是采用冲击式浇口，就是浇口开设位置正对着型腔或型芯，高速料流冲击到型腔壁或型芯上降低了流速，避免了喷射现象的产生。如图 4-35 所示，图中（a）、(c)、(e) 为非冲击式浇口，(b)、(d)、(f) 为冲击式浇口。

2）浇口应开设在塑件截面的最厚处

为了保证最终压力有效地传递到塑件较厚部位以减少缩孔，一般浇口的位置应开设在塑件截面的最厚处，这样有利于塑料填充及补料。如果塑件上有加强肋，则可以利用加强肋来改善塑料的流动条件，图 4-36（a）所示塑件成型时容易在顶部的两端形成缩孔或气囊，而在图 4-36（b）所示的塑件顶部增加了一条纵向长肋，这样将会有助于塑料的分配和排气。

3）减少熔接痕迹和增加熔接强度

为了减少塑件上的熔接痕迹的数量，在流程不太大时如果没有特殊要求，尽量减少浇口数量，如图 4-37 所示。

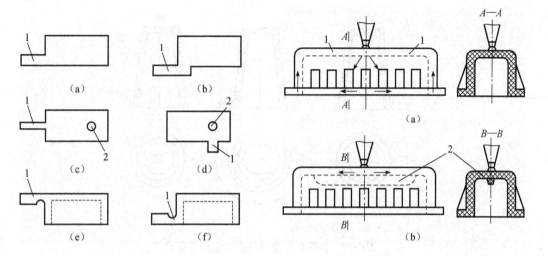

图4-35　冲击式浇口与非冲击式浇口
1—浇口；2—型芯

图4-36　增设加强肋以利于塑料流动
1—气囊；2—长肋

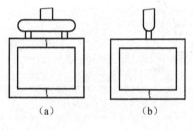

图4-37　减少浇口以减少熔接痕迹

对于圆环形塑件，为了减少熔接痕迹，浇口最好开在塑件的切线方向，如图4-38（a）所示。图4-38（b）是采用扇形浇口，此时当浇口去除后将留下较大痕迹。

对于大型圆环塑件，可以采用图4-38（c）、（d）所示的浇口形式。为了增加熔接强度，可以在熔接部位外侧加设冷料穴，如图4-38（a）、（b）所示，以便于前锋冷料的排出。

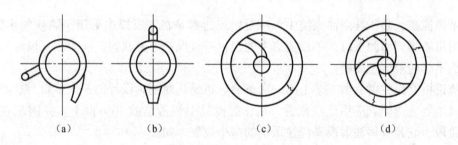

图4-38　环形塑件的浇口开设

4）防止料流将型芯或嵌件挤歪变形

对于有细长型芯的圆筒形塑件，应避免偏心进料以防止型芯弯曲变形，如图4-39所示。图4-39（a）浇口位置不合理；图4-39（b）采用两侧对称进料虽可以防止型芯弯曲，但增加了熔接痕迹，并且容易造成顶部排气不顺；图4-39（c）采用顶部中心进料，效果最好。

5）浇口位置的选择应使塑料流程最短，料流变向最少

在保证塑料良好充模的前提下，应使塑料流程最短，料流变向最少，以减少流动带来的温度和压力损失，并减轻由此而产生的塑件变形。如图4-40所示，图4-40（a）为只采用中间一个浇口，此时物料流动距离长，各冷却层温差较大，塑件会发生翘曲，而用图4-40（b）的五个浇口时，情况将大为改观。

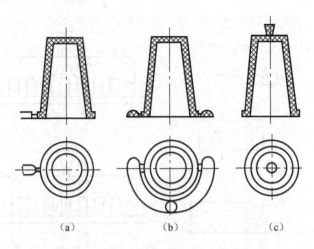

图 4-39 合理选择浇口位置防止型芯变形

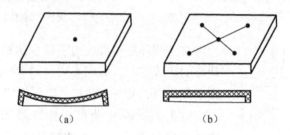

图 4-40 采用多点浇口以减小变形

4.3.2 热流道浇注系统的设计

所谓热流道，是指在浇注系统中无冷凝料。通常是在注射模中采用绝热或加热的方法，使从注射机喷嘴到型腔入口这一段流道中的塑料一直保持熔融状态，从而在开模时只需取出塑件，而不必清理流道凝料。

热流道模具是注射成型工艺上的一次革命，也是注射模具设计的一次革新，这类模具在美国、日本等先进国家应用已很普遍，在注射模具中约占总数 40% 以上。我国现在处于研制推广阶段，它是今后注射模具浇注系统的一个发展方向。

1. 热流道成型的优缺点和模具设计原则

（1）热流道成型的优点

① 基本可实现无废料加工，节约原料。

② 省去除料把、修整塑件、破碎回收料等工序，因而节省人力，简化设备，缩短成型周期，提高了生产率，降低成本。

③ 省去取浇注系统凝料的工序，开模取塑件依次循环连续进行生产，尤其是针点浇口模具，可以避免采用三板式模具，避免采用顺序分型脱模机构，操作简化，有利于实现生产过程自动化。

④ 由于浇注系统的熔料在生产过程中始终处于熔融状态，浇注系统畅通，压力损失小，可以实现多点浇口、一模多腔和大型模具的低压注塑；还有利于压力传递，从而克服因补塑不足所导致的制作缩孔、凹陷等缺陷，改善应力集中产生的翘曲变形，提高塑件质量。

⑤ 由于没有浇注系统的凝料，从而缩短了模具的开模行程，提高了设备对深腔塑件的适应能力。

(2) 热流道成型的缺点

① 模具的设计和维护较难，若没有高水平的模具和维护管理，生产中模具易产生各种故障。

② 成型准备时间长，模具费用高，小批量生产时效果不大。

③ 对制件形状和使用的塑料有限制。

④ 对于多型腔模具，采用热流道成型技术难度较高。

(3) 热流道成型模具的设计原则

① 原料：

a. 适宜加工的范围宽，黏度随温度改变而变化很小，在较低的温度下具有较好的流动，在高温下具有优良的热稳定性。

b. 对压力敏感，不加注射压力时熔料不流动，但施以很低的注射压力即可流动。这一点可以在内浇口加弹簧针形阀（即单向阀）控制熔料在停止注射时不流涎。

c. 热变形温度高，制件在比较高的温度下即可快速固化顶出，以缩短成型周期。

② 流道和模体必须实行热隔离，在保证可靠的前提下应尽量减少模具零件与流道的接触面积，隔离的方式可视情况选用空气绝热和绝热材料（或熔体本身）绝热，也可两者兼用。

③ 热流道板材料最好选用稳定性好、膨胀系数小的材料。

④ 合理选用加热元件，加热元件要通过计算确定，热流道板加热功率要足够。

⑤ 在需要的部位配备温度控制系统，以便根据工艺要求，监测和调节工作状况，保证热流道工作在理想状态。

⑥ 热流道模具增加了加热元件和温度控制装置，模具结构复杂，因此发生故障的概率也相应增大，所以在设计时应考虑装拆检修方便。

2. 热流道模具的分类

按保持流道温度的方式分为绝热流道模具和加热流道模具。

绝热流道模具在生产停机后流道有凝料把，下次开机生产前需要拆开模具清理凝料把，所以一般不采用，通常采用的热流道模具是加热流道模具。

(1) 延伸式和井坑式喷嘴（绝热流道）

热流道的单型腔模具，属于延长了的注射机喷嘴。如图4-41所示延伸式喷嘴，型腔形成喷嘴的变形实例。图4-42所示井坑式喷嘴，保持注射机原喷嘴长度不变，而使主流道尽量缩短，在其井底部形成喷嘴，使在注射机喷嘴尖端与浇口之间的空间里积满熔融塑料，熔料外层由于接触到冷的模具，虽然冷凝，但中心部位仍保持熔融状态，若从注射机喷嘴增加注射压力，则可以冲破冷凝层进行注射。

井坑式喷嘴的设计：如图4-43所示在注射机喷嘴和模具入口间装置主流道杯，由于杯内的物料层较厚，且被喷嘴和每次通过的塑料不断地加热，其中心部分保持其流动状态，允许物料通过。由于浇口离热源喷嘴甚远，这种形式仅适用于成型周期较短（每分钟注射3次或3次以上）的模具，主流道杯的详细尺寸如图4-44所示。杯内塑料质量应为制件质量的1/2以下。

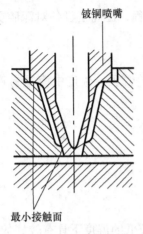

图 4-41 型腔形成喷嘴的变形

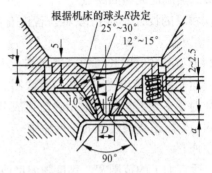

图 4-42 井坑式喷嘴
1—喷嘴；2—定位圈；
3—主流道杯；4—定模；5—型芯

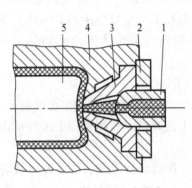

图 4-43 伸缩型片式喷嘴

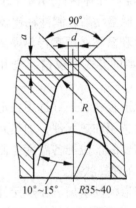

图 4-44 主流道杯主尺寸

（2）热流道热分流道模具（外加热）

多型腔热分流道模具的共同特点：在模具内设有加热流道板，主流道和分流道截面多为圆形，其尺寸为 $\phi 5 \sim \phi 12$ mm，均设在热流道板内。热流道板用加热器加热，保持流道内塑料完全处于熔融状态。流道板利用绝热材料（石棉水泥板等）或空气间隙层与模具其余部分隔热，浇口形式有主流道浇口和针点浇口两种。主流道型浇口如图 4-45 所示，在浇口部分设计有外加热线圈加热。这一点对流动性差的塑料很有好处。

4.3.3 排气和引气系统的设计

1. 排气系统的设计

型腔内气体除了型腔内原有的空气外，还有因塑料受热或凝固而产生的低分子挥发气体。塑料熔体向注射模型腔填充过程中，尤其是高速注射成型和热固性塑料注射成型时，必须考虑把这些气体顺序排出，否则，不仅会引起物料注射压力过大，熔体填充型腔困难，造成充不满模腔，而且部分气体还会在压力作用下渗进塑料中，使塑件产生气泡，组织疏松，熔接不良。甚至还会由于气体受到压缩，温度急剧上升，进而引起周围熔体烧灼，使塑件局部碳化和烧焦。因此在模具设计时，要充分考虑排气问题。

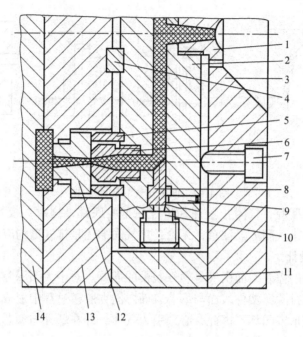

图4-45 多型腔主流道型浇口热流道模具

1—主流道衬套；2—热流道板；3—定模座板；4—垫块；5—滑动压环；6—热流道喷嘴；7—定位螺钉；8—堵头；9—销钉；10—管式加热器；11—支架；12—浇口衬套；13—定模型腔板；14—动模型腔板

一般来说，对于结构复杂的模具，事先较难估计发生气阻的准确位置。所以，往往需要通过试模来确定其位置，然后再开排气槽。排气槽一般开设在型腔最后被充满的地方。

排气的方式有开设排气槽排气和利用模具零件配合间隙排气。

(1) 排气槽排气

开设排气槽排气，通常遵循下列原则。

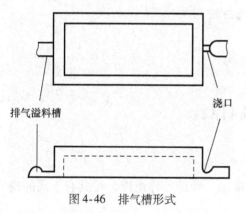

图4-46 排气槽形式

① 排气槽最好开设在分型面上，因为分型面上因排气槽而产生的飞边，易随塑件脱出。

② 排气槽的排气口不能正对操作人员，以防熔料喷出而发生工伤事故。

③ 排气槽最好开设在靠近嵌件和塑件最薄处，因为这样的部位最容易形成熔接痕，宜排出气体，并排出部分冷料。

④ 排气槽的宽度可取1.5~1.6 mm，其深度以不大于所用塑料的溢边值为限，通常为0.02~0.04 mm。排气槽形式如图4-46所示。

(2) 间隙排气

大多数情况下，可利用模具分型面或模具零件间的配合间隙自然地排气，可不另设排气槽。特别是对于中小型模具。图4-47是利用分型面及成型零件配合间隙排气的几种形式，间隙的大小和排气槽一样，通常为0.02~0.04 mm。

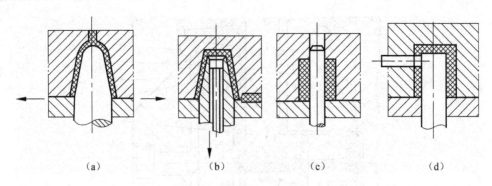

图 4-47 间隙排气的几种形式

尺寸较深且细的型腔，气阻位置往往出现在型腔底部，这时，模具结构应采用镶拼方式，并在镶件上制作排气间隙。注意，无论是排气间隙还是排气槽均应与大气相通。

2. 引气系统的设计

排气是塑件成型的需要，而引气是塑件脱模的需要。对于大型深腔壳体类塑件，注射成型后，型腔内气体被排除，塑件表面与型芯表面之间在脱模过程中形成真空，难于脱模。若强制脱模，塑件会变形或损坏，因此，必须引入气体，即在塑件与型芯之间引入空气，使塑件顺利脱模。

常见的引气装置形式有镶嵌式侧隙引气和气阀式引气两种（图 4-48）。在利用成型零件配合间隙排气的场合，排气间隙也可为引气间隙。

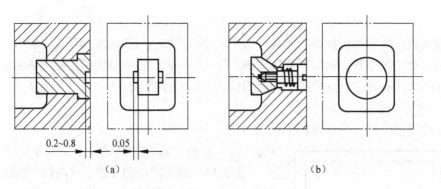

图 4-48 引气装置的形式

4.4 推出机构的设计

4.4.1 推出机构的结构组成

推出机构的组成如图 4-49 所示，它是由一系列推出、辅助零件组成，可具有不同的推出动作。

推出机构分类：按推出动作的动力源分，有手动推出、机动推出、气动和液压推出等；按推出机构动作特点分，有一次推出（简单推出机构）、二次推出、顺序推出、点浇口自动脱落以及带螺纹塑件推出等。推出机构种类繁多，其设计是一项既复杂又灵活的工作。

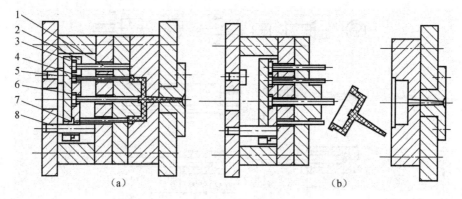

图 4-49　推出机构

1—复位杆；2—推杆固定板；3—推杆推板；4—推杆；5—支承钉；6—拉料杆；7—推板导套；8—推板导柱

4.4.2　简单推出机构

开模后用一次动作就可把塑件从注射模中脱出的机构称为一次推出机构，常见的结构形式如下所述。

1. 推杆推出机构

推杆推出机构是注射模中使用最广的一种脱模机构，制造简便，滑动阻力小，可在塑件的任意位置上配置，更换方便，脱模效果好，故生产中广泛采用。但因推杆和塑件接触面积小，易引起应力集中，可能损坏塑件或使塑件变形。因此，选择推杆形式及推杆排列位置非常重要。

（1）推杆的形式

推杆是推出机构中最主要的经过标准化设计的通用零件。由于设置推杆位置的自由度较大，因而推杆多用于推出箱形等异形成型件。推杆的形式很多，可分为等截面、阶梯结构和组合式结构的推杆，如图 4-50 所示。标准推杆通常都是等截面的（图 4-50（a））。为了避免推杆截面尺寸过细或过薄而影响强度和刚度，可将细长推杆的后部加粗成台阶形状，如图 4-50（b）所示，一般取 $d_1 = d + 2$。此外，根据结构需要、节约材料和制造方便等原则，还可采用组合式结构的推杆，如图 4-50（c）所示。

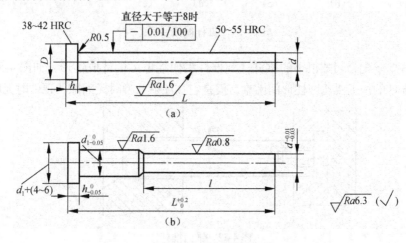

图 4-50　推杆的形式

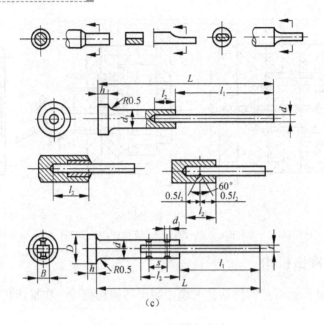

图 4-50 推杆的形式（续）
(a) 等截面推杆；(b) 阶梯结构的推杆；(c) 组合结构的推杆

常见的推杆截面形状如图 4-51 所示。由于使用圆形推杆容易达到推杆与孔的加工和配合精度，因此，设计时应尽量采用圆形推杆。此外，使用圆形推杆还可以减少滑动阻力，推杆损坏后更换方便。目前我国标准 GB/T 4169.1—2006 和国际标准 ISO 6751—2000（E）及行业标准 JIS B5115—2000 对推杆尺寸都有相关规定。有些非标推杆头部做成与塑件某一部分的形状相同，可作为型芯直接参与成型，这种推杆称为成型推杆，如图 4-51（d）～（h）所示。

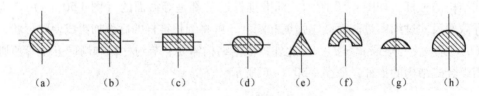

图 4-51 推杆截面形状

对于一些要求配合间隙很小的推杆，其推杆工作端也可设计成锥形，如图 4-52 所示。虽然带锥形的推杆的加工要比圆柱形的困难，但是它在注射成型时无间隙，顶件时无摩擦，工作

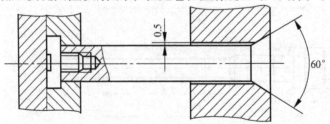

图 4-52 锥面推杆

端面与塑件接触面积大，推出的塑件表面平整，而且在推出塑件时，在型腔表面与塑件之间迅速进气，便于脱模。锥面配合角度一般取60°，角度不宜过大，否则会影响锥体部分的强度。

（2）推杆的固定形式

推杆与固定板的连接形式如图4-53所示。其中图4-53（a）是一种常见的固定形式，适用于各种不同形式的推杆；图4-53（b）是采用垫圈来代替图4-53（a）中固定板上的沉孔，以简化加工，适用于非圆形推杆的固定；图4-53（c）的结构中，推杆的高度可以调节，两个螺母起锁紧作用，用于直径较大的推杆及固定板较薄的场合；图4-53（d）是推杆底部用螺塞拧紧的形式，适用于直径大的推杆和固定板较厚的场合；图4-53（e）的结构为较粗的推杆镶入固定板后采用螺钉紧固的形式，适用于较大的各种截面形状的推杆；图4-53（f）是细小推杆用铆接的方法固定的形式，适用于推杆直径小且数量较多及推杆间距较小的场合。

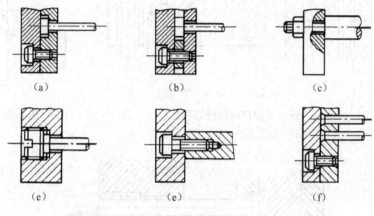

图4-53 推杆的固定形式

（3）推杆的设计要点

① 推杆直径不宜过细，一般为$\phi 8 \sim 12$ mm，以保证足够的强度。$\phi 3$ mm以下的推杆，应做成两段，即推杆下部分加粗以增加强度。

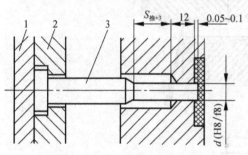

图4-54 推杆与型腔或镶件的关系
1—推板；2—推杆固定板；3—推杆

② 推杆的端面在装配后应比型腔或镶件的平面高0.05～0.1 mm，以免影响塑件以后的使用（图4-54）。

③ 推杆应设置在推件阻力大的地方，尽量使推出的塑件受力均匀，但不应和型芯（或镶嵌件或冷却通道）距离过近，以免影响强度。

④ 推杆与其配合孔或型芯孔一般采用H8/f8的配合，并保证一定的同轴度（图4-54）。配合一长度取推杆直径的1.5～2倍，通常不小于12 mm。

⑤ 在确保塑件质量与顺利脱模的前提下，推杆数量不宜过多，以简化模具和减少对塑件表面质量的影响。

⑥ 避免推杆与侧抽芯机构发生干涉。

（4）推杆的布置

推杆的布置应保证塑件质量和脱模顺利，应遵循推杆的设计原则。对于箱体和盖类塑件，侧面脱模阻力最大，此时推杆的布置最好能符合图 4-55 所示情况。图 4-55（a）推杆设置在箱、盖端面，若需要设置在内侧时，也应尽量靠近侧壁；图 4-55（b）推杆设置在塑件带有凸面或加强肋的端部。当塑件结构需要在其壁厚最薄处设置推杆时，可根据结构适当增大推杆工作端面的截面积，如适当增大顶盘（见图 4-56）；当推杆位置在脱模力最大处时，往往是推顶塑件的边缘，这时应使推杆离开型芯 0.127 mm，如图 4-57 所示。

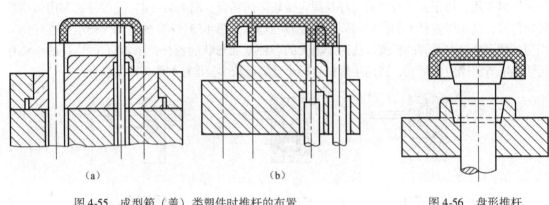

图 4-55　成型箱（盖）类塑件时推杆的布置
(a) 盖（箱）类塑件的推杆；(b) 凸台（肋）顶部的推杆

图 4-56　盘形推杆

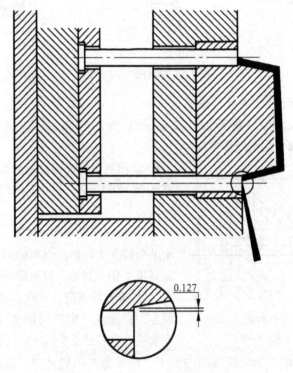

图 4-57　推杆设置在塑件边缘处

2. 推管推出机构

推管的推动方式与推杆的基本上相同，其优点是推出受力均匀，刚性好，但须注意过薄的推管容易损坏。

(1) 固定形式

① 推管固定在上推板上，如图 4-58 所示，适于推出距离不大的场合。

② 型芯 1 固定在动模型芯固定板 4 上，推管 3 在凹模板 2 内滑动，如图 4-59 所示，适用于需要缩短推管长度的场合。

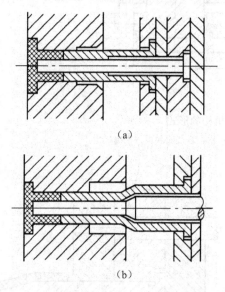

图 4-58　推管固定在上推板上的推管推出机构
(a) 用Ⅰ型推管；(b) 用Ⅱ型推管

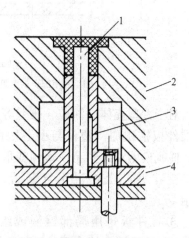

图 4-59　推管在凹模板内的滑动
1—型芯；2—凹模板；3—推管；4—型芯固定板

③ 推管上开有长槽，如图 4-60 所示，型芯用圆柱销固定在模板上，适于对型芯固定力量较小的场合。

(2) 推管的设计要点

① 推出塑件的厚度（也即推管的厚度），一般不小于 1.5 mm。

② 推管需淬硬 50～55 HRC，最小淬硬长度应大于推出距离与配合长度之和。

③ 当脱模速度快时，塑件易被挤缩，其高度尺寸较难保证。

3. 推件板推出机构

对于一些深腔、薄壁和不允许有推杆痕迹的塑件，可采用推件板推出机构。这种结构推出平稳，推力均匀，推出面积大，但当型芯周边外形复杂时，推件板型孔加工较困难。

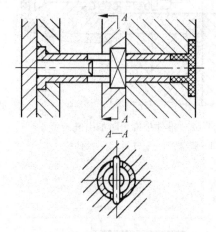

图 4-60　推管上有长槽

(1) 结构形式

① 利用配合斜度脱模，如图 4-61 (a) 所示，推件板和型芯的配合有 3°～5°的斜度，以便于脱模。

② 用配合凸阶脱模，如图 4-61 (b) 所示，型芯和推件板的配合部位有 0.1～0.2 mm 的凸阶，以免脱件时划伤型芯。

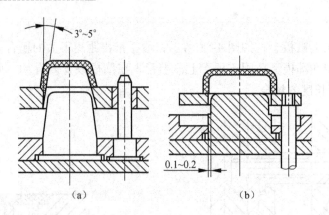

图 4-61 推件板推出机构的形式
(a) 利用配合斜度脱模的推出机构；(b) 用配合凸阶脱模的推出机构

对于大型壳体、深腔、薄壁等类塑件，采用推件板推出时，塑件与型芯之间易形成真空，使脱模困难，甚至使塑件变形或损坏，因此，应在型芯上增设引气装置，如图 4-62 所示。

③ 推件板采用局部镶嵌或组合式结构，如图 4-63 所示。其中图 4-63（a）形式，对圆形件可用 H7/r6 配合；图 4-63（b）表示当镶块的外形为非圆形时，采用过盈配合有困难，可用铆接法将两者连接在一起，铆合后磨平上下平面；图 4-63（c）表示推件板较厚时可用螺钉连接，这种形式便于镶件的更换。在实际生产中镶嵌方法应用较为广泛。

4. 联合推出机构

在某些情况下由于塑件的特殊要求，必须使用两个以上的联合推出机构。

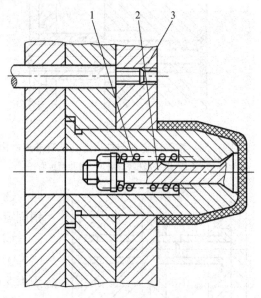

图 4-62 推件板推出时的引气装置
1—弹簧；2—引气阀；3—推件板

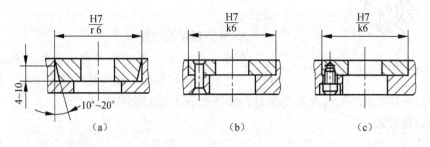

图 4-63 推件板镶嵌形式

① 推件板和推杆联合，由于型芯内部阻力较大，只用推件板或推杆推出塑件时，容易损坏塑件，因此可采用图 4-64 所示以推件板为主、推杆为辅的联合推出脱模方式。

② 推杆和推管联合，由于塑件有凸起深筒且脱模斜度较小，其凸起深筒周边阻力较大，

因此可采用图4-65所示，周围以推杆为主，中间以推管为辅的联合推出脱模机构。

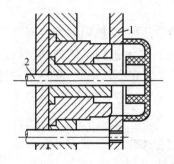

图 4-64　推件板和推杆联合推出脱模机构
1—推件板；2—推杆

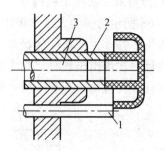

图 4-65　推杆和推管联合推出脱模机构
1—推杆；2—推管；3—型芯

③ 推件板和推管联合，如图 4-66 所示。
④ 推杆、推件板、推管联合，如图 4-67 所示，考虑放置嵌件和凸起轴的脱模阻力。

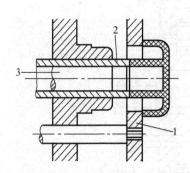

图 4-66　推件板和推管联合推出脱模机构
1—推件板；2—推管；3—型芯

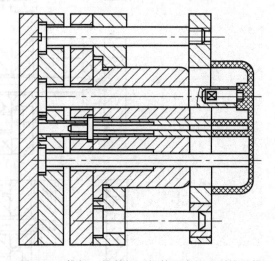

图4-67　推杆、推件板、推管联合推出脱模机构

5. 推出机构的辅助零件

为了保证塑件顺利脱模和推出机构各部分运动灵活以及推出元件的可靠复位，必须有辅助零件的配合。

推出机构完成塑件脱模后，为了继续注射成型，推出机构必须回到原来位置。为此，除推件板脱模外，其他脱模形式一般均需设复位零件。固定式注射模中常用的复位形式有复位杆复位和弹簧复位。

4.4.3　二次推出机构

需要经过两次推出动作才能使塑件可靠脱模的机构称为二次推出机构。这种机构主要适用于自动化生产（要求塑件自行坠落）或某些经过一次推出脱模动作后，塑件仍然不能从型腔内取出和难于自动落下的情况。二次推出机构的种类很多，运动形式有时也很巧妙，共同点是必须具有两个或两组推出行程，下面举例说明其工作过程。

1. 单推板式二次推出机构

（1）弹簧式二次推出机构

图 4-68 所示为弹簧式二次推出机构。当开模一段距离后，动模侧的型腔板 7 首先在弹簧 8 的作用下移动，把塑件从型芯上刮下（即一次推出，图示机构未使塑件与型芯完全分离，但设计一次推出进程时，应注意使 l_1 能够保证二者之间完全松动），然后通过注射机推顶装置带动推杆机构，把塑件从型腔板中脱出。

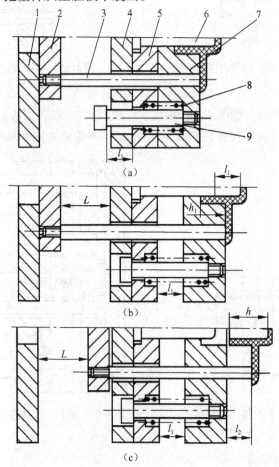

图 4-68 弹簧式二次推出机构
(a) 闭模状态；(b) 一次推出；(c) 二次推出
1—动模座；2—推杆固定板；3—推杆；4—支承板；5—型芯固定板；
6—型芯；7—型腔板；8—弹簧；9—限位螺栓

设计这种机构时，应注意设置复位杆和定距分型机构，保证弹簧 8 在开模初期不马上发挥作用，以避免塑件在一次推出作用下滞留到定模一侧。弹簧式二次推出机构结构比较简单紧凑，但弹簧容易失效，需用定期更换，否则，推出动作将不可靠。

（2）摆杆拉钩式二次推出机构

图 4-69 所示为摆杆拉钩式二次推出机构，当开模一定距离后，固定在定模上的拉钩 9 首先带动摆杆 6 向内转动，驱使动模板 12 移动 l 的距离，使塑件与型芯 5 脱开，实现一次推出动作；继续开模，拉钩 9 不再驱动摆杆，在限位螺钉 13 带动下，动模板

12 跟随动模整体一起运动,并失去对塑件的推出作用。当推板 2 与注射机推顶装置接触后,推杆 11 开始将塑件从型腔中推出,完成二次推出动作。弹簧 7 是为了拉住摆杆 6,使其在推杆进行二次推出的过程中能始终顶住板,以避免摆杆向外转动而妨碍合模时拉钩复位。

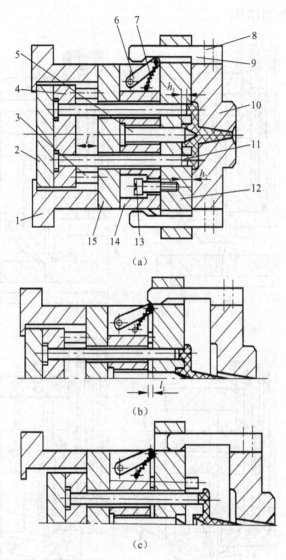

图 4-69 摆杆拉钩式二次推出机构
(a) 闭模状态;(b) 一次推出;(c) 二次推出
1—动模座;2—推板;3—复位杆;4—推杆固定板;5—型芯;6—摆杆;7—弹簧;8—紧固螺钉;
9—拉钩;10—定模板;11—推杆;12—动模板;13—限位螺钉;14—型芯固定板;15—支承板

2. 双推出板二次推出机构

图 4-70 所示为八字摆杆式二次推出机构,该机构中型腔板 7 通过推杆 9 与一次推板 10 相连,推杆 5 与二次推板 2 相连,两块推板之间还有一个定距块 1,使推杆能够与型腔板同步运动。开模一定距离后,在注射机推顶装置作用下,一次推板通过推杆 9 带动型腔板 7 移动 S_1 距离,使塑件与型腔脱开,实现一次推出动作;在一次推出过程

中，由于定距块的传力作用，二次推板和推杆均与一次推板和型腔板同步运动，推杆把塑件从型芯 6 内推出；一次推出动作完成后，摆杆 11 在一次推板作用下，经过一定角度转动，已经开始和二次推板接触，继续开模时，一次推板将通过摆杆使二次推板和推杆发生超前于它自身和型腔板 7 的推出运动，于是塑件在推板作用下从型腔板中脱出，从而实现二次推出动作。

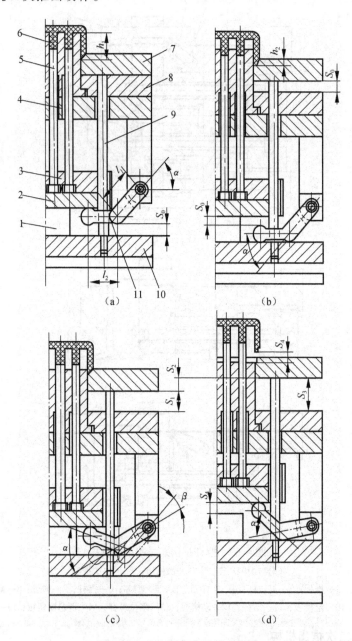

图 4-70　八字摆杆二次推出机构

(a) 开模时未推出状态；(b) 一次推出状态；(c) 完成一次推出；(d) 实现二次推出

1—定距块；2—二次推板；3—推杆固定板；4—支承板；5，9—推杆；6—型芯；7—型腔板；8—型芯固定板；10——次推板；11—摆杆

4.4.4 双推出机构与顺序推出机构

由于制品结构特殊，当无法判断开模时制品滞留在动、定模的哪一侧时，应考虑动模和定模两侧都设置推出机构，称为双推出机构。图 4-71 为定模采用推杆 5 推出（压缩橡皮弹性推动）、动模采用推件板 2 推出的双推出机构。在模具分型时，通常定模推出机构首先动作，将制品推向动模一侧，然后由动模推出机构将制品推出。顺序推出机构又称顺序分型机构或定距分型机构，实质上是双推出机构在三板式模具中的应用形式。由于制品与模具结构的需要，首先需将定模型腔板与定模分开一定距离后，再使动模与定模型腔板分开取出制品。顺序推出机构通常要完成两次以上的分型动作，斜导柱与滑块同在定模的斜导柱定距分型拉紧机构、二次推出的定距分型与推出机构、点浇口浇注系统凝料取出的定距分型与推出机构等均属于顺序分型机构。

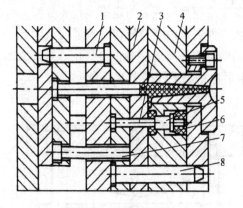

图 4-71 双推出机构
1—推板导柱；2—推件板；3—型芯；4—定模凹模板；5—型芯推杆；6—橡胶；7—推杆；8—导柱

4.4.5 点浇口浇注系统凝料的自动推出机构

浇注系统凝料取出的方法一般取决于塑件的要求及浇口形式等因素。直浇口和侧浇口通常采用浇注系统凝料和塑件连接在一起脱落的方式，然后再进行二次加工，使塑件与凝料分离。采用点浇口时，模具为三板式。为了提高生产率，缩短成型周期，省去从塑件上除去浇口的清理工序，则应使塑件和凝料自动脱落，在模具结构设计时，应考虑采用浇口的自动切断结构，尤其采用点浇口和潜伏浇口时，更需要用自动机构切断浇口。现简要介绍几种常用的浇口自动切断机构。

1. 剪切式切断浇口

图 4-72 所示为侧浇口自动切断用的剪切式结构。当注射完毕时，注射机喷嘴后退，主流道衬套 4 在弹簧弹力作用下跟着后退，使主流道凝料脱出（图中下半部）。开模时，由动模中的弹簧 2 推动剪切块 3，将浇口切断，推出塑件时，浇注系统凝料一起脱落。剪切块的移动量由限位螺钉 1 控制。只要弹簧有足够的弹力，剪切块刃口锋利，就可避免留下浇口毛边。

2. 点浇口的自动切断形式

（1）托板式拉断浇口

图 4-73 所示的结构形式是在定模型腔板内镶一块托板，开模时由定距分型机构保证定模型腔板 3 与定模座板 4 首先分型，拉料杆 2

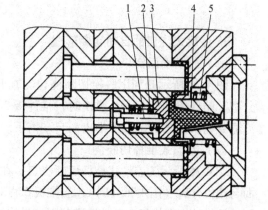

图 4-72 剪切式切断浇口
1—限位螺钉；2，5—弹簧；3—剪切块；4—主流道衬套

将主流道凝料从主流道衬套内带出。当开模到 L 距离时，限位螺钉则带动托板 5 使主流道凝料与拉料杆 2 脱离，同时拉断点浇口，整个浇注系统便自动落下。

（2）斜窝式拉断点浇口

图 4-74 所示的结构是在分流道尽头钻一斜孔（斜窝），利用斜窝的作用可将点浇口拉断。其工作原理如下，开模顺序由定距分型机构实现，首先定模型腔板 2 与定模座板 4 分型，与此同时，倒锥形冷料井使主流道凝料与主流道衬套分离，而斜窝内凝料拉住分流道使其弯折，将点浇口拉断，并被带出定模型腔板，然后由冷料井的倒锥钩住流道凝料脱离斜孔。当限位螺钉 9 起限位作用时，主分型面分型，塑件留在动模，最后由中心推杆推出流道凝料。

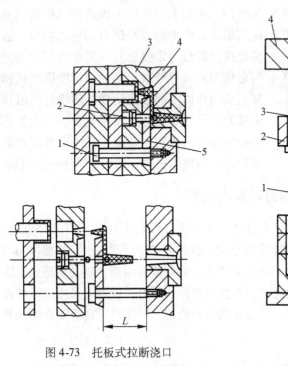

图 4-73 托板式拉断浇口
1—限位螺钉；2—拉料杆；3—定模板；
4—定模座板；5—托板

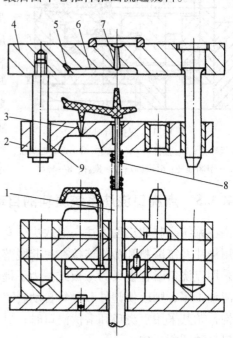

图 4-74 斜窝式拉断点浇口
1—主流道推杆；2—定模板；3—二次分流道；
4—定模座板；5—分流道斜孔；6—分流道；
7—主流道；8—弹簧；9—限位螺钉

3. 潜伏式浇口的自动切断形式

（1）脱模切断浇口

图 4-75 所示是利用脱模切断浇口。在开模时，定模座板 1（带型腔）与推件板 3 首先分型，塑件留在型芯上。脱模时，推件板 3 首先移动并与型芯共同把浇口切断，然后推杆将流道凝料从型芯固定板中推出而自动落下。

（2）差动式推杆切断浇口

图 4-76 所示为差动式推杆切断浇口。在脱模过程中，先由推杆 2 推动塑件，将浇口切断而与塑件分离（图 4-76（b）），当推板 6 移动 l 距离后，推杆固定板 5 接触限位圈 4，即推杆 3 开始被推动，由推杆 3 推动流道凝料，最终塑件和流道凝料都被推出型腔（图 4-76（c））。采用这种二次推出方式，可以克服一次推出方式可能产生浇口拉伸的现象，从而便于流道凝料的脱模。

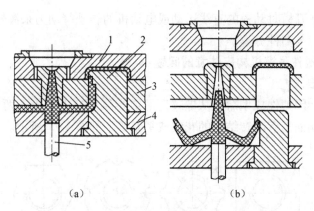

图 4-75 推件板切断浇口
1—定模座板；2—型芯；3—推件板；4—型芯固定板；5—推杆

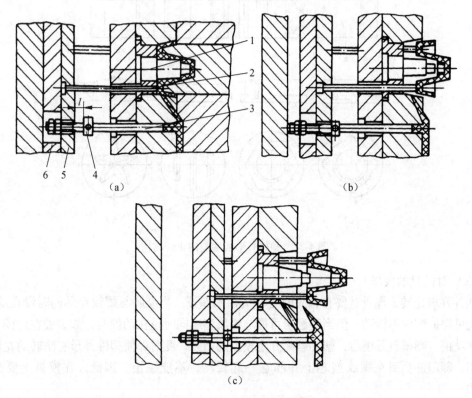

图 4-76 差动式推杆切断浇口
1—型芯；2，3—推杆；4—限位圈；5—推杆固定板；6—推板

4.4.6 带螺纹塑件的脱模机构

通常塑件上的内螺纹依靠螺纹型芯成型，外螺纹依靠螺纹型环成型。由于螺纹具有侧向凸凹槽，所以带螺纹塑件需要一些特殊的脱模机构。根据塑件的精度要求和生产批量，可采用强制、手动和机动三种脱模方式。其中，强制脱模多用于螺纹精度要求不高的场合，手工脱模用于小批量生产，而机动脱模应用比较普遍。强制脱模和手动脱模机构简单，而机动脱模结构一般都比较复杂。除了采用瓣合式镶拼结构外，其他机动脱模机构几乎都需要利用齿

条、齿轮和丝杠，把开模时动模的直线运动或电动机的转动等动力来源转变成螺纹型芯或型环的转动，以便它们与塑件分离。

1. 设计带螺纹塑件脱模机构应注意的问题

（1）对塑件的要求

应有止转结构，因塑件成型后要从螺纹型芯或螺纹型环上脱出，两者必须做相对运动。为此，塑件外形或端面需有防转结构的花纹或图案等，如图4-77所示。

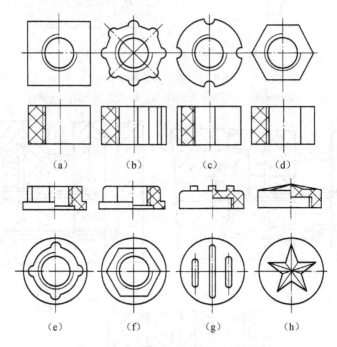

图 4-77　塑件外形或端面的止转结构

（2）对模具的要求

塑件要求止转，模具就要有相应的防转机构来保证。当型腔与螺纹型芯同时设在动模时，型腔就可保证塑件不转动；但当型腔不可能与螺纹型芯同时设在动模时，如型腔在定模，螺纹型芯在动模，则模具开模后，塑件就离开定模上的型腔，此时即使塑件外形有防转的花纹也不起作用，即塑件会留在螺纹型芯上并和它一起转动，不能脱出。因此，在模具上要另设止转机构。

2. 带螺纹塑件的脱模方式

（1）强制脱模

① 利用塑件的弹性强制脱模。如图4-78所示，适用于聚乙烯、聚丙烯等具有较好弹性的塑件，通常采用推件板脱模。图4-78（a）所示设计合理，图4-78（b）不合理，脱模困难。

② 利用硅橡胶螺纹型芯强制脱模。图4-79所示是利用具有弹性的硅橡胶来制造型芯。开模时，在弹簧1的作用下，使A面首先分开，硅橡胶螺纹型芯4中的芯杆2相对塑件发生后退，在螺纹型芯发生弹性收缩后，继续开模时B分型面分型，在推杆3的作用下，把塑件从螺纹型芯上脱下。这种模具结构简单，但硅橡胶螺纹型芯寿命短，适用于小批量生产。

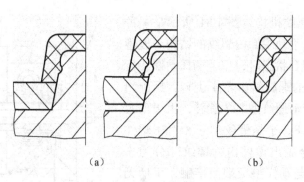

图 4-78 强制脱模

(a) 合理；(b) 不合理

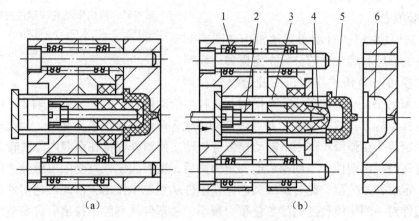

图 4-79 硅橡胶螺纹型芯

(a) 合模状态；(b) 开模状态

1—弹簧；2—芯杆；3—推杆；4—硅橡胶螺纹型芯；5—塑件；6—型腔

(2) 手动脱模

① 芯在机内。如图 4-80 (a) 所示，塑件滞留在模内，借助扳手等工具手动旋转型芯卸螺纹，要求螺纹型芯的成型端和非成型端的螺距必须相等，否则将损坏成型件。

② 型芯随塑件推出。如图 4-80 (b) 所示，螺纹型芯随塑件一起推出，然后手动旋下型芯，要求有一定数量的型芯备件并考虑预热。

③ 型环随塑件推出。如图 4-80 (c) 所示，在开模后螺纹型环随塑件一起被推出模外，然后在注射机外用专用工具手动脱卸螺纹型环，要求型环应有一定数量的备件并考虑预热。

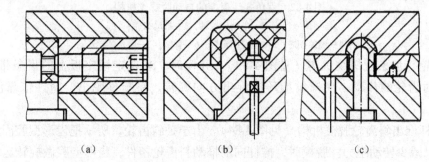

图 4-80 带螺纹塑件的手动脱模

④ 模内手动脱螺纹机构。图4-81所示是一种在模内装有斜齿轮的手动脱卸内螺纹的结构。成型后的注射模还处在闭合状态时，用手柄摇动螺旋齿轮5，带动与它啮合的螺旋斜齿轮4旋转，螺旋斜齿轮4通过滑键1带动螺纹型芯7旋转，由于型芯3的顶部设有止转槽8，于是螺纹型芯相对于塑件向左移动，直到完全脱出塑件内的螺纹部分为止（螺纹型芯上的台肩与动模垫板端面接触，手柄无法继续摇动），然后开启注射模从Ⅰ处分型，用推杆带动推板6使塑件脱模。

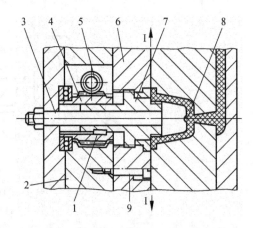

图4-81 模内手动脱卸塑件内螺纹的机构
1—滑键；2—支承板；3—型芯；4—螺旋斜齿轮；
5—螺旋齿轮；6—推板；7—螺纹型芯；8—止转槽；
9—定距螺钉

(3) 机动脱模

① 直角式注射机的自动脱螺纹机构如图4-82所示，塑件的型腔和螺纹型芯分设在定模和动模两侧。该注射模可与直角式注塑机的开合模丝杠连接，利用开模动作自动脱卸螺纹。开模时，丝杠1带动模具上的主动齿轮轴2（轴端为方截面，插入丝杠1的方孔内）转动，并通过被动齿轮3带动螺纹型芯4旋转。与此同时，定模上的型腔固定板5在弹簧6作用下随动模部分移动，使塑件保持在型腔内无法转动，于是螺纹型芯便可逐渐脱出塑件；当动模后退一定距离后，型腔固定板将受限位螺栓7的作用停止运动，动、定模开始分型。此时螺纹型芯需在塑件从型腔中拉出，借此可把塑件从型腔中拉出。由于塑件对一圈螺纹长度的型芯包覆力很小，故塑件从型腔中拉出后容易坠落。

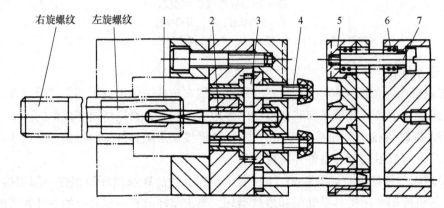

图4-82 直角式注射模的自动脱螺纹机构
1—丝杠；2—主动齿轮轴；3—被动齿轮；
4—螺纹型芯；5—型腔固定板；6—弹簧；7—限位螺栓

② 齿轮、齿条脱螺纹机构（见图4-83）。开模时，装在定模座板上的齿条带动齿轮，并通过两对齿轮的传动，使螺纹型环按旋出方向旋转，将塑件脱出。塑件依靠浇注系统凝料止转。

③ 推杆推出斜齿轮脱模机构（见图4-84）。由于是斜齿轮，所示把齿形型腔固定在滚动轴承内，以减少转动阻力。脱模时，推杆向前推动斜齿轮塑件，齿形型腔做旋转运动，从而使斜齿轮不受损坏，顺利地从齿形型腔脱出。

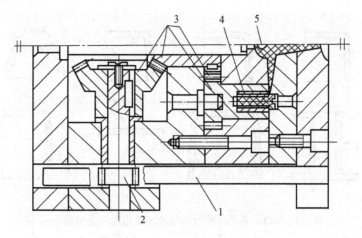

图 4-83 齿轮齿条脱螺纹机构
1—齿条；2，3—齿轮；4—螺纹型环；5—拉料杆

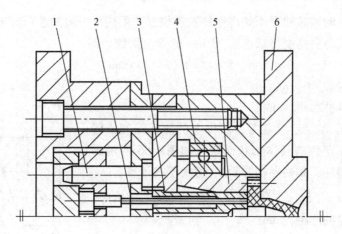

图 4-84 推杆推出斜齿轮塑件
1—导柱；2—推杆；3—镶件；4—滚动轴承；
5—齿形型腔；6—定模座板

4.5 侧向分型与抽芯机构的设计

4.5.1 概述

1. 侧向分型与抽芯机构及其分类

由于某些特殊要求，在塑件无法避免其侧壁内外表面出现凸凹形状时，模具就需要采取特殊的手段对所成形的制品进行脱模。因为这些侧孔、侧凹或凸台与开模方向不一致，所以在脱模之前必须先抽出侧向成形零件，否则将不能脱模。这种带有侧向成形零件移动的机构称为侧向分型与抽芯机构。图 4-85 所示是一些典型的需要侧向分型与抽芯机构的制品形状。

侧向分型与抽芯机构按其驱动方式分为三种：手动、机械驱动、液压驱动。其中机械驱动主要是指利用注射机的开模运动或推出塑件时的作用力，通过斜导柱等机构使之转化为侧向分型与抽芯动作。由于这种方法操作简便，生产效率高，易于实现自动化，且不需要单独的动力装置，所以在注射模具中应用最为广泛。

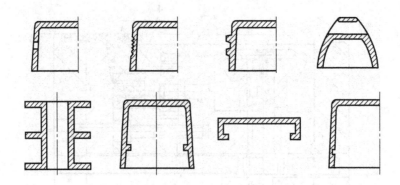

图 4-85 需要侧向分型与抽芯机构的制品形状

2. 抽芯距与抽芯力的计算

（1）抽芯距

抽芯距是指将侧型芯抽至不妨碍塑件脱模位置的距离。一般抽芯距等于侧型芯所成形的塑件上的孔深度或凸台高度再加上 2~3 mm 的安全系数。即

$$S = S_C + (2 \sim 3) \text{mm} \tag{4-18}$$

式中 S——设计抽芯距，mm；

S_C——临界抽芯距，mm。

临界抽芯距 S_C 不一定总是等于塑件上的侧孔深度或侧凸台高度，要根据塑件的具体形状而定，如图 4-86 所示的圆柱形线圈骨架塑件，其临界抽芯距 S_C 可由下式计算：

$$S_C = \sqrt{R^2 - r^2} \tag{4-19}$$

式中 S_C——临界抽芯距，mm；

R——塑件最大外圆直径，mm；

r——阻碍塑件脱模的最小圆直径，mm。

（2）抽芯力

制品在模具内成形冷却时，将对型芯收缩包紧，此时要抽出型芯，抽芯机构所产生的抽芯力则必须大于抽芯阻力。影响抽芯力的因素很多，不能用一个公式就能准确地计算出来，只能根据其影响因素作大概的分析和估算，影响抽芯力的因素大致有以下几项。

① 型芯成形部分的表面积和截面的几何形状。型芯成形部分的表面积越大，则抽芯力就越大。截面的几何形状为圆形，抽芯力较小，而方形则较大。

② 制品的壁厚及大小。对于厚壁和大型塑料制品，冷却收缩量大，所以所需抽芯力也就大。

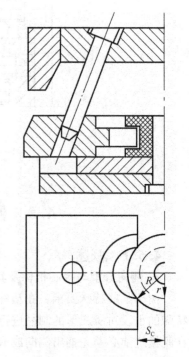

图 4-86 线圈骨架的临界抽芯距

③ 塑料的收缩率及其与成形零件的摩擦系数。塑料的收缩率大，所需抽芯力大；而塑料与成形零件的摩擦系数越大，所需抽芯力也越大。

④ 脱模斜度。脱模斜度大，所需抽芯力小。

4.5.2 斜导柱侧向分型与抽芯机构

1. 工作原理

斜导柱分型与抽芯机构是应用最多的一种机械驱动的侧分型与抽芯机构形式,它是利用斜导柱等零件把开模力传递给侧型芯,使之产生侧向移动来完成抽芯动作的。它不仅可以向外侧抽芯,还可以向内侧抽芯。如图4-87所示为一个典型的斜导柱分型与抽芯机构,斜导柱3固定在定模板2上,滑块8在动模板7的导滑槽内可以移动,侧型芯5用销钉4固定在滑块8上。在开模时,开模力通过斜导柱作用于滑块,迫使滑块在动模板的导滑槽内向左移动,完成抽芯动作,然后推管6把塑件推出型腔。其中楔紧块1的作用是防止侧型芯及滑块在充模过程中因模腔压力作用而产生移动。限位挡块9、螺钉10及弹簧是滑块在抽芯后的定位装置,保证合模时斜导柱能够准确地进入滑块的斜孔。

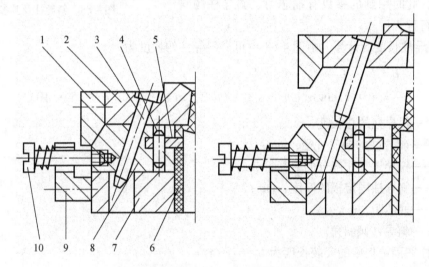

图4-87 典型斜导柱分型与抽芯机构工作原理
1—楔紧块;2—定模板;3—斜导柱;4—销钉;5—侧型芯;
6—推管;7—动模板;8—滑块;9—限位挡块;10—螺钉

2. 斜导柱分型与抽芯机构的零部件设计

(1) 斜导柱设计

① 斜导柱倾斜角度的确定。斜导柱轴向与开模方向的夹角称为斜导柱的倾斜角 α,如图4-88所示。该参数对斜导柱的有效工作长度、抽芯距以及工作时的受力状态都有决定作用。斜导柱倾斜角 α 的取值对斜导柱抽芯机构工作效果有着直接的影响。由图中可得:

$$L_4 = S/\sin\alpha \tag{4-20}$$

$$H = S/\tan\alpha \tag{4-21}$$

式中 L_4——斜导柱的工作长度,mm;

S——抽芯距,mm;

α——斜导柱倾斜角;

H——所需的最小开模行程,mm。

由式中可知:当 α 较小时,所需的斜导柱工作长度和最小开模行程就较大,这将会使斜导柱的刚度下降，也会受到注射机等外界条件的制约而难以实现；当α较大时，虽然所需的斜导柱工作长度和最小开模行程减小了，但得到同样的抽芯力，就需要更大的开模力，斜导柱也会受到更大的弯曲力矩作用。所以，斜导柱倾斜角的确定一定要适当，一般取 $α = 15° \sim 25°$。

② 斜导柱直径的确定。斜导柱的截面形状一般有圆形和矩形两种，其中圆形截面因其制造容易，装配简便而得到了广泛的应用。公式法计算斜导柱直径比较复杂，一般在模具设计过程中，常采用查表法得到，此时用到的参数有抽芯力、斜导柱倾斜角、开模行程等。

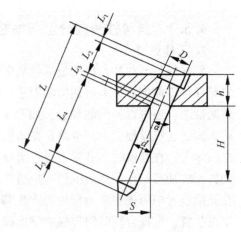

图 4-88　斜导柱及其参数

③ 斜导柱长度的计算。由图 4-88 中可得斜导柱的长度为

$$L = L_1 + L_2 + L_3 + L_4 + L_5$$
$$= (D/2)\tan α + h/\cos α + (d/2)\tan α + S/\sin α + (5 \sim 10) \quad (4-22)$$

式中　L——斜导柱的总长度，mm；

　　　D——斜导柱的台肩直径，mm；

　　　d——斜导柱工作部分的直径，mm；

　　　h——斜导柱固定板的厚度，mm；

　　　S——抽芯距，mm；

　　　$α$——斜导柱倾斜角。

斜导柱在固定板中的安装长度为 L_0：

$$L_0 = L_1 + L_2 - L_3$$
$$= (D/2)\tan α + h/\cos α - (d/2)\tan α \quad (4-23)$$

（2）滑块的设计

① 侧型芯与滑块的连接形式，一般有螺钉固定、通槽固定、压板固定和燕尾槽连接等，如图 4-89 所示。

② 滑块在导滑槽里滑动，不应发生卡滞、跳动等现象。滑块完成抽芯动作后，仍停留在导滑槽内，留在导滑槽内的滑块长度不应小于滑块全长的 2/3，不然滑块开始复位时容易倾斜，甚至损坏模具。滑块与导滑槽的配合方式如图 4-90 所示。

③ 滑块限位装置要灵活可靠，保证开模后滑块停止在一定位置上而不任意滑动，图 4-91 所示为一些常用的滑块限位装置。

④ 滑块设在定模上时，为了保证塑件留在动模上，开模前必须先抽出侧向型芯，因此应采用定距拉紧装置。

⑤ 防止滑块和推出机构复位时的相互干涉，应尽可能不使顶杆和活动侧型芯的水平投影重合，或者使顶杆的顶出行程小于滑块成形部分的最低面。

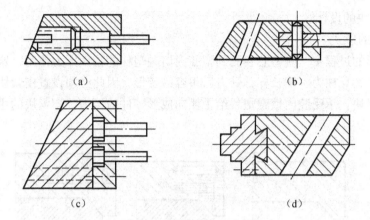

图 4-89 侧型芯与滑块的连接

(a) 螺钉固定；(b) 通槽固定；(c) 压板固定；(d) 燕尾槽连接

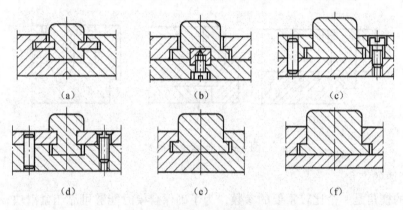

图 4-90 滑块与导滑槽的配合

(a) 滑块两侧定位；(b) 滑块中间定位；(c) 压板配合定位；
(d) 压板配合滑块；(e) 哈夫配合；(f) 通槽与压板配合

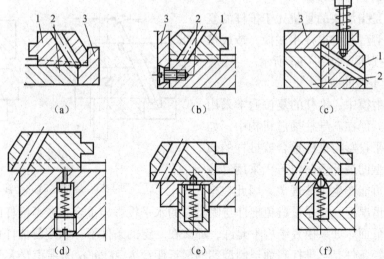

图 4-91 滑块限位装置

(a)、(b)、(c) 挡块限位；(d)、(e) 弹簧销限位；(f) 弹簧滚珠限位

1—滑块；2—脱模板；3—挡块

(3) 楔紧块的设计

1) 楔紧块的形式

在注射成形的过程中，侧型芯会受到型腔内熔融塑料的较大压力作用，这个力会通过滑块传给斜导柱。斜导柱为一细长杆，受力后很容易变形，因此必须设置楔紧块，以便在合模状态下能压紧滑块，承受腔内熔融塑料给予侧向成形零件的压力。楔紧块的主要形式如图4-92所示。

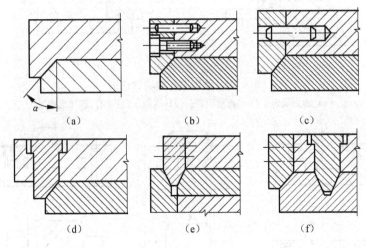

图4-92 楔紧块的形式

2) 楔紧块的楔角

楔紧块的楔角是一个比较重要的参数，为了确保合模时能够可靠压紧滑块，开模时又能迅速放开滑块，楔紧块的楔角 α' 必须大于斜导柱倾斜角 α，一般有 $\alpha' = \alpha + (2° \sim 3°)$。

3. 斜导柱抽芯机构中的干涉现象及先复位机构

(1) 抽芯时的干涉现象

干涉现象是指滑块的复位先于推杆的复位，致使活动侧型芯与推杆相碰撞，造成推杆或侧型芯的损坏，如图4-93所示。

(2) 避免干涉的条件

在一般注射模中，推杆的复位通常采用复位杆来完成。但在斜导柱抽芯机构中，如果侧型芯的水平投影与推杆重合或推杆的顶出距离大于侧型的最低面时，若仍采用复位杆复位，就有可能产生干涉现象。因此在模

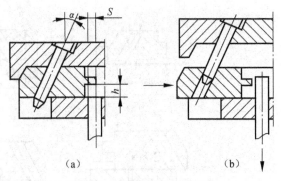

图4-93 侧抽芯时的干涉现象

具结构允许的情况下，应尽量避免推杆与侧型芯的水平投影相重合，或是推杆的推出距离小于侧型芯的最低面。如果模具结构不允许，那么在一定的条件下，采用复位杆也能起到推杆的先复位作用。条件是：推杆断面至侧型芯的最近距离 h 和 $\tan\alpha$ 的乘积要大于侧型芯与推杆在水平方向的重合距离 S，即 $h\tan\alpha > S$（一般大于0.5mm以上），如图4-93 (a) 所示。如果仍不能满足要求，那就必须采用结构较复杂的先复位机构。

(3) 推杆先复位机构

在设计先复位机构时要注意，它一般不能保证推杆、推管等推出零件的精确复位，所以它也要与复位杆连用，保证推杆的精确复位。

图 4-94 所示为弹簧先复位机构。弹簧先复位机构是利用弹簧的弹力使推出机构在合模之前进行复位，弹簧 4 安装在推杆固定板 2 和动模支承板 5 之间，在复位杆 6 上挂弹簧效果是相同的。这种形式结构简单，装配及更换都很方便。缺点是弹簧容易失效，故需按时更换。

图 4-95 所示为一种楔杆三角滑块式先复位机构。在合模时固定在定模板上的楔杆 3 与三角滑块 2 的接触先于斜导柱与侧型芯滑块的接触，这样在楔杆的作用下，三角滑块在推杆固定板 1 的导滑槽内向下移动

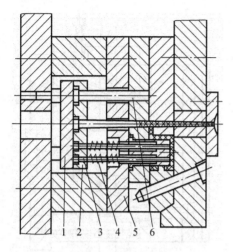

图 4-94　弹簧先复位机构
1—推板；2—推杆固定板；3—推杆；4—弹簧；
5—支承板；6—复位杆

的同时迫使推杆固定板向左移动，使推杆先于侧型芯滑块复位，从而避免两者发生干涉现象。

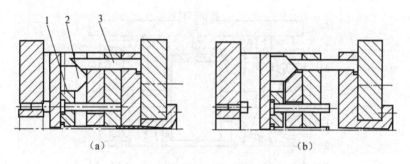

图 4-95　楔杆三角滑块式先复位机构
1—推杆固定板；2—三角形滑块；3—楔杆

先复位机构的形式还有许多，如楔杆摆杆式先复位机构、楔杆双摆杆式先复位机构、杠杆式先复位机构等，这里就不再一一详述，如在实际设计当中用其他简单的方法避免不了干涉现象时，可以参考有关图册来完成较复杂的先复位机构的设计。

4. 斜导柱分型与抽芯机构的形式

(1) 斜导柱在定模、滑块在动模的结构

该结构形式简单，易于实现，应用最为广泛，但有时某些部件会产生干涉，前面讲到的均属于此类结构。

(2) 斜导柱在动模、滑块在定模的结构

该模具结构要求塑件对型芯应有足够的包紧力，型芯在刚开模时，能沿开模轴线方向运动，必须保证推板与动模板在开模时首先分型，故需要在推板下安装弹簧顶销，而且侧向抽芯距较小。如图 4-96 所示，A 面分型时构成形腔的凹凸模处于闭合状态，开模力使侧滑块抽拔的同时，使主型芯随推板一起浮动。主型芯的位移足以完成侧抽芯所需的开模距离。在侧抽芯完成后，主分型面 B 面打开，塑件留在主型芯上，直至推板将其脱出。

图 4-97 所示的为另一种结构形式。它的特点是凸模 13 与动模板 10 之间有一段可以相对运动的距离。开模时，动模部分向下移动，在弹簧 6 和顶销 5 的作用下在 A 处分型，由于塑件包紧力的作用，凸模 13 不动，此时侧型芯滑块 14 在斜导柱 12 的作用下开始侧抽芯退出塑件。继续开模时，凸模 13 的台肩与动模板 10 接触，模具在 B 处分型，包在凸模上的塑件随动模一起向下移动，从凹模镶件 2 中脱出，最后由推件板 4 将塑件顶出。

（3）斜导柱与滑块同在定模的机构

如前所述，只有实现斜导柱与滑块的相对运动才能完成侧抽芯动作。而斜导柱与滑块被同时安装在定模时，要实现二者的相对运动就需要采用顺序分型机构来完成。

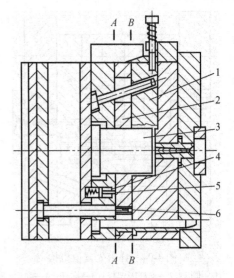

图 4-96　斜导柱在动模、滑块在定模的侧抽芯机构

1—滑块；2—推板；3—主型芯；
4—顶销；5—弹簧；6—顶杆

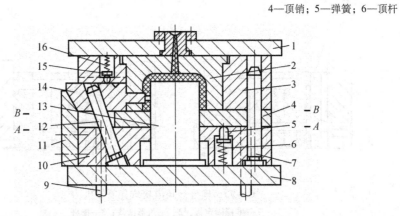

图 4-97　斜导柱在动模、滑块在定模的结构之二

1—定模座板；2—凹模镶件；3—定模板；4—推件板；5—顶销；6—弹簧；7—导柱；8—支承板；9—推杆；
10—动模板；11—楔紧块；12—斜导柱；13—凸模；14—侧型芯滑块；15—定位顶销；16—弹簧

图 4-98 是采用弹簧螺钉式顺序分型机构的形式。开模时，由于弹簧 8 的作用首先从 A 分型面分开，主浇道凝料从主浇道中脱出，同时侧型芯滑块 1 在斜导柱 2 的作用下开始侧向抽芯。当动模移动至定距螺钉 7 起限位作用时，抽芯动作宣告结束。此时动模继续移动，分型面 B 分开，塑件脱出定模，留在凸模 3 上，最后由推件扳 5 推出塑件。这种结构形式较为简单，制造方便，适用于抽心力不大的场合。

图 4-99 是采用摆钩式顺序分型机构的形式，当抽芯力较大的时候可采用此种结构形式。开模时，由于摆钩 8 紧紧钩住动模板 11 上的挡块 12，迫使分型面 A 首先分开，此时侧型芯滑块 1 在斜导柱 2 的作用下开始做抽芯动作，在侧型芯全部抽出塑件的同时，压块 9 上的斜面使摆钩 8 按逆时针方向转动而脱离挡块 12。当动模继续移动时，定模板 10 被定距螺钉 5 拉住，使分型面 B 分开，塑件由凸模 3 带出定模，最后由推件板 4 推出塑件。

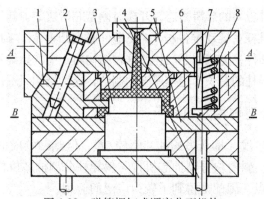

图 4-98 弹簧螺钉式顺序分型机构

1—侧型芯滑块；2—斜导柱；3—凸模；4—推杆；
5—推件板；6—凹模板；7—定距螺钉；8—弹簧

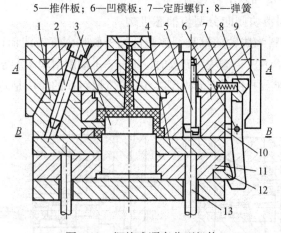

图 4-99 摆钩式顺序分型机构

1—侧型芯滑块；2—斜导柱；3—凸模；4—推件板；5—定距螺钉；6—转轴；
7—弹簧；8—摆钩；9—压块；10—定模板；11—动模板；12—挡块；13—推杆

（4）斜导柱与滑块同在动模的结构

这种结构一般可以通过推件板推出机构来实现斜导柱与滑块的相对运动，如图 4-100 所示。

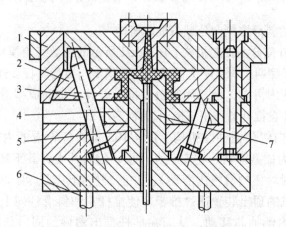

图 4-100 斜导柱与滑块同在动模的结构

1—楔紧块；2—侧型芯滑块；3—斜导柱；4—推件板；5—推杆；6—浇注系统推杆；7—凸模

侧型芯滑块2安装在推件板4的导滑槽内,开模时侧型芯滑块2与斜导柱3并无相对运动,当推出机构开始动作时,推杆6推动推件板4,使塑件脱离凸模7,与此同时,侧型芯滑块2在斜导柱3的作用下离开塑件,完成抽芯动作。这种结构由于滑块始终不脱离斜导柱,所以滑块不设定位装置。由于斜导柱的总长受定模厚度的制约,这种结构只适用于抽芯距不大的场合。

4.5.3 斜滑块分型与抽芯机构

如果塑件上的侧凹较浅(即所需的抽芯距较小),但侧凹的成形部分面积较大时,可采用斜滑块分型抽芯机构。斜滑块分型抽芯机构与斜导柱分型抽芯机构相比具有结构简单,安全可靠,制造容易等优点,因此也得到了较为广泛的应用。

1. 斜滑块侧向分型与抽芯机构的结构形式

两种形式:滑块导滑和斜滑杆导滑。

(1) 滑块导滑的斜滑块侧向分型与抽芯机构

图4-101所示为塑料绕线轮的模具,该塑件的外侧是深度较浅但面积较大的侧凹面,所以斜滑块2设计成了瓣合式凹模镶块。开模时,推杆3推动斜滑块2沿导滑槽移动,同时斜滑块互相分离,塑件也因此被放开且脱离动模型芯5。限位螺钉6的作用是防止斜滑块从锥形模套1中脱出。

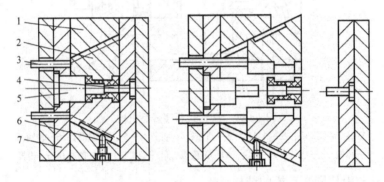

图4-101 斜滑块分型与抽芯机构

1—锥形模套;2—斜滑块;3—推杆;4—定模型芯;5—动模型芯;6—限位螺钉;7—动模型芯固定板

(2) 斜滑杆导滑的斜滑块侧向分型与抽芯机构

① 斜滑杆导滑的外侧分型抽芯机构。图4-102所示的为数字轮模具,共由五个成型滑块构成,每个成型滑块成型两个深度不大的凹字。滑块1与方形斜杆2连接在一起,斜杆在锥形模套6底部的方形孔内滑动,推杆固定扳4推动斜杆,带动成型滑块按斜杆倾斜方向移动,完成抽芯动作,并在推杆的作用下推出塑件。

② 斜滑杆导滑的内侧分型抽芯机构。图4-103是斜杆导滑的内侧分型抽芯机构的示例,斜滑杆2的头部为成型滑块,它安装在凸模3的斜孔中,其下端与滑动座6上的转销5连接(转销可以在滑块座的滑槽内滑动),并能绕转销转动,滑动座固定在推杆固定板7内。开模后,注射机的顶出装置通过推板8使推杆4和斜滑杆向上运动,由于斜孔的作用,斜滑杆同时还向内侧抽芯移动,从而在推杆推出塑件的同时斜滑杆完成内侧抽芯的动作。

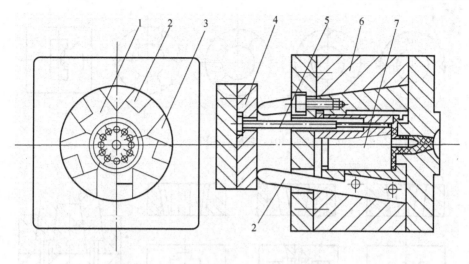

图 4-102 斜杆导滑的外侧分型抽芯机构
1—成型滑块；2—斜杆；3—滑座；4—推杆固定板；5—推杆；6—模套；7—型芯

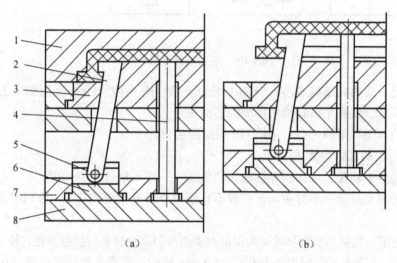

图 4-103 斜杆导滑的内侧分型抽芯机构
1—定模板；2—斜杆；3—凸模；4—推杆；5—转销；
6—滑座；7—推杆固定板；8—推板

2. 斜滑块侧向分型与抽芯机构设计要点

（1）斜滑块的导滑和组合形式

斜滑块组合形式如图 4-104 所示，设计时应根据塑件外形、分型与抽芯方向合理组合。组合要满足最佳的外观质量要求，避免塑件有明显的拼合痕迹；使组合部分有足够的强度；使模具结构简单、制造方便、工作可靠。

滑块的导滑形式按滑块导滑部分的形状可分为矩形、半圆形、燕尾形等，如图 4-105 所示。图 4-105（a）为整体式导滑槽，结构较为紧凑，但加工精度不易保证；图 4-105（b）为镶拼式导滑槽，因为导滑部分和分模楔都单独制造，然后再装入模框，这样可进行热处理和磨削加工，提高了它的精度和耐磨性；图 4-105（c）是燕尾槽式导滑，主要用于小模具

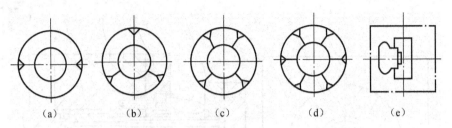

图 4-104　斜滑块的组合形式

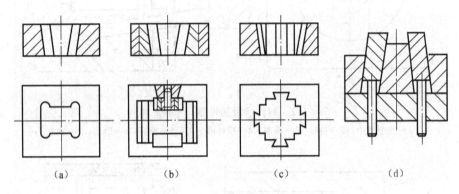

图 4-105　斜滑块的导滑形式

多滑块的情况，使模具结构紧凑，但加工更为复杂；图 4-105（d）是用型芯的拼块作为斜滑块的导向装置，常被用做斜滑块内侧抽芯的场合。

斜滑块凸耳与导滑槽配合：采用 IT9 级间隙配合。

（2）斜滑块的几何参数

斜滑块的导向斜角：可比斜导柱的倾角大些，一般不超过 26°～30°。

斜滑块的推出高度：不宜过大，一般不宜超过导滑槽长度的 2/3，否则推出塑件时斜滑块容易倾斜。

斜滑块底部、顶部与模套尺寸：为保证斜滑块分型面在合模时拼合紧密，注射时不发生溢料，减少飞边，底部与模套间要留有 0.2～0.5 mm 间隙；斜滑块顶部高出模套 0.2～0.5 mm，以保证当斜滑块与模套的配合面磨损后，仍保持拼合紧密。内侧抽芯时，斜滑块的端面不应高于型芯端面，在条件允许的情况下，低于型芯端面 0.05～0.10 mm。否则，斜滑块端面陷入塑件底部，在推出塑件时将阻碍斜滑块的径向移动。

（3）开模时要止动斜滑块

斜滑块通常设计在动模部分，并要求塑件对动模部分的包紧力大于对定模部分的包紧力。但有时因为塑件的结构较特殊，定模部分的包紧力大于动模部分，此时如果没有止动装置，则斜滑块 4 可能在开模时被带动，使塑件损坏或留于定模而无法取出，如图 4-106（a）所示。图 4-106（b）是设有止动装置的结构，开模时由于止动销 5 在弹簧的作用下紧压斜滑块，使斜滑块在开模时达到了止动要求。当塑件脱离定模后，在推杆 1 的作用下使斜滑块分型。

（4）主型芯位置的选择

合理选择主型芯位置的目的：使塑件顺利脱模。

如图 4-107（a）所示，当主型芯位置设在动模一侧，塑件脱模过程中，主型芯起了导

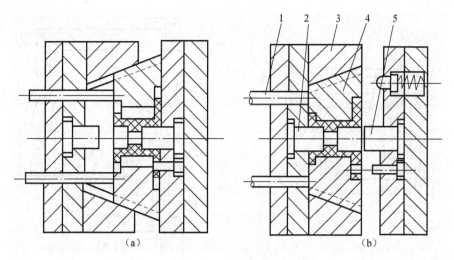

图 4-106 弹簧销制动装置
1—推杆；2—型芯；3—模套；4—斜滑块；5—止动销

向作用，塑件不至于黏附在斜滑块一侧。若主型芯位置设在定模一侧，如图 4-108（b）所示，为了使塑件留在动模，开模后，在止动销作用下，主型芯先从塑件抽出，然后斜滑块才能分型，塑件很容易黏附在附着力较大的滑块上，影响塑件顺利脱模。

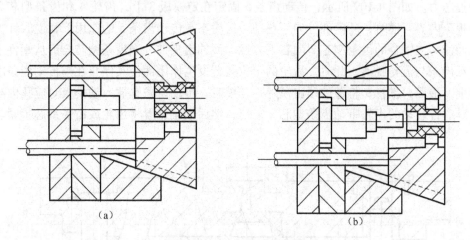

图 4-107 主型芯位置选择

设计时应合理选择塑件位置，使主型芯尽可能位于动模一侧。

4.5.4 其他形式的侧向分型抽芯机构
1. 斜导槽侧向分型与抽芯机构

斜导槽侧向分型与抽芯机构是由固定在定模板外侧的斜导槽板与固定在滑块上的圆柱销连接形成的，它适用于抽芯距比较大的场合，如图 4-108 所示。斜导槽板安装在定模外侧，开模时，滑块的侧向移动受到了固定在它上面的圆柱销在斜导槽内的运动轨迹的限制。当槽与开模方向没有斜度时，滑块无侧抽芯动作；当槽与开模方向呈一定角度时，滑块可以实现侧抽芯。

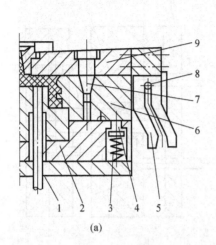
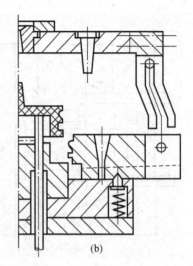

图 4-108 斜导槽侧向分型与抽芯机构
1—推杆；2—动模板；3—弹簧；4—顶销；5—斜导槽板；6—侧型芯滑块；7—止动销；8—滑销；9—定模板

2. 齿轮齿条侧向分型与抽芯机构

如前所述，斜导柱、斜滑块等侧向抽芯机构只适用于抽芯距较短的塑件，当抽芯距较长或有斜向侧抽芯时，可采用齿轮齿条抽芯机构，这种机构的侧抽芯可以获得较长的抽芯距和较大的抽芯力。如图 4-109 所示，传动齿条 5 固定在定模板 3 上，齿轮 4 和齿条型芯 2 固定在动模板 7 内。开模时，动模部分向下移动，齿轮 4 在传动齿条 5 的作用下朝逆时针方向转动，从而使与之啮合的齿条型芯 2 向右下方运动而抽出塑件。当齿条型芯全部从塑件中抽出后，传动齿条与齿轮脱离，此时，齿轮的定位装置发生作用而使其停止在与传动齿条刚脱离的位置上，最后，推杆 9 将塑件顶出模外。合模时，传动齿条 5 插入动模板对应孔内与齿轮啮合，顺时针转动的齿轮带动齿条型芯 2 复位，然后锁紧装置将齿轮或齿条型芯锁紧。

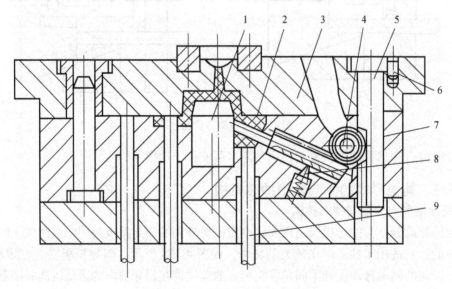

图 4-109 齿轮齿条侧向抽芯机构
1—凸模；2—齿条型芯；3—定模板；4—齿轮；5—传动齿条；6—止转销；7—动模板；8—导向销；9—推杆

3. 弹性元件侧抽芯机构

当塑件上的侧凹很浅或者侧壁有小的凸起时，由于侧向成型零件所需的抽芯力和推芯距都不大，所以可采用弹性元件作侧抽芯机构的主要部件。

图 4-110 所示为硬橡皮侧抽芯机构，合模时，楔紧块 1 使侧型芯 2 至成型位置。开模后，楔紧块脱离了侧型芯滑块，此时侧型芯在硬橡皮的弹性作用下脱离了塑件，完成了侧抽芯动作。

4. 液压或气动式侧抽芯机构

液压或气动抽芯是通过液压缸或汽缸、活塞及控制系统来实现的。当塑件有较深的侧孔时，侧向的抽芯力和抽芯距都很大，用一般的侧抽芯机构往往无法解决，此时宜采用液压或气压侧向抽芯机构。它不仅动作平稳，抽芯动作与模具的开合无关，可以加长抽芯距离，而且还可通过增大液压缸或汽缸内径的方法来获得较大的抽芯力。

图 4-111 所示为液压或气压侧抽芯机构。液压缸（或汽缸）在控制系统的控制下，开模前先将侧型芯抽出，然后再开模取件，而侧型芯的复位是在闭模以后由液压缸或汽缸的驱动来完成的。

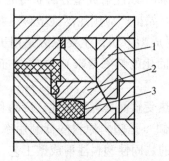

图 4-110　硬橡皮侧抽芯机构
1—楔紧块；2—侧型芯；3—硬橡皮

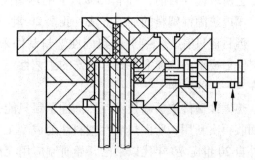

图 4-111　液压或气动式侧抽芯机构

5. 手动侧向分型与抽芯机构

手动侧向分型与抽芯机构主要用于小批量生产的模具或塑件处于试制状态的情况下。它一般分为两大类，一类是模内手动抽芯，另一类是模外手动抽芯。

图 4-112 为模内手动分型抽芯机构，它是在开模前手工拧下侧型芯，然后再开模取件，大多数的模内手动侧抽芯是利用螺纹的旋合使侧型芯推出与复位。

图 4-113 是模外手动分型抽芯机构的示例。它的动作过程如下，在开模状态下，先将

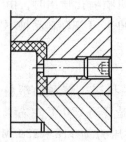

图 4-112　模内手动分型抽芯机构

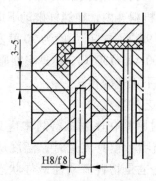

图 4-113　模外手动分型抽芯机构

活动镶件以一定的配合安装在模内，然后合模注射，成型后推出机构推出带有活动镶件的塑件，在模外用手工的方法将活动镶件从塑件上取下，准备下次注射时使用。

4.6 热固性塑料注射模设计简述

4.6.1 概述

热固性塑料的优点：含有大量填料，价格低廉，仅为热塑性塑料的1/3～1/2；制件外观有热塑性塑料制件不能相比的光泽；制件具有变形小、耐高压、抗老化、耐燃烧等一系列特点；在水润滑条件下具有较低的摩擦因数（0.01～0.03）。

可见，热固性塑料可用来填补热塑性塑料和金属制件之间的不足。

国外热固性塑件的加工方法：20世纪60年代前，热固性塑料制件一直是用压缩和压注方法成型，工艺周期长、生产效率低、劳动强度大、模具易损坏、成本较高。60年代后，热固性塑料注射成型得到迅速发展，压缩成型工艺在欧、美、日等先进工业国家已逐渐被注射工艺所取代。目前，日本85%以上的热固性塑料制件都是以注射成型方法获得的。

国内热固性塑料的加工方法：我国20世纪70年代开始推广应用热固性塑料注射成型工艺，但目前只有3%～4%的热固性塑料制件采用了注射成型方法，主要原因是用于热固性塑料注射成型的原料需要具有特殊的工艺性能（流动与固化的特殊要求），在这方面国内还存在着一定的差距。

热固性塑件成型新技术：热固性塑料只能一次性加热变软而具有流动性，废品和凝料不能回收再次利用，所以热固性塑料注射成型工艺的最大缺点是塑料原料的低利用率。为此，国外自20世纪70年代以来开始研制应用无流道凝料的热固性塑料注射成型工艺，并已取得了很好的成绩。目前已有能够快速固化的无流道注射成型专用的热固性塑料原料出售。同时开发成功了热固性塑料注压成型新工艺。注压成型将注射和压缩成型两者优点结合起来，熔体在不闭模时低压注射，充模结束时模具完全闭合，型腔中的物料在高压、高温下固化。20世纪80年代国外又在注压工艺上进一步发展为无流道注压成型工艺。1982年美国的Durez塑料公司已获得四项无流道注压工艺的专利。

4.6.2 模具设计要点

热固性塑料注射成型的特点：需采用专门的热固性塑料注射机。成型时将粉状或粒状塑料加入注射机料斗内，在螺杆推动下进入料筒，料筒外通热水或热油进行加热，加热温度在料筒前段为90℃左右，后段为70℃左右。物料通过注射机喷嘴孔喷出时，由于剧烈摩擦，料温可达100℃～130℃。模具温度通常保持在160℃～190℃（视塑料品种不同而异），物料在此温度下迅速固化。

注射工艺的要点：

① 注射原料在注射机料筒中应处于黏度最低的熔融状态。熔融的塑料高速流经截面很小的喷嘴和模具流道时，温度从70℃～90℃瞬间提高到130℃左右，达到临界固化状态，这也是物料流动性最佳状态转化点，此时注射压力为118～235 MPa，注射速度一般为3～4.5 m/s。

② 热固性塑料中含有40%以上的填料，黏度与摩擦阻力较大，注射压力也应相应增大，注射压力的一半要消耗在浇注系统的摩擦阻力上。

③ 原料在固化反应中，产生缩合水和低分子气体，型腔须有良好的排气结构，否则在注射制件表面会留下气泡和流痕。

典型模具结构如图 4-114 所示。与热塑性塑料的注射模类似，包括浇注系统、凹模、型芯、导向、推出机构等，注射机上采用同样的安装方法。热固性塑料注射模的温度通常需要保持 160 ℃ ~ 190 ℃ 的高温，模具多采用电加热法。

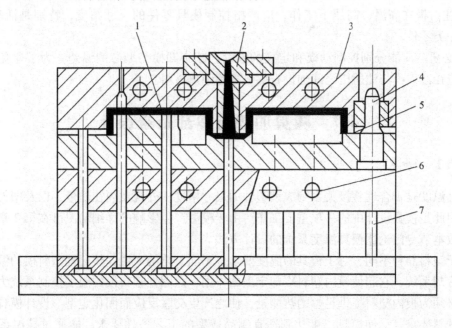

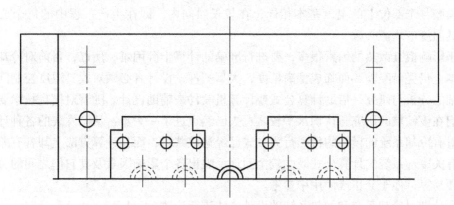

图 4-114 典型的热固性塑料注射模
1—推杆；2—主流道衬套；3—凹模；4—导柱；5—型芯；6—加热元件；7—复位杆

热固性塑料注射模设计注意点：

① 因热固性塑料成型时在料筒内没有加热到足够温度，因此希望使主流道断面积小一些以增加摩擦热，由于凝料不能回收，减小主流道对经济方面也有好处。

② 热塑性塑料注射模常利用分型面和推杆等的配合间隙排气即可，而热固性塑料成型

时排出的气体多,仅利用配合间隙排气往往不能满足要求,在模具上要开设专门的排气槽。

③ 由于熔融温度比固化温度低,在一定的成型条件下熔料的流动性较好,可以流入细小的缝隙中成为毛边,因此要提高模具分型面合模后的接触精度,避免采用推件板式结构,尽量少用镶拼成型零件。

④ 注射工艺要求模具温度高于注射机料筒温度,容易造成制件与型芯之间有较大的真空吸力,使制件脱模困难,因而要提高模具的推出能力。

⑤ 因填料的冲刷作用,要求模具成型部位具有较好的耐磨性及较低的表面粗糙度。

⑥ 注射模在高温、高压下工作,应严格控制模具零件的尺寸精度,特别是活动型芯、推杆等一类零件。

⑦ 必要时应能分别控制动模和定模的温度,减小凹模与型芯的温差。为了避免散热过多,还应在注射模与注射机之间加设石棉垫板等绝热材料。

4.7 模具加热与冷却系统设计

4.7.1 概述

模具温度是否合理直接关系到成型塑件的尺寸精度、外观及内在质量,以及塑件的生产效率,因此是模具设计中的一项重要工作。由于模温产生影响的详细情况已在第 2 章时做过介绍,故本节专门论述模具温度系统的设计方法。

由于塑料品种不同,对于模具的温度要求也不同。总的来说,热塑性塑料模的温度控制系统为冷却系统,它起使模内塑料冷却定型的作用;热固性塑料模的温度控制系统为加热系统,它必须为模内塑料提供足够的热能量,使之产生交联反应而固化定型。设计模具温度控制系统的总要求是,使模具温度达到适宜制品成型的工艺条件要求,能通过控温系统的调节,使模腔各个部位上的温度基本相同;在较长时间内,即在生产过程中的每个成型周期中,模具温度应均衡一致。

由于影响模具散热的因素很多,要进行准确的计算十分困难,所以,目前对冷却系统的设计基本上仍凭借经验。面临成型高精度、大型塑件,设计者必须对模具温度控制问题进行专门仔细的分析与研究,借助计算公式或计算机软件来辅助设计。随着对模具技术要求的提高,人们在该领域的研究与认识水平较之过去已经迈进了一大步,从已发表的各种计算公式来看,对有冷却系统的模具的传热行为方式已经达成共识,而在计算方法上却各有差异。本书引荐有关冷却系统的计算公式既能较全面地反映出各个影响因素及其它们之间的关系,又较为简便易算,便于分析或使用中参考。

下面分别对冷却系统和加热系统的设计方法进行论述。

4.7.2 冷却系统设计

1. 模具温度分析

在设计冷却系统之前,必须首先了解注入模具内的料温的要求条件,对模具内多余热量的分布状况进行分析,为合理地设计冷却系统打下基础。

一般情况下,对于小型或移动式模具无须设计冷却系统,因为成型塑件小、模具体积小,靠模具自然散热即可;对于温度要求在 60 ℃ 左右的中型模具,如果其成型塑件质量要求一般，塑件生产批量不太大，通常也可以不考虑设计冷却系统；而对大中型模具，尤其是大型模具，必须设计冷却有效、控温合理的功能齐全的冷却系统。表4-1为常用塑料的料温及模具温度，由表可见，塑料温度与它的模温差值甚大。若无冷却系统，则无法指望模具能够达到：在规定的短时间里，自动散除定量的多余热量，同时还要使得各型腔的温度、每一型腔中各个部位上的温度均基本相同。为了帮助正确地分析与判断模具温度状况，应注意下述各点。

（1）塑料的热量与塑料重量成正比。塑料所需冷却时间大致与塑件壁厚的平方成正比。

（2）在注射完成时，模腔内的塑料受到高压作用，此时型腔的温度与型芯的温度相同。当浇口将近凝冻时，塑料因收缩，开始出现塑件与型腔脱松，同时塑件紧紧抱住型芯的现象。

型芯往往又是塑件最后脱离的零件，所以，型芯受热时间较长。据此可认为，高型芯吸收的热量在模具总热量中占较大比例。实验表明，当型芯高度在60 mm左右时，吸收热量占模具总热量的55%型芯左右；比60 mm更深些的型芯的吸热率为60%左右；若再加之型芯内部有多处凹入深沟槽时，该型芯的吸热率可达66%左右以上。

（3）当塑件为平板状态时，每半模（动、定模）的温度值接近。

（4）当塑件壁厚不均匀时，在塑件壁厚较厚处模具温度较高。

表4-1 常用塑料在成型时的熔料温度和模具温度　　　　　　　　　　　　℃

塑料种类	熔料温度	模具温度
PS	200~300	40~60
AS（SAN）	200~260	40~60
ABS	200~260	40~60
PMMA	180~250	40~60
CA	160~250	40~60
RPVC	180~210	40~60
FRVC	170~190	30~60
PC	280~320	90~120
PE	150~260	35~70
PP	160~260	55~65
PA	200~320	55~120
POM	180~220	80~110
PPO	280~340	110~150
PSF	300~340	100~150
PBT	250~270	60~80

2. 冷却系统设计原则

冷却系统是指模具中开设的水道系统，它与外界水源连通，根据需要组成一个或者多个回路的水道。在水道中通入冷却液，并使其不断地循环流动，从而将模具里多余热量带到模具之外。最常用的冷却液取自室温下的水，这是因为使用水最方便，成本最低。另外，冷却液还有过冷水、油等，分别用于要求模温更低或稍高些的情况下。

冷却系统的设计原则如下。

（1）合理地进行冷却水道总体布局

根据对模温状况的仔细分析和判断,可对水道开设的位置作出初步确定。当塑件厚度均匀时,各冷却水孔至型腔表壁的距离最好相同,以使塑件冷却均匀,如图 4-115(a)所示。若塑件的壁厚不均,较厚处热量较多,则可采取冷却水道较为靠近厚壁型腔的办法,如图 4-115(b)所示。当塑件在模具内分布的重量不对称时,对模具水道的布局也可以疏密不一。

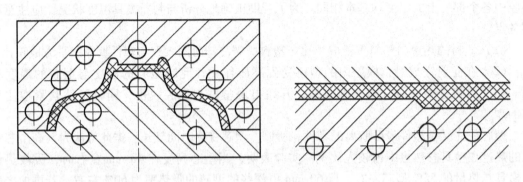

图 4-115 冷却水道布局

(2) 合理确定冷却水道与型腔表壁的距离

合理地确定冷却水道于型腔表壁的距离(L)是非常重要的设计内容,它关系到型腔是否冷却得均匀和模具的刚度、强度问题。不能片面地认为取得距离越近冷却效率越高。现以图 4-116 为例说明,图 4-116(a)和(b)的水孔到型腔的最短距离(垂直距离)相同,但水道数量却不一样,从而型腔热量向冷却源流动的路程彼此不同,路程长者则传热慢,图 4-116(b)的水道布局使型腔各点的传热路程长短差异较大,故冷却均匀性较差。由此推断出冷却水道以多为好,如图 4-116(a)所示设计。然而在设计时,往往受到推杆、镶件、侧抽芯机构等零件位置的限制,不可能都按照理想的位置开设水道,水道之间的距离也可能较远,这时,若水孔距离型腔位值太近,则冷却均匀性更差。另外,在确定水道与型腔壁的

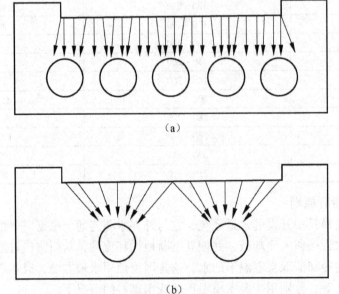

图 4-116 冷却水道数量传热关系

距离时,还应考虑此距离内模具材料的强度和刚度应足够。避免距离过近,在模腔压力作用材料发生扭曲变形,使型腔表面产生龟纹。图4-117为冷却效率、冷却均匀性和模具刚度、强度利益兼顾的水孔与型腔距离的推荐尺寸及关系,水孔到型腔表面的最小距离不应小于10 mm。

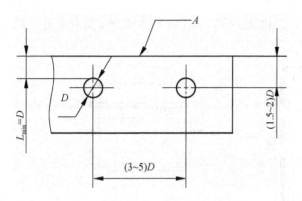

图4-117 从型腔表面到冷却水孔的距离

(3) 考虑和利用模具材料的导热性

金属材料之间的导热性能差异可以是非常大的。由表4-2表明,铜、铝等的导热性能极好,不锈钢的导热性能差。若以碳质量分数来看,钢内碳质量分数越小者,其导热性能越强。在大多数时候,模具凹模和型芯选用机械性能较高的合金钢、高碳钢来制作,然后嵌入范本内。冷却水道若开设在固定板上,不仅距离型腔较远,而且还要经导热性能差的镶件将热量传递过来,而淬火钢的传热效率比一般钢的小一半左右,故冷却效率差。所以,当镶拼成型零件较大或较高时,应该优先考虑将冷却水道直接开设在成型零件上,如图4-118所示,同时,固定板仍需开设一定数量的水道,以调节整个模具冷却均匀。铜、铝质材料的导热性能好,可利用其制作型芯冷却装置中的导热扦。

表4-2 在100℃下,各种材料的传热系数   kcal[①]/(m²·h·℃)

纯铜	1 034	工具钢 H13	59
铜合金	913	不锈钢 316	49
铝(2017)	464	水	1.90
黄铜	337	PS	0.34
铍铜	313	PE	0.33
钢(碳质量分数1%)	127	PP/PA	0.63/0.34
工具钢 P20	103	空气	0.63

(4) 应加强浇口处的冷却

塑料熔体充模时,浇口处的温度最高,离浇口距离越远,温度越低,因此,必须加强对浇口处的冷却。其做法是,让冷却水进入模具后先到达浇口附近,随后沿着熔料充模流动的大致方向流出模具。让温度较高处进入较冷的水,温度较低处进入较热的水,冷却效率高而且均匀性好,如图4-119所示。

(5) 控制冷却水出入口处的温度差应尽量小

冷却水在模具出、入口处的温度差越小,说明对模具温度控制的均匀化程度越高。精密塑件要求

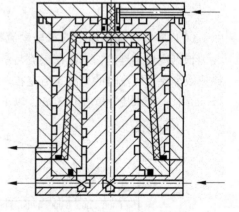

图4-118 凹模与型芯的冷却

---

① 1 kcal = 4.184 kJ。

该温度差在 2 ℃ 以内，一般塑件在 5 ℃ 以内。为达此要求，除了冷却水道分布要合理外，还应做到合理地使用这些水道。

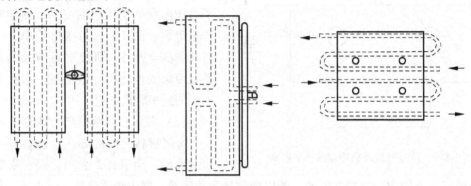

图 4-119 热浇口处的冷却

对模具水道有串联式和并联式两种使用方式，例如图 4-120 所示，图 4-120（a）为并联式使用时，有三个冷却水道入口和出口，这种使用的好处是，水路长度较短，带走热量快，出、入口水温差小。缺点是，与冷却水源连接的水管根数较多。若使用串联式，将各条水道组成一个回路，则水管数量减少，但由于水路流程长，水吸收热量较多，出口水温升高较多。在塑件尺寸较大时，图 4-120（a）的水道可并联使用，图 4-120（b）的水道可将两条水道串联为一个回路使用。对于大批生产的普通塑件，用快冷法（用并联式水道冷却是其中一个方法）以获得较短的成型周期，而精密塑件需要有精度的尺寸和良好的力学性能，因此必须较缓冷却，对冷却水道需进行适当的串联。

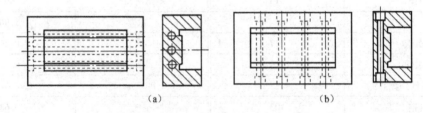

图 4-120 冷却水道的串、并联使用
(a) 并联式；(b) 串联式

(6) 应使冷却水道中的水呈紊流状态流动

根据传热学理论，水流在层流与紊流下所产生的热交换率有显著差异。据估计，紊流时的导热效率要比层流时的高出 3 倍左右。图 4-121 的实验曲线表明，当水温在 23 ℃，水道直径为 11 mm 时，若水流速度在 0.3 m/s 以下，则水流呈层态；随着水流速度提高，水的流态逐渐

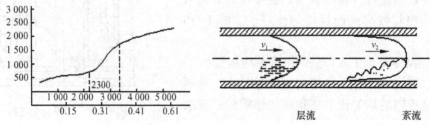

图 4-121 雷诺数对热传导的影响

由层流，经过不稳定的过渡流，变为稳定的紊流。水的传热系数也由层流下的最低值，随着水流速度的提高而变大，紊流态水的传热系数为最高。

所以，要提高冷却水的传热效率，设计及使用冷却系统时，应将实现水的紊流状态作为目标。雷诺数是用以判定水流状态的参数，对于塑料模，雷诺数 Re 取 4 000～10 000。其校核公式为

$$Re = dv/\eta \geqslant 4\ 000 \sim 10\ 000 \tag{4-24}$$

式中　d——水孔直径，m；

　　　v——水流速度，m/s；

　　　η——水流黏度，m^2/s。

水孔直径一定，要获得紊流时，调节水流速度最为方便。水流黏度 η 与 Re 呈反比关系，水的温度越低则 η 越高，过冷水的 η 值较大，故大多数情况下，将冷却液温度取得稍高些，一般用室温水。

除了上述几项基本原则应遵循外，还应注意以下事项：

① 应避免在制品容易产生熔结痕的部位开设冷却水道。

② 必须注意密封水，防止水流入型腔。

③ 当水道发生相贯时，应采取措施使水只可定方向连续流出，避免有水不能流动的死角。水道壁应加工光滑，以使清洁水道污垢方便，经较长使用时间后，冷却效果一致。

④ 由于凹模与型芯的冷却情况不同，需用两个调温器分别控制各自回路中冷却液的温度、压力、流量和速度。在确定冷却液的温度时，除了参考塑料制品要求的温度参数外，还应根据周围空气温度进行调整，同一模具，在夏天和冬天，由调温器提供的冷却液温度应不一样。

4.7.3　冷却系统的结构设计

1. 凹模冷却系统

一般来说，冷却凹模比较容易，因为在凹模的侧壁或底部开水道较方便。常见结构如图4-122、图4-123所示。图4-122所示用钻孔方式加工出的各种水道系统；有不同方向钻孔沟通的水道，其非进、出口均用螺塞或堵头堵住（图4-122（b）、（c））。图4-123所示为铣削冷却水沟槽，并与水孔组成冷却回路。图4-123（a）、（b）各为在圆形镶件的侧面和底面开设环形沟槽，分别冷却型腔的侧部和底部。因为水由一端流入沟槽平分为两股，在对应出口端又汇合流出，为保证水的流速不降低，沟槽的面积应取作水孔断面积的一半；图4-123（c）为环形水槽的几种出、入口方向形式，其中，左图水道出、入口之间用堵头隔开，冷却水即可沿规定的方向流动。

2. 型芯冷却系统设计

设计型芯冷却系统要比设计凹模时复杂得多，需视型芯的粗细高低、镶拼状况、推杆位置等情况，灵活地采用不同形式的冷却装置。

图4-124所示为大型芯的冷却装置，图4-124（a）是在大型芯的内部镶嵌用导热性很好的材料制作的冷却芯块，芯块上面加工螺旋式水道，冷却水由芯块中央孔底向顶部流动，再由顶端顺着侧壁与型芯间的螺旋式孔隙流向下方，然后流出模外。

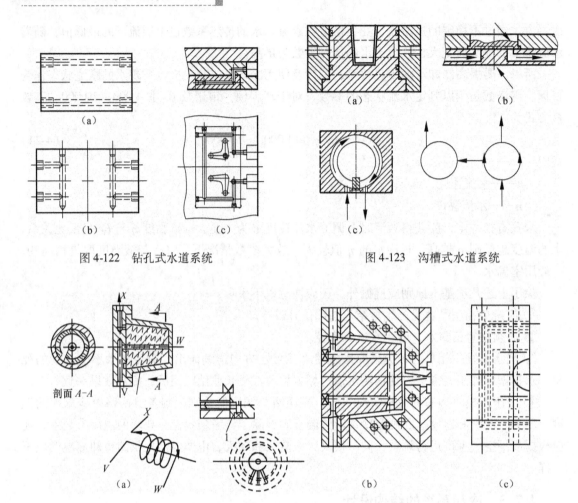

图 4-122 钻孔式水道系统　　　图 4-123 沟槽式水道系统

图 4-124 大型芯的冷却装置

设计时应注意:
(1) 芯块上开设的沟槽尺寸应满足对水流呈紊流态的要求。
(2) 螺旋槽的间距应取为沟槽宽度的 2 倍。
(3) 芯块装入型芯内孔时应呈略紧配合,以保证彼此面接触,达到较好的传热效率。

图 4-124(b)是可用于圆形大型芯的又一种冷却装置,其散热效果均匀。设计时,将芯块上端加工出一截凹坑,并从凹坑处按圆周等分开设呈放射状的沟槽,沟槽又顺着芯块的侧壁开至下端。冷水先由芯块中心孔流到上端面,在凹坑内水流被分配成若干股后,紧贴着型芯内壁快速流下,再由出水口流出。图 4-124(c)是在矩形型芯内部钻水道,当型芯面积较大时可钻并联式水道冷却型芯。

图 4-125 所示为隔板式冷却装置,其结构是在型芯内部立式钻孔,然后在孔中安置一块薄板,将整圆孔平分为两个相互隔离的半圆孔。冷却水由隔板一侧半圆形水道的下方流入,经过隔板上方,从另一半圆形水道再流下来,最后流出模外。这种冷却装置结构简单,加工容易,适用范围较宽。较细的型芯装置一个隔板式冷却装置如图 4-125(a)所示,较大的型芯则可设置多个隔板式冷却装置,图 4-125(b)所示的隔板式装置采取串联式。隔板式冷却装置还常用于冷却较粗而长的侧型芯。

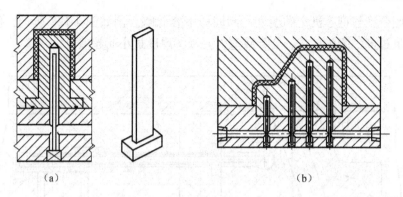

图 4-125 隔板式冷却装置

设计隔板式冷却装置的要点是：

① 安置隔板的孔的截面积减去隔板所占面积的差应等于计算水孔（范本水孔）增大 10% 的面积。这样，水在半圆形水道中的流动阻力较在圆水孔中流动时的大，确保水做紊流态流动。

② 隔板应用黄铜或其他导热性好的材料制作，安装时要求隔板与孔壁紧密接触，以获得较高的冷却效率。

③ 隔板在孔内的安装方向应固定，可将隔板固定在方形塞座上面。

图 4-126 所示为水管喷流式冷却装置，即在细长型芯内部中央，安装一根铜管，铜管与型芯孔壁间隔一段距离。冷却水流入铜管，水向上喷射而出，沿着型芯内孔表壁流下，再由出水水道流出模外。

当型芯又细又长，不可能在其内部开设水道时，可采用导热杆与水道结合使用的冷却装置，如图 4-127（a）、(b) 所示，图 4-127（a）为在细型芯内部以紧密配合的形式嵌入一根铜质导热杆，导热杆的下端伸于循环的水道之中。由于导热杆的热交换十分迅速，从而使型芯得以快速冷却；图 4-127（b）的型芯更细，只是用导热性能优异，机械强度又较高的材料直接制作型芯，适合于这一要求的材料如铍青铜，它的淬火硬度可达到 HRC60 以上。图 4-127（c）所示为在型芯固定处的周围开设较密水道，以加强型芯冷却，型芯用导热性较好的材料制作。

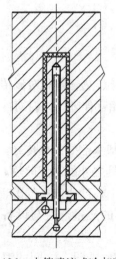

图 4-126 水管喷流式冷却装置

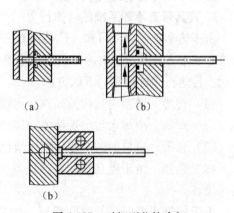

图 4-127 对细型芯的冷却

对模具侧分型与型芯机构的温度控制同样不容忽略。例如图 4-128 所示，侧型芯较长，如吸收的热量过多，膨胀过长，会导致塑件壳顶部厚度过小而超差。

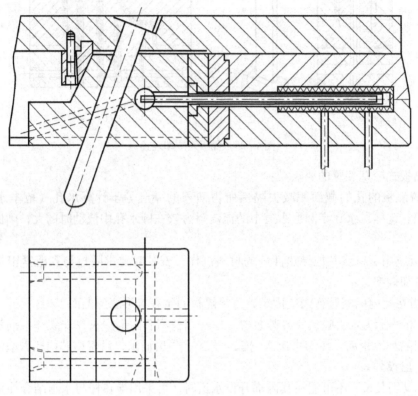

图 4-128　冷却侧型芯

推件板是直接与塑件接触的零件，受热的影响也较大，但是，由于推件板在推出塑件时，沿型芯滑动而与型芯固定板分开一段距离，并停留一定时间后复位，推件板一般又不太厚，为20 mm左右，所以其散热条件好，故而一般在推件板上开设冷却水道。

使用推块推件时，对管内型芯稳定的影响应当考虑。有时型芯会膨胀过大，造成推管运动卡滞现象，故必要时要对推管内部型芯进行冷却。

4.7.4　冷却水道的计算

1. 模具带有冷却系统的传热行为

由传热学理论分析可知，热传递有三种基本方式：热传导、热辐射和对流传热。热传递的三种基本方式在设置有冷却系统的模具上均存在，并且是相互伴随，同时对冷却模具产生作用。传热行为体现在如下四方面。

（1）传导。型腔内塑料的高热量向模具低温部位，即冷却水道处的热传导。

（2）对流。冷却水与水管壁流动接触，将其热量带到模具之外的对流散热。

（3）辐射。模具的四个侧表面以及模具分型时在分型面上，产生向空气的辐射散热。

（4）传热。由于模具安装在冷设备上，所以，较热模具的热量通过与设备的接触面流向冷设备。

由于每模成型塑件的时间很短，加之热塑性塑料模与空气或设备之间的温差不像热固性塑料模成型时那么悬殊，散热效率较低，所以，通过辐射和设备传导热量方式散走的热量十分有限。根据经验，对绝大部分热塑性塑料来说，其模具在成型时表面的温度应在人可触摸的范围内。否则，说明模温过高，需要加强冷却。有关辐射散热量的计算方法在此省略介绍。

模具向设备工作台面所传导的热量 Q_s 应为：

$$Q_s = \alpha F(t_m - t_s)(\text{kJ/h}) \tag{4-25}$$

式中　α——传热系数，普通钢 $\alpha = 502$ kJ/（m² · h · ℃），合金钢 $\alpha = 377$ kJ/（m² · h · ℃），铜合金 $\alpha = 5\,867$ kJ/（m² · h · ℃）。

　　　F——模具与工作台接触面积，m²；

　　　$(t_m - t_s)$——模具平均温度与设备温度（室温）之差，℃。

物料在注射中从 200 ℃左右降低到 60 ℃左右，应释放的多余的热量有 90%～95% 是靠冷却介质（一般用水）带走。由型腔向冷却水道传导热量的关系式如下：

$$Q' = \frac{\alpha F T(t_1 - t_2)}{L} \tag{4-26}$$

式中　Q'——每小时型腔中的塑料向 L 距离远的冷却水道传导的多余热量；

　　　α——模具材料的传递系数；

　　　F——型腔的面积；

　　　T——每小时的成型周期之和；

　　　$(t_1 - t_2)$——塑料熔体温度与冷却温度之差；

　　　L——型腔表面到冷却水道管壁的距离。

式（4-34）是建立在高温与低温的温度始终恒定，且高温与低温面彼此平行的条件基础上的。而在塑料成型过程中，模具温度和塑料温度要随时间而变化，是属于温度场非恒定的热流动。虽然如此，用该公式计算的结果与实际的相差并不大，所以可用它来进行估算。从此公式中可以得到以下定性的结论：模具材料的传热系数高、型腔的面积大、塑料熔料与冷却液之间的温度差异大，型腔到冷却水道的距离近，则热量传递速率就高。

2. 冷却水回路计算

设塑料传给模具的多余热量为 Q，辐射散热量为 Q_f，模具向安装设备传导的热量为 Q_s，冷却系统带走的热量为 Q'，则可建立下式：

$$Q' = Q - (Q_f - Q_s)$$

设计冷却系统时应使其具有可排除 90%～95% Q 热量的能力。

(1) 求塑料传给模具的多余热量 Q

$$Q = G[(t_1 - t')C_p + L_e] \tag{4-27}$$

式中　G——每小时注射的塑料重量，kg；

　　　$(t_1 - t')$——进入模具时的塑料熔料温度与制品在脱模时的温度之差；

　　　C_p——塑料的比热，kJ/kg · ℃，参见表 4-3。

　　　L_e——塑料熔解潜热，kJ/kg，参见表 4-3。无定形塑料 $L_e = 0$。

表 4-3　塑料的比热和潜热

塑料名称		比热/[kJ·(kg·℃)$^{-1}$]	潜热/(kJ·kg^{-1})
晶型塑料	缩醛塑料	1.465	163
	尼龙	1.674	130
	低密度乙烯	2.302	130
	高密度乙烯	2.721	243
	聚丙烯	1.952	209
	聚酯		125
无定型塑料	高强度聚苯乙烯	1.465	
	AS	1.423	
	ABS	1.674	
	丙烯塑料	1.465	
	硬聚氯乙烯	1.172	
	聚碳酸酯	1.256	
	改型 PPO	1.340	

（2）计算由冷却系统携带出模外的热量 Q'

$$Q' = W\lambda\Delta t(\text{kJ/h}) \tag{4-28}$$

式中　W——每小时流经模具的冷却液重量，kg；

　　　λ——冷却液比热，kJ/kg·℃；（水的 λ = 4.186 kJ/kg·℃）

　　　Δt——冷却液在模具出、入口处的温差，℃。

① 关于 W。求解 W 值按照下列关系式进行：

W = 每小时液体流量 × 液体比重

　　 = 水道截面积 × 液体流速 × 水流时间(每小时) × 液体比重

故，求得 W 的算术式为

$$W = \frac{\pi}{4}d^2 V T\rho$$

将其代入式（4-101）中，便得到如下公式

$$Q' = \frac{\pi}{4}d^2 v T\rho\lambda\Delta t \tag{4-29}$$

式中　v——水流速度，m/s；

　　　T——每小时水流持续时间，s/h；若水一直流动，则 T = 3 600 s/h；

　　　ρ——冷却液比重，kg/m³

冷却水孔的直径常根据模具的大小或使用注射机的锁模力来确定（参见表 4-4）。要使冷却水呈稳态的紊流态，需由雷诺数计算公式（4-24）来确定水的流速。表 4-4 所列为当水温为 23 ℃、Re = 4 000 时，产生稳定紊流状态的冷却水应达到的流量与流速。表 4-5 所列为不同温度下水的运动黏度 η 值。

表4-4 在水温=23℃，Re=4000时，水孔直径与流量、流速的对应值

水孔直径/mm	水流量/（m³·min⁻¹）	水流速/（m·s⁻¹）	适用注射机锁模力 T
8	1.79×10^{-3}	0.66	<50T（60 g 以下注射机）
10	2.48×10^{-3}	0.52	50~500T（60~250 g 注射机）
12	2.96×10^{-3}	0.43	
18	4.44×10^{-3}	0.29	>500T（250 g 以上注射机）
20	4.94×10^{-3}	0.26	

表4-5 水在不同温度下的 η 值

水温/℃	η/（m²·s⁻¹）	水温/℃	η/（m²·s⁻¹）
15	1.79×10^{-6}	47	0.69×10^{-6}
19	1.54×10^{-6}	57	0.56×10^{-6}
23	1.31×10^{-6}	66	0.47×10^{-6}
28	1.12×10^{-6}	75	0.40×10^{-6}
33	0.93×10^{-6}	85	0.35×10^{-6}
38	0.36×10^{-6}	94	0.31×10^{-6}
42	0.76×10^{-6}	100	0.28×10^{-6}

② 关于 Δt。在每一成型周期里，流经模具的冷却水总长度为 l，用下式计算：

$$l = vT \tag{4-30}$$

式中　v——水流速度，m/s；

T——一个周期的时间，s。

在每一周期里，由冷却液带走的热重为 Q_i，计算公式为

$$Q_i = W_i \lambda \Delta t = lA\rho\lambda \Delta t \tag{4-31}$$

式中　A——水道的截面积；

W_i——每一周期里流经模具的冷却水质量。

因为要求温度控制系统维持 Q_i 恒定，所以，当 l 即定时，Δt 应为定值。如果模具上有 n 条冷却回路，Δt 即为 $n\Delta t_i$。Δt_i 是一条冷却回路的出入口水温之差，其值根据塑件质量及精度要求确定（一般精度的塑件 Δt_i 约取 5℃，精密塑件为 2℃ 左右）。因此，通过式（4-32）可以计算求得模具应设计冷却回路数目 n，即

$$n = \frac{\Delta t}{\Delta t_i} \tag{4-32}$$

公式（4-32）是建立在假定模具各条循环水道的长短及水道截面积均相等的基础上，如果它们之间有异，则会影响 n 值的精确度。

3. 冷却水在回路中的压力降计算

在同样的控制条件下，如果模具各条冷却回路的长度和截面积相同，水在各条回路的压力降也就相等，那么这条回路水温就基本均匀。所以，为了使控制方便，设计时宜将各条冷却回路的长度和孔径取为一致。应避免冷却水道的长径比过大或水道中转弯处过多，因为这会使流动阻力过大。流速过高，流动阻力也增大。在需要时，设计者应对回路的压力降进行

校核，以确保达到稳定紊流所需的压力。

冷却回路压力降 Δp 可按下面经验公式计算：

$$\Delta p = 3.28\left[F\left(\frac{l}{d}\right)\cdot\left(\frac{v}{2g}\right)\right] \quad (4\text{-}33)$$

式中　F——量纲为 1，$F = 0.3164/Re$；

$\dfrac{l}{d}$——冷却回路的长径比；

v——水流速度，m/s；

g——重力加速度，$g = 9.8\ \text{m/s}^2$；

Re——雷诺数。

公式 (4-33) 只要维持其中各因子的值不变，Δp 则可不变。

4. 冷却回路计算示例

有一成型高密度聚乙烯食品盒模具，一模一件，塑件壁厚为 1.9 mm。现确定对模具型腔和型芯均进行冷却。考虑到塑件壁厚值不大，但塑料流程较长，因而对塑料熔料温度取稍高值，为 230 ℃（手册数据为 150 ℃ ~ 260 ℃），模温取值偏低，为 38 ℃（手册资料为 35 ℃ ~ 70 ℃），取水温低于模温 14 ℃，为 24 ℃。根据塑件的质量要求，拟控制各条冷却回路的出入口温度差为 3 ℃。

现拟出具体使用参数如下：

熔料温度/℃	230
模温/℃	38
塑件脱模温度/℃	94
注射量/（kg/次）	0.186
每小时注射量/（kg/h）	33.48
比热/［kJ/（kg·℃）］	2.302
潜热/（kJ/kg）	243
成型时间/（s/模）	20
每小时成型次数	180
水温/℃	24
平均水温/℃	26

计算步骤如下：

(1) 计算塑料传给型腔和型芯的多余热量 $Q_{腔}$ 和 $Q_{芯}$。

根据公式 (4-27) 便可求得塑料传给模具的总的多余热量 Q。

$$\begin{aligned}Q &= G[(t_1 - t')C_p + Le]\\&= 33.48 \times [(230 - 94) \times 2.302 + 243]\\&= 18\,617.29\,(\text{kJ/h})\end{aligned}$$

若按冷却系统完成排出总多余热量的 90% 的任务来计算，冷却系统应排除热量 Q' 为

$$Q' = 18\,617.29 \times 0.9 = 16\,755.56\,(\text{kJ/h})$$

因为型芯的高度和直径较大，故认为型芯和型腔各吸收热量的比例为 60% 和 40%。所以，它们分别排除热量：

型芯应排除热量 $\quad Q'_{芯} = 0.6Q' = 10\,053.34$ （kJ/h）

型腔（凹模）应排除热量 $\quad Q'_{腔} = 0.4Q' = 6\,702.21$ （kJ/h）

(2) 确定冷却水道的孔径 d

本模具适用于在锁模力 500 吨的注射机上成型，查表 4-5，确定水孔直径 d 取 12 mm，确定采用水为冷却液。由表 4-4 同时查知雷诺数 $Re = 4\,000$ 时的水流速度 $v = 0.43$ m/s。

(3) 计算冷却回路的数量 n

首先求解 Δt 值。

已知：$Q' = 16\,755.56$ kJ/h

$$d = 12 \text{ mm} = \frac{12}{1\,000} \text{ m}$$

$v = 0.43$ m/s

$\lambda = 4.186$ kJ/(kg·℃)

$T = 3\,600$ s/h

$\rho = 1\,000$ kg/m³

将以上数据代入式（4-37）后为

$$16\,755.56 = \frac{\pi}{4} \times \left(\frac{12}{1\,000}\right)^2 \times 0.43 \times 3\,600 \times 1\,000 \times 4.186 \times \Delta t$$

经计算得 $\Delta t = 22.9$ ℃。

再通过式化（4-32）求 n。已知 $\Delta t_i = 3$ ℃，故

$$n = \frac{22.9}{3} \approx 7(条)$$

将冷却回路分为型芯四条、型腔三条。

注意：以上计算仅为理论上的估算，供设计参考。冷却系统设计得究竟合理与否，尚需经过生产实践，根据产品质量及生产效率检验，若发现不妥，应做适当的调整、改进，使模具传热功能处于最佳状态，直至获得满意的产品为止。

4.7.5 加热系统设计

1. 加热对象

(1) 热固性塑料膜

模具必须供给产生交联化学反应的热量。

(2) 热流道模的流道板

以维持流道内塑料始终处于熔融状态，使模具正常工作。

(3) 小型塑件的热塑性塑料注射模

因制件小，塑料带给模具的热量不大，必须对模具增加热量，使其达到和维持一定的模具温度。

(4) 某些高黏性或结晶性塑料注射模

该类塑料成型时要求模温在 80 ℃ 以上，如聚碳酸酯要求 120 ℃ 左右的模温。因此，模具必须采取加热措施，保证塑件成型顺利。

除了上述在整个生产过程中都需要加热模具的情况之外，有时要求对模具先进行短期加热，然后再冷却，大型热塑性塑料注射模就是如此。一般，在模具开始正式生产塑件以前，

先经过一模一模地注射塑料；利用塑料凝固时放出的热量，将模具加热到一定的工作温度。而这种升温方法对于偌大体积的模具来说，是极不经济的。有人做过计算，设将5吨重的模具由20℃的室温升至60℃的模温，按照每小时注入模具60 kg ABS塑料的速率进行，这副模具将需要连续操作4.5 h后才能转为正式生产。不难想象，这期间对于设备、塑料的耗费及能源消耗是多么的大。因而较经济的办法是，对大型模具的预热可在不开机、模具不动的情况下，将其冷却系统内通入热水进行，待模具温度升高到一定时切换冷水，开始正式生产。

2. 加热方式

通常采用的加热方式有两种：一种是电加热式，即在模具周围或内部设置电热组件，对模具进行传热；另一种是在模具内部通入热介质，强制其循环流动来加热模具，此液体水道设计与冷却系统的相同。

在应用中，一般对于需要提供足够热能，温度要求较高的模具采用电加热式，如热固性塑料模、热塑性热流道模的流道板等。而模温要求在100℃左右的热塑性塑料注射模，常采用热水、过热水或热油加热，因为这种方式比较便捷，若注射机带有温控器，调节热介质的温度和流量十分方便。

此外有蒸汽加热式，常在泡沫塑料压模成型时使用，而煤气、天然气燃烧加热的方法一般不太使用，它既不安全、污染环境，又必须配置专门设备。

以下专门介绍电加热系统（装置）的设计内容。

3. 电加热系统设计

电加热式具有温度调节范围较大、加热装置结构简单、安装及维修方便、清洁、无污染等优点，因而应用较广泛。其缺点是升温较缓慢，改变温度时有时间滞后效应。

（1）电加热系统设计的基本要求

为实现模具加热均匀性，保证成型温度要求，并使电热功率损失较低，在设计电加热系统时，应做到以下几点：

① 计算模具的加热功率，防止因功率不够达不到模温要求，或因功率过大使模具过热。

② 合理地分布电热组件，使对型腔的加热均匀。加热棒不得距离型腔太近，恐影响型腔刚度和强度，并使腔内塑料受热不均。

③ 设计加热的同时，应做好防止热量散失工作，保证加热装置高效节能。

④ 建立必要的控温系统，便于测温和调节温度。

大型模具上的电热板可考虑安装两套控温仪表，分别调节其中央和边缘部位的温度。热流道模的流道板和喷嘴都应设置测温点，流道板要设置若干处测温点，因为它通常采用分段加热，测温和控温的准确程度是热流道模正常运行的必要条件。

（2）电加热装置的形式

模具中可以使用的电加热装置有两大类型，一种是电阻加热，另一种是感应加热。由于感应加热装置结构复杂，体积又大，只适合做大的加热板。以下介绍模具中常用的电阻加热装置。

1）电阻丝直接加热

这种加热装置是将事先绕制好的螺旋弹簧状电阻丝作为加热组件，外部穿套特制的绝缘瓷管后，装入模具专门开设的孔道中，一旦通电，便可对模具直接加热。该装置的特点是结构简单、价格低廉，但电阻丝与空气接触后容易氧化损耗，使用寿命不长，耗电量也比较大，并且不太安全，所以要慎用。

2）电热套、电热片加热装置

电热套的制作原理是，将电阻丝绕制在云母片上，然后装夹进一个特制框套内。如果框套为金属材料，则框套与电阻丝之间须用云母片绝缘。图4-129（a）、（c）、（d）所示电热套是根据模具加热部位的形状制成，图4-129（b）电热片使用于模具结构不便于用电热套或者电热棒的场合，或者满足局部加热需要。根据制作原理，也可以制作面积较大的电热板。电热套由于安装于模具外层，有一面与大气相接触，故而热量损失大，电功率耗费得多。

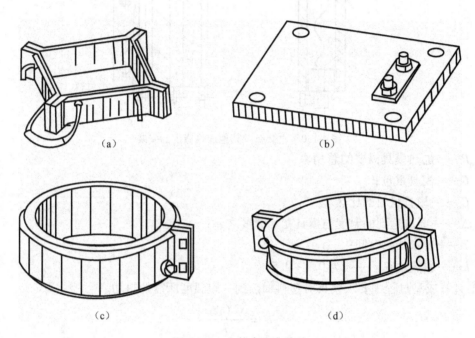

图4-129 电热套和电热片

3）电热棒

如图4-130所示，电热棒是由具有一定功率的电阻丝，装入带有耐热绝缘材料的金属密封管而构成。电热棒加热装置的特点是使用和安装方便，将它插入模具孔道，通电即可使用。另外，电热棒安装在模具内部，热量损失小。由于这些长处，电热棒早已作为一种标准加热组件。

(3) 电热功率的计算

所需的功率，以及使模具维持在工作状态下所需的功率，这两者之中哪个大，就将其定为设置电热装置功率数的依据。考虑存在热辐射和热传导等散热损耗，为了安全起见，可增加15%的功率。

① 计算在要求时间内将模温升至工作温度所需的总功率

$$P = \frac{GC_p \Delta t}{Tk} \tag{4-34}$$

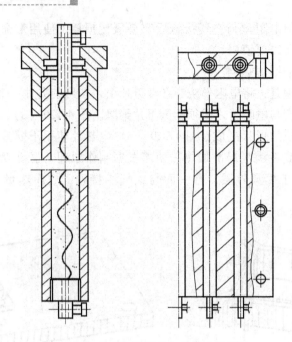

图 4-130 电热棒及其他加热棒内的安装

式中　P——加热模具需要的总功率；
　　　G——模具重量；
　　　C_p——模具材料的比热容；
　　　Δt——要求达到的温度与模具初始温度之差；
　　　T——要求加热时间；
　　　k——加热效率，一般为 0.3~0.5。

② 计算成型过程中要求模具对塑料加热到一定温度所需的热功率

$$P = \frac{G_s C_s \Delta t}{k} \tag{4-35}$$

式中　P——加热模具需要的总功率；
　　　G_s——每小时模具成型的塑料质量；
　　　C_s——成型塑料的比热容；
　　　Δt——塑料在模内工作温度与进入模具之前温度之差；
　　　k——热效率。

由计算出的总电热功率确定加热棒的根数，将总功率分配到各个电热棒上。表 4-6 列出了各种尺寸规格下的电热棒的功率。选用时，注意电热棒的长度要与安装孔的长度接近。电热棒与安装孔以尽量接触为好，一般取间隙值在 0.25 mm 左右。

表 4-6　电热棒外形尺寸与功率表

名义直径 d_1	13	16	18	20	25	32	40	50
允许误差	±0.1		±0.12			±0.2		±0.3
盖板 d_2	8	11.5	13.5	14.5	18	26	34	44
槽深 a	1.5	2	3			5		

续表

长度 L	功率/W							
60_{-3}^{0}	60	80	90	100	120			
80_{-3}^{0}	80	100	110	125	160			
100_{-3}^{0}	100	125	140	160	200	250		
125_{-4}^{0}	125	160	175	200	250	320		
160_{-4}^{0}	160	200	225	250	320	400	500	
200_{-4}^{0}	200	250	280	320	400	500	600	800
250_{-5}^{0}	250	320	350	400	500	600	800	1 000
300_{-5}^{0}	300	375	420	480	600	750	1 000	1 250
400_{-5}^{0}		500	550	630	800	1000	1 250	1 600
500_{-5}^{0}			700	800	1 000	1 250	1 600	2 000
650_{-6}^{0}				900	1 250	1 600	2 000	2 500
800_{-8}^{0}					1 600	2 000	2 500	3 200
$1\,000_{-10}^{0}$					2 000	2 500	3 200	4 000
$1\,200_{-10}^{0}$						3 000	3 800	4 750

电热棒的根数 n 用下式求得：

$$n = \frac{P}{P_e} \tag{4-36}$$

式中　n——需要电热棒的数量；

P——总电功率；

P_e——每根电热棒的功率（查表4-6）。

要确定合适的电热棒规格，有时需要经过反复地在电热棒的功率、根数、直径及长度之间进行调整，方能符合要求。

4. 防止热量散失的方法

（1）减小接触面积法

由热传导理论得知，两个不同温度的物体接触，热流量大小与这两者的接触面积成正比（还和两者温差量成正比等）。根据此理论，减小模具加热体与非加热体两部分的接触面积，减小加热模具与安装设备之间的固定贴合面，就能起到减少散热量的作用。具体设计做法：热固性塑料模可采取在模具与设备贴合的上、下范本表面上加工呈间隔分布的低槽，剩留部分的表面积要足以承压，并达到安装面平整度要求。

在无流道模和温流道模中，使喷嘴和流道板与型腔模具体部分尽可能小面积地接触，详细设计将在后面模具设计中予以介绍。

(2) 空气层隔热法

空气的导热性差,在需要阻止热量发生传导的两物体之间建立一定大小和厚度的间隙空间,利用内中充满的空气介质来起隔热的作用。在采取了上述减小接触面积法的同时,再将空气层大小一并结合考虑,防止散热的效果更佳。空气层厚度取 3~8 mm。

(3) 安置隔热板隔热法

在不希望受彼此温度影响但却要安装在一起的面积较大的两部分构件之间,也可以安置隔热板进行隔热。隔热板要用绝热性好、强度高、不致压缩变形的材料制作,例如石棉板、塑料板等。板的厚度不用太大,取 10~13 mm。要求隔热板的平整度、平行度较高,不能影响模具的性能。对隔热板的应用,如,安置在模具与设备的固定面之间、无流道模和温流道模的流道板与型腔模体之间。热流道模中有一种在给料喷嘴与型腔浇口之间局部采用塑料层隔热的方法,不过,此时的隔热塑料处于液态。

4.8 思考与练习

1. 注射模的分类方法如何?
2. 单分型面和双分型面注射模的区别是什么?
3. 双分型面注射模又称三板式注射模具,三板指的是什么?
4. 双分型面注射模具有两个分型面,其各自的作用是什么?
5. 双分型面注射模具应使用什么浇口?
6. 带有活动侧型芯等镶件的注射模的优缺点是什么?
7. 注射机是如何分类的?各类注射机的优缺点是什么?
8. 模具设计时,选用的注射机必须进行哪些方面的校核?
9. 注射机锁模力的校核方法是什么?
10. 注射机喷嘴与注射模主流道的尺寸关系如何?
11. 注射模具与注射机的安装形式有几种?
12. 如何按最大注射量来校核注射机?
13. 如何校核注射机的注射压力?
14. 在选择注射机时,应该校核哪些安装部分相关尺寸?
15. 浇注系统的作用是什么?注射模浇注系统由哪些部分组成?
16. 分流道设计时应注意哪些问题?
17. 分流道为什么采用梯形截面流道?
18. 什么是限制性浇口?限制性浇口的作用是什么?
19. 注射模浇口的作用是什么?有哪些类型?各自用在哪些场合?
20. 浇口位置选择的原则是什么?
21. 冷料穴的作用?
22. 为什么要设排气系统?常见的排气方式有哪些?
23. 什么是注射模的推出机构?
24. 推出机构分哪几类?

25. 推杆设计时又应注意哪些事项?
26. 推管推出机构用在什么场合?
27. 推件板推出机构有何特点?推件板如何设计?
28. 为什么要设置二次推出机构?
29. 什么是二级推出机构?图 4-131 所示工作原理如何?
30. 什么是双推出机构?在什么场合使用?
31. 常见的带螺纹的塑件脱模方式有哪些?
32. 采用模内旋转方式脱模,螺纹塑件上为什么必须带有止转的结构?
33. 什么塑料制品上的螺纹可采用拼合型芯或型环脱模方式?
34. 活动型芯或型环采用何种方式脱模?

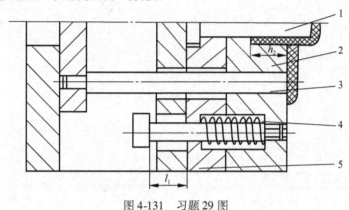

图 4-131 习题 29 图
1—型芯;2—型腔板;3—推杆;4—弹簧;5—型芯固定板

35. 活动型芯或型环脱模方式有何特点?
36. 潜伏式浇口浇注系统凝料的推出机构有何特点?
37. 潜伏式浇口如何将浇口自动切断?
38. 为什么要设置推出机构的复位装置?
39. 复位装置通常有哪些类型?
40. 注射模复位杆的作用是什么?
41. 什么情况需要注射模有斜导柱的侧向抽芯?
42. 斜导柱侧分型与抽芯机构的抽芯距如何确定?
43. 影响抽芯力的因素有哪些?
44. 斜导柱侧分型与抽芯机构的主要组成零件有哪些?
45. 楔紧块的作用是什么?
46. 楔紧块上锁紧角的作用是什么?
47. 斜导柱侧分型与抽芯机构适用于什么场合?
48. 简述滑块定位装置的作用?
49. 滑块与侧型芯的组合式连接方式有哪些优点?
50. 斜导柱与模板及滑块斜导孔的配合有哪些要求?
51. 为什么用斜导柱来抽芯时会出现干涉现象?如何克服?
52. 斜导柱分型与抽芯机构的结构形式有哪些?各自有什么特点?

53. 设计斜滑块分型机构应注意什么问题?
54. 弯销侧抽芯机构与斜导柱抽芯结构结构上有何区别?
55. 常见的先复位机构有哪些?
56. 冷却系统的设计原则是什么?
57. 模具带有冷却系统时的热传行为是什么?
58. 注射模为什么要设置模温调控系统?
59. 掌握冷却回路简略计算方法。
60. 模温调控系统设计原则是什么?具体设计时应注意哪些方面?
61. 设置模具冷却水道的水嘴时,应注意哪些问题?
62. 了解模具冷却系统常用结构形式的类型、特点及适用情况。

第 5 章　压缩模设计

配套资源

学习目标与要求

1. 掌握按结构特征分类的压缩模结构特点、应用场合，了解与注射模具结构的不同之处。
2. 掌握压力机有关工艺参数的校核。
3. 能读懂压缩模的典型结构图和工作原理。
4. 掌握压缩模的设计要点；具有设计中等复杂程度压缩模的能力。

学习重点

1. 压缩模的类型与结构组成。
2. 压力机有关的工艺参数校核。
3. 压缩模的设计要点。
4. 压缩模的典型结构。

学习难点

1. 结构选用。
2. 成型零件工作尺寸的确定及加料腔尺寸计算。

压缩模主要用于成型热固性塑件。成型前，根据压缩工艺条件需将模具加热到成型温度，然后将塑粉加入模具内加热、加压，塑料在热和压力的作用下充满型腔，同时发生化学反应而固化定型，最后脱模成为塑料制件。工艺过程如图 5-1 所示。

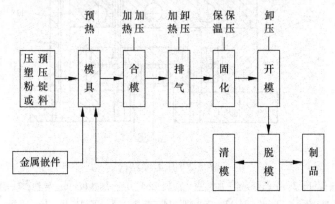

图 5-1　压缩成型工艺流程

压缩模也可以成型热塑性塑件。用压缩模成型热塑性塑件时，模具必须交替地进行加热和冷却，才能使塑料塑化和固化，故成型周期长，生产效率低，因此，它仅适用于成型光学性能要求高的有机玻璃镜片、不宜高温注射成型的硝酸纤维汽车转向盘以及一些流动性很差的热塑性塑料如聚酰亚胺等塑料制件。

特点：压缩模与注射模相比，其优点是无须设浇注系统，使用的设备和模具比较简单，主要应用于日用电器、电信仪表等热固性塑件的成型。在本章中，将着重讨论热固性塑料压缩模的设计，与注射模设计类似的合模导向机构、侧向抽芯机构、温度调节系统等，就不再作介绍了。

5.1　压缩模结构及分类

5.1.1　压缩模的基本结构

压缩模的典型结构如图5-2所示。模具的上模和下模分别安装在压力机的上、下工作台上，上下模通过导柱、导套导向定位。上工作台下降，使上凸模3进入下模加料室4与装入的塑料接触并对其加热。当塑料成为熔融状态后，上工作台继续下降，熔料在受热受压的作用下充满型腔并发生固化交联反应。塑件固化成型后，上工作台上升，模具分型，同时压力机下面的辅助液压缸开始工作，脱模机构将塑件脱出。压缩模按各零部件的功能作用可分为以下几大部分：成型零件；加料室；导向机构；侧向分型与抽芯机构；脱模机构；加热系统；支承零部件。

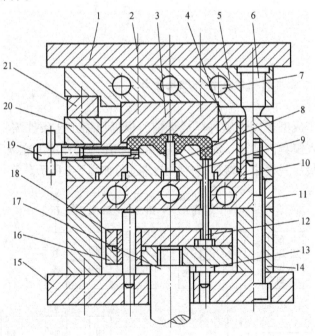

图5-2　压缩模结构

1—上模座板；2—螺钉；3—上凸模；4—加料室（凹模）；5、11—加热板；6—导柱；7—加热孔；8—型芯；
9—下凸模；10—导套；12—推杆；13—支承钉；14—垫块；15—下模座板；16—推板；17—连接杆；
18—推杆固定板；19—侧型芯；20—型腔固定板；21—承压块

5.1.2 压缩模的分类

压缩模分类方法很多,可按模具在压力机上的固定方式分类,也可按模具加料室的形式进行分类,下面就将两种分类形式进行介绍。

1. 按模具在压力机上的固定形式分类

(1) 移动式压缩模

移动式压缩模如图 5-3 所示,模具不固定在压力机上。压缩成型前,打开模具把塑料加入型腔,然后将上下模合拢,送入压力机工作台上对塑料进行加热加压成型固化。成型后将模具移出压力机,使用专门卸模工具开模脱出塑件。图 5-3 中是采用 U 形支架撞击上下模板,使模具分开脱出塑件。

这种模具结构简单,制造周期短,但因加料、开模、取件等工序均手工操作,劳动强度大、生产率低、易磨损,适用于压缩成型批量不大的中小型塑件以及形状复杂、嵌件较多、加料困难及带有螺纹的塑件。

(2) 半固定式压缩模

半固定式压缩模如图 5-4 所示,一般将上模固定在压力机上,下模可沿导轨移进或移出压力机外进行加料和在卸模架上脱出塑件。下模移进时用定位块定位,合模时靠导向机构定位。

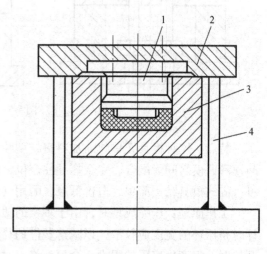

图 5-3 移动式压缩模
1—凸模;2—凸模固定板;3—凹模;4—U 形支架

这种模具结构便于安放嵌件和加料,且上模不移出机外,从而减轻了劳动强度,也可按需要采用下模固定的形式,工作时移出上模,用手工取件或卸模架取件。

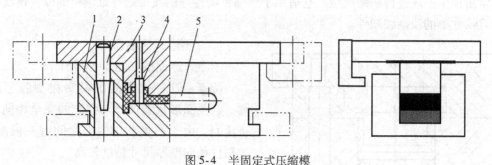

图 5-4 半固定式压缩模
1—凹模(加料室);2—导柱;3—凸模(上模);4—型芯;5—手柄

(3) 固定式压缩模

固定式压缩模如图 5-2 所示。上下模分别固定在压力机的上下工作台上。开合模与塑件脱出均在压力机上靠操作压力机来完成,因此生产率较高、操作简单、劳动强度小、开模振动小、模具寿命长,但缺点是模具结构复杂、成本高,且安放嵌件不方便,适用于成型批量较大或形状较大的塑件。

2. 根据模具加料室形式分类

（1）溢式压缩模

溢式压缩模如图 5-5 所示。

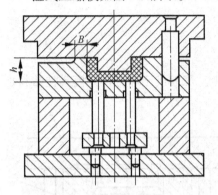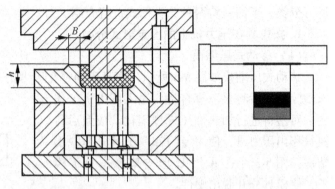

图 5-5 溢式压缩模

特点：这种模具无单独的加料室，型腔本身作为加料室，型腔高度等于塑件高度，由于凸模和凹模之间无配合，完全靠导柱定位，故塑件的径向尺寸精度不高，而高度尺寸精度尚可。溢式模具结构简单，造价低廉，耐用（凸凹模间无摩擦），塑件易取出。

工作原理：压缩成型时，由于多余的塑料易从分型面处溢出，故塑件具有径向飞边，设计时挤压环的宽度应较窄，以减薄塑件的径向飞边。图中环形挤压面 B（即挤压环）在合模开始时，仅产生有限的阻力，合模到终点时，挤压面才完全密合。

缺点：塑件密度较低，强度等力学性能也不高，特别是合模太快时，会造成溢料量的增加，浪费较大。

除了可用推出机构脱模外，通常可用压缩空气吹出塑件。

应用范围：这种压缩模对加料量的精度要求不高，加料量一般仅大于塑件重量的 5% 左右，常用预压型坯进行压缩成型，它适用于压缩流动性好的或带短纤维填料的以及精度要求不高且尺寸小的浅型腔塑件。

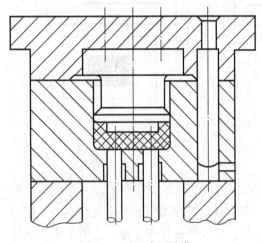

图 5-6 不溢式压缩模

（2）不溢式压缩模

不溢式压缩模如图 5-6 所示。

特点：这种模具的加料室在型腔上部延续，其截面形状和尺寸与型腔的完全相同，无挤压面。由于凸模和加料腔之间有一段配合，故塑件径向壁厚尺寸精度较高。

由于配合段单面间隙为 0.025~0.075 mm，故压缩时仅有少量的塑料流出，使塑件在垂直方向上形成很薄的轴向飞边，去除比较容易，其配合高度不宜过大，在设计不配合部分时可以将凸模上部截面设计得小一些，也可以将凹模对应部分尺寸逐渐增大而形成 15°~20° 的锥面。模具在闭合压缩时，压力几乎完全作用在塑件上，因此塑件密度高，强度高。

应用范围：这类模具适用于成型形状复杂、精度高、壁薄、长流程的深腔塑件，也可成型流动性差、比容大的塑件，特别适用于含棉布、玻璃纤维等长纤维填料的塑件。

缺点：不溢式压缩模由于塑料的溢出量少，加料量直接影响着塑件的高度尺寸，因此每模加料都必须准确称量，否则塑件高度尺寸不易保证。另外，由于凸模与加料室侧壁摩擦，将不可避免地会擦伤加料室侧壁，同时，塑件推出模腔时带划伤痕迹的加料室也会损伤塑件外表面且脱模较为困难，故固定式压缩模一般设有推出机构。

为避免加料不均，不溢式模具一般不宜设计成多型腔结构。

(3) 半溢式压缩模

半溢式压缩模如图 5-7 所示。

结构特点：这种模具在型腔上方设有加料室，其截面尺寸大于型腔截面尺寸，两者分界处有一环形挤压面，其宽度为 4~5 mm。凸模与加料室呈间隙配合，凸模下压时受到挤压面的限制，故易于保证塑件高度尺寸精度。凸模在四周开有溢流槽，过剩的塑料通过配合间隙或溢流槽排出。因此，此模具操作方便，加料时加料量不必严格控制，只需简单地按体积计量即可。

优点：半溢式压缩模兼有溢式和不溢式压缩模的优点，塑件径向壁厚尺寸和高度尺寸的

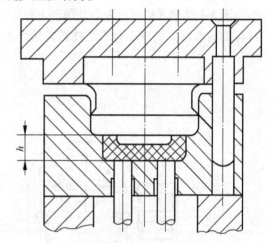

图 5-7 半溢式压缩模

精度均较好，密度较高，模具寿命较长，塑件脱模容易，塑件外表不会被加料室划伤。当塑件外形较复杂时，可将凸模与加料室周边配合面形状简化，从而减少加工困难，因此在生产中被广泛采用。

应用范围：半溢式压缩模适用于压缩流动性较好的塑件以及形状较复杂的塑件，由于有挤压边缘，不适于压制以布片或长纤维作填料的塑件。

5.2 压缩模与压力机的关系

5.2.1 压力机种类

按传动方式分，压力机分为机械式压力机和液压压力机。

1. 机械式压力机

常见的形式有螺旋式压力机、双曲柄杠杆式压力机等。由于机械式压力机的压力不准确，运动噪声大，容易磨损，特别是人力驱动的手板压力机，劳动强度很大，故机械式压力机工厂很少采用。

2. 液压压力机

液压压力机最为常用，其分类为：

(1) 按机架结构分为框式结构和柱式结构。

(2）按施压方向分为上压式和下压式，压制大型层压板可采用下压式压力机，压制塑件一般采用上压式压力机。

（3）按工作流体种类可分为油驱动的油压力机和油水乳液驱动的水压力机。

水压力机一般采用中心蓄能站，用它能同时驱动多台压力机，生产规模很大时较为有利，但近年来已较少使用。

目前大量使用的是带有单独油泵的液压压力机，此种压力机的油压可以调节，其最高工作油压多采用 30 MPa，此外还有 16 MPa、32 MPa、50 MPa 等。液压压力机多数具有半自动或全自动操作系统，对压缩成型时间等可以进行自动控制。

图 5-8 和图 5-9 所示为部分国产上压式液压压力机示意图，图中仅标出了一些与安装模具有关的参数。各种压力机的技术参数详见有关手册。

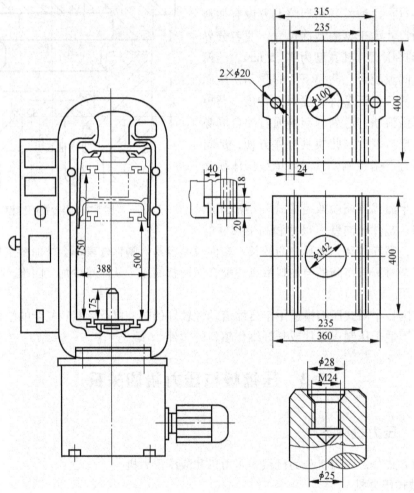

图 5-8　SY71-45 型塑料制品液压机

5.2.2　压力机有关参数的校核

压力机的成型总压力、开模力、推出力、合模高度和开模行程等技术参数与压缩模设计有直接关系，同时压板和工作台等装配部分尺寸也是设计模具时必须注意的，所以在设计压

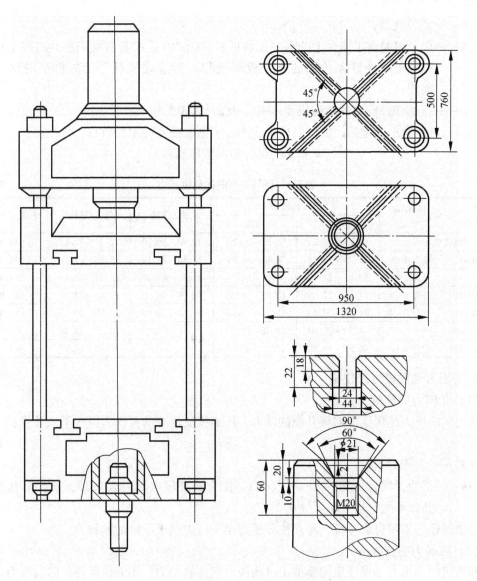

图 5-9　SB32-100 型四柱万能液压机

缩模时应首先对压力机作下述几方面的校核。

1. 成型总压力的校核

成型总压力是指塑料压缩成型时所需的压力，它与塑件的几何形状、水平投影面积、成型工艺等因素有关，成型总压力必须满足下式：

$$F_m \leq KF_p \tag{5-1}$$

式中　F_m——成型塑件所需的总压力；

　　　K——修正系数，按压力机的新旧程度取 0.75、0.90；

　　　F_p——压力机的额定压力。

成型塑件所需的总压力：

$$F_m = nAp \tag{5-2}$$

式中　n——型腔数目；
　　　A——单个型腔在工作台上的水平投影面积，mm^2，溢式或不溢式模具的水平投影面积等于塑件最大轮廓的水平投影面积；半溢式模具等于加料室的水平投影面积；
　　　P——压缩塑件需要的单位成型压力，MPa，见表 5-1。

当压力机的大小确定后，也可以按下式确定多型腔模具的型腔数目：

$$n = KF_p/Ap（型腔数取整数）\tag{5-3}$$

表 5-1　压缩成型时的单位压力　　　　　　　　　　　　　　　MPa

塑件特征	塑料品种	酚醛塑料粉		布层塑料	氨基塑料	酚醛石棉塑料
		不预热	预热			
扁平厚壁塑件/mm		12.25~17.15	9.80~14.70	29.40~39.20	12.25~17.15	44.10
高 20~40	壁厚 4~6	12.25~17.15	9.80~14.70	34.30~44.10	12.25~17.15	44.10
高 20~40	壁厚 2~4	12.25~17.15	9.80~14.70	39.20~49.00	12.25~17.15	44.10
高 40~60	壁厚 4~6	17.15~22.05	12.25~15.39	49.00~68.60	17.15~22.05	53.90
高 40~60	壁厚 2~4	24.50~29.40	14.70~19.60	58.80~78.40	24.50~29.45	53.90
高 60~100	壁厚 4~6	24.50~29.40	14.70~19.60	—	24.50~29.45	53.90
高 60~100	壁厚 2~4	26.95~34.30	17.15~22.05	—	26.95~34.90	53.90

2. 开模力和脱模力的校核

（1）开模力的校核

压力机的压力是保证压缩模开模的动力，压缩模所需要的开模力可按下式计算：

$$F_k = KF_m \tag{5-4}$$

式中　F_k——开模力 N；
　　　k——系数，配合长度不大时可取 0.1，配合长度较大时可取 0.15，塑件形状复杂且凸凹模配合较大时可取 0.2。

若要保证压缩模可靠开模，必须使开模力小于压力机液压缸的回程力。

（2）脱模力的校核

压力机的顶出力是保证压缩模推出机构脱出塑件的动力，压缩模所需要的脱模力可按下式计算：

$$F_t = A_c P_f \tag{5-5}$$

式中　F_t——塑件从模具中脱出所需的力，N；
　　　A_c——塑件侧面积之和，mm^2；
　　　P_f——塑件与金属表面的单位摩擦力，塑件以木纤维和矿物质作填料取 0.49 MPa，塑件以玻璃纤维增强时，取 1.47 MPa。

注意，若要保证可靠脱模，则必须使脱模力小于压力机的顶出力。

3. 合模高度与开模行程的校核

为了使模具正常工作，必须使模具的闭合高度和开模行程与压力机上下工作台之间的最大和最小开距以及活动压板的工作行程相适应，即

$$h_{min} \leqslant h \leqslant h_{max}$$
$$h = h_1 + h_2 \tag{5-6}$$

式中 h_{min}、h_{max}——压力机上下模板之间的最大和最小距离；

h——模具合模高度；

h_1——凹模的高度（见图5-10）；

h_2——凸模台肩的高度（见图5-10）。

如果 $h \leqslant h_{min}$，上下模不能闭合，模具无法工作，这时在模具与工作台之间必须加垫板，要求 h_{min} 小于 h 和垫板厚度之和。

为保证锁紧模具，其尺寸一般应小于10～15 mm。

为保证顺利脱模，除满足 $h_{max} > h$ 外，还要求：

$$h_{max} \geqslant h + L \tag{5-7}$$

式中 L——模具最小开模距离。

$$L = h_s + h_t + (10 \sim 30) \text{mm}$$

$$h_{max} \geqslant h + h_s + h_t + (10 \sim 30) \text{mm} \tag{5-8}$$

式中 h_s——塑件的高度，mm；

h_t——凸模高度，mm。

4. 压力机工作台有关尺寸的校核

压缩模设计时应根据压力机工作台面规格和结构来确定模具的相应尺寸。

① 模具的宽度尺寸应小于压力机立柱（四柱式压力机）或框架（框架式压力机）之间的净距离，使压缩模能顺利装在压力机的工作台上，模具的最小外形尺寸不应超过压力机工作台面尺寸。

② 注意工作台面上的T形槽的位置：其T形槽有沿对角线交叉开设的，也有平行开设的。模具可以直接用螺钉分别固定在上下工作台上，但模具上的固定螺钉孔（或长槽，缺口）应与工作台的上下T形槽位置相符合，模具也可用螺钉压板压紧固定，这时上下模底板应设有宽度为 15～30 mm 的凸台阶。

5. 压力机顶出机构的校核

固定式压缩模一般均利用压力机工作台面下的顶出机构（机械式或液压式）驱动模具脱模机构进行工作，因此压力机的顶出机构与模具的脱模机构两者的尺寸应相适应，即模具所需的脱模行程必须小于压力机顶出机构的最大工作行程，模具需用的脱模行程 L_d 一般应保证塑件脱模时高出凹模型腔 10～15 mm，以便将塑件取出。

图5-11所示即为塑件高度与压力机顶出行程的尺寸关系图。

顶出距离 L_d 必须满足

$$L_d = h_s + h_3 + (10 \sim 15) \text{mm} \leqslant L_p \tag{5-9}$$

式中 L_d——压缩模需要的脱模行程，mm；

h_s——塑件的最大高度，mm；

h_3——加料腔的高度，mm；

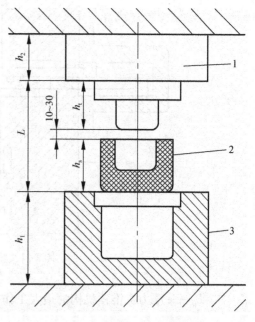

图5-10 模具高度和开模行程
1—凸模；2—塑件；3—凹模

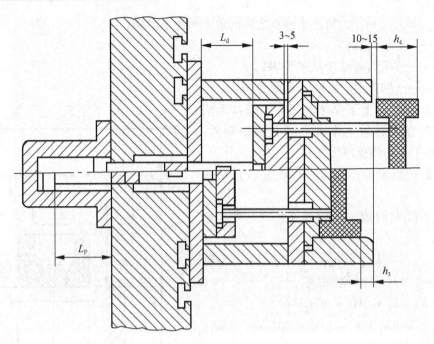

图 5-11　塑件与压力机顶出行程

L_p——压力机推顶机构的最大工作行程，mm。

5.3　压缩模的设计

在设计压缩模时，首先应确定加料室的总体结构、凹模和凸模之间的配合形式以及成型零部件的结构，然后再根据塑件尺寸确定型腔成型尺寸，根据塑件重量和塑料品种确定加料室尺寸。有些内容，如型腔成型尺寸计算、型腔底板及壁厚尺寸计算、凸模的结构等，前面有关章节已讲述过，这些内容同样也适用于热固性塑料压缩模，因此现仅就压缩模一些特殊要求叙述一下。

5.3.1　塑件在模具内加压方向的确定

加压方向是指凸模作用方向。加压方向对塑件的质量、模具结构和脱模的难易程度都有重要影响，因此在决定施压方向时要考虑下述因素。

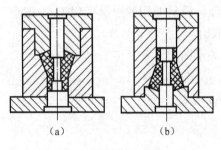

图 5-12　塑件的两种加压方法

1. 便于加料

图 5-12 所示为塑件的两种加压方法，图 5-12（b）加料室较窄不利于加料；图 5-12（a）加料室大而浅便于加料。

2. 有利于压力传递

塑件在模具内的加压方向应使压力传递距离尽量短，以减少压力损失，并使塑件组织均匀。

圆筒形塑件一般情况下应顺着其轴向施压，但对于轴线长的杆类、管类等塑件，可改垂直方向加压为水平方向加压。如图 5-13（a）所示的圆筒形塑件，由于塑件过长，压力损失大，若从上端加压，则塑件底部压力小，会使底部产生疏松现象，若采用上下凸模同时加压，则塑料中部会出现疏松现象，为此可将塑件横放，采用图 5-13（b）所示的横向加压形式，这种形式有利于压力传递，可克服上述缺陷，但在塑件外圆上将产生两条飞边而影响外观质量。

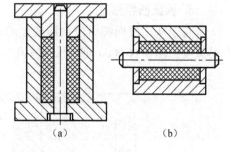

图 5-13 有利于压力传递的加压方向

3. 便于安放和固定嵌件

当塑件上有嵌件时，应优先考虑将嵌件安放在下模上。

如将嵌件安放在上模，如图 5-14（a）所示，既费事又可能使嵌件不慎落下压坏模具；如图 5-14（b）所示，将嵌件改装在下模，不但操作方便，而且还可利用嵌件推出塑件而不留下推出痕迹。

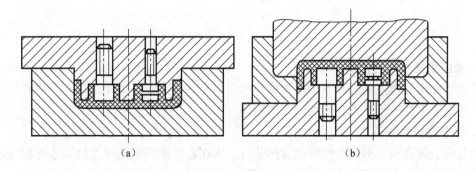

图 5-14 便于安装嵌件的加压方向

4. 便于塑料流动

加压方向与塑料流动方向一致时，有利于塑料流动。如图 5-15（a）所示，型腔设在上模，凸模位于下模，加压时，塑料逆着加压方向流动，同时由于在分型面上需要切断产生的飞边，故需要增大压力；而图 5-15（b）中，型腔设在下模，凸模位于上模，加压方向与塑料流动方向一致，有利于塑料充满整个型腔。

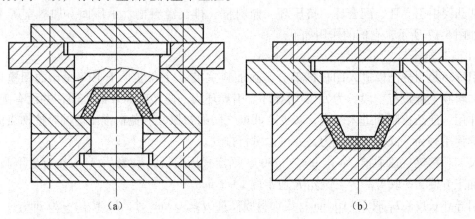

图 5-15 便于塑件流动的加压方向

5. 保证凸模强度

对于从正反面都可以加压成型的塑件，选择加压方向时应使凸模形状尽量简单，保证凸模强度，图 5-16（b）所示的结构比图 5-16（a）所示结构的凸模强度高。

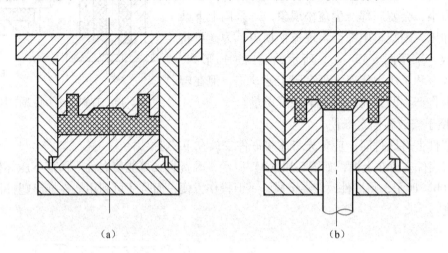

图 5-16　有利于凸模强度的加压方向

6. 保证重要尺寸的精度

沿加压方向的塑件高度尺寸不仅与加料量多少有关，而且还受飞边厚度变化的影响，故对塑件精度要求高的尺寸不宜与加压方向相同。

7. 便于抽拔长型芯

当塑件上具有多个不同方位的孔或侧凹时，应注意将抽拔距离较大的型芯与加压方向保持一致，而将抽拔距离较小的型芯设计成能够进行侧向运动的抽芯机构。

5.3.2　凸凹模配合形式

各类压缩模的凸模与加料腔（凹模）的配合结构各不相同，因此应从塑料特点、塑件形状、塑件密度、脱模难易、模具结构等方面加以合理选择。

1. 凹凸模各组成部分及其作用

以半溢式压缩模为例（半溢式压缩模结构最为复杂）：

凹凸模由引导环、配合环、挤压环、储料槽、排气溢料槽、承压面、加料室等部分组成，如图 5-17 所示，它们的作用如下。

（1）引导环 L_1

引导环是引导凸模进入凹模的部分，除加料室极浅（高度小于 10 mm）的凹模外，一般在加料腔上部设有一段长为 L_1 的引导环。引导环为一段斜度为 α 的锥面，并设有圆角 R。

作用：使凸模顺利进入凹模，减少凸凹模之间的摩擦，避免在推出塑件时擦伤表面，增加模具使用寿命，减少开模阻力，并可以进行排气。

尺寸：移动式压缩模，α 取 20′~1°30′；固定式压缩模，取 20′~1°。在有上下凸模时，为了加工方便，α 取 4°~5°。圆角 R 通常取 1~2 mm。

引导环长度：L_1 取 5~10 mm；当加料腔高度 $H \geqslant 30$ mm 时，L_1 取 10~20 mm。

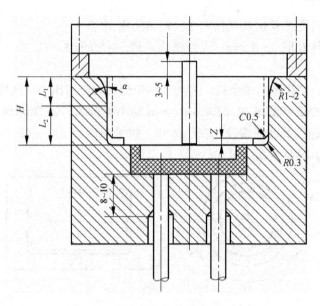

图 5-17 压缩模的凸凹模各组成部分

（2）配合环 L_2

作用：配合环是凸模与凹模加料腔的配合部分，它保证凸模与凹模定位准确，阻止塑料溢出，通畅地排除气体。

凸凹模的配合间隙：以不发生溢料和双方侧壁互不擦伤为原则。

对于移动式模具，凸凹模经热处理的可采用 H8/f7 配合，形状复杂的可采用 H8/f8 配合，或以热固性塑料的溢料值作为间隙的标准，一般取单边间隙 0.025～0.075 mm。

尺寸：配合环长度 L_2 应根据凸凹模的间隙而定，间隙小则长度取短些。一般移动式压缩模 L_2 取 4～6 mm；固定式模具，若加料腔高度 $H \geqslant 30$ mm 时，L_2 取 8～10 mm。

（3）挤压环 B

挤压环的作用：限制凸模下行位置并保证最薄的水平飞边，挤压环主要用于半溢式和溢式压缩模。

半溢式压缩模的挤压环的形式如图 5-18 所示。

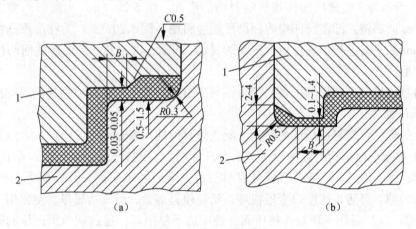

图 5-18 挤压环的形式
1—凸模；2—凹模

尺寸：挤压环的宽度 B 值按塑件大小及模具用钢而定。

一般中小型模具 B 取 $2\sim4$ mm；大型模具 B 取 $3\sim5$ mm。

（4）储料槽

储料槽的作用：储存排出的余料，因此凸凹模配合后应留出小空间作储料槽。

半溢式压缩模的储料槽形式如图 5-17 所示的小空间 Z，通常储料槽深度 Z 取 $0.5\sim1.5$ mm；不溢式压缩模的储料槽设计在凸模上，如图 5-19 所示，这种储料槽不能设计成连续的环形槽，否则余料会牢固地包在凸模上难以清理。

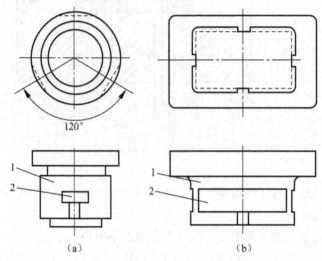

图 5-19　不溢式压缩模的储料槽
1—凸模；2—储料槽

（5）排气溢料槽

压缩成型时为了减少飞边，保证塑件精度和质量，必须将产生的气体和余料排出，一般可在成型过程中进行卸压排气操作或利用凸凹模配合间隙来排气，但压缩形状复杂塑件及流动性较差的纤维填料的塑料时应设排气溢料槽，成型压力大的深型腔塑件也应开设排气溢料槽。

图 5-20 所示为半溢式压缩模排气溢料槽的形式。图 5-20（a）为圆形凸模上开设四条 $0.2\sim0.3$ mm 的凹槽，凹槽与凹模内圆面形成溢料槽；图 5-20（b）为在圆形凸模上磨出深 $0.2\sim0.3$ mm 的平面进行排气溢料；图 5-20（c）和图 5-20（d）是矩形截面凸模上开设排气溢料槽的形式。

排气溢料槽应开到凸模的上端，使合模后高出加料腔上平面，以便使余料排出模外。

（6）承压面

承压面的作用：减轻挤压环的载荷，延长模具的使用寿命。

图 5-21 是承压面结构的几种形式。图 5-21（a）是用挤压环做承压面，模具容易损坏，但飞边较薄；图 5-21（b）是由凸模台肩与凹模上端面做承压面，凸凹模之间留有 $0.03\sim0.05$ mm 的间隙，可防止挤压边变形损坏，延长模具寿命，但飞边较厚，主要用于移动式压缩模；图 5-21（c）是用承压块作挤压面，挤压边不易损坏，通过调节承压块的厚度来控制凸模进入凹模的深度或控制凸模与挤压边缘的间隙，减少飞边厚度，主要用于固定式压缩模。

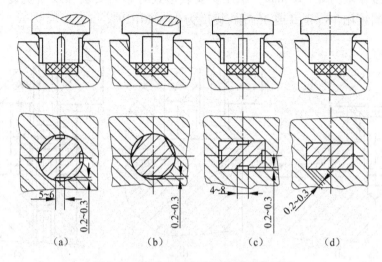

图 5-20　半溢式固定式压缩模的溢料槽

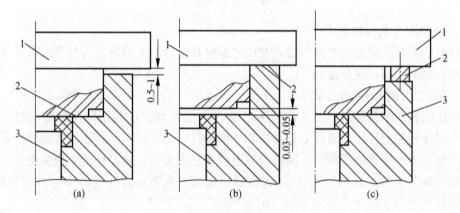

图 5-21　压缩模承压面的结构形式
1—凸模；2—承压面；3—凹模

承压块的形式如图 5-22 所示。

图 5-22（a）为长条形用于矩形模具；图 5-22（b）为弯月形，用于圆形模具；图 5-22（c）为圆形，图 5-22（d）为圆柱形，均可用于小型模具。

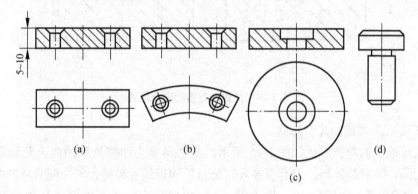

图 5-22　承压块的形式

承压块厚度一般为 8~10 mm，承压块安装形式有单向安装和双面安装，如图 5-23 所示，承压块材料可用 T8、T10 或 45 钢，硬度为 35~40HRC。

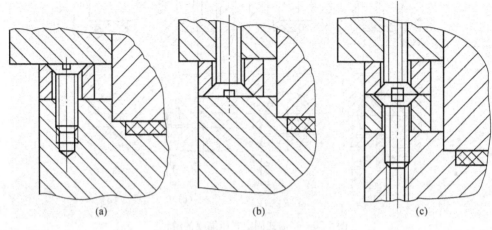

图 5-23　承压块的安装

2. 凸凹模配合的结构形式

压缩模凸模与凹模配合的结构形式及尺寸是模具设计的关键所在，其形式和尺寸依据压缩模类型不同而不同，现分述如下。

（1）溢式压缩模的配合形式

溢式压缩模的配合形式如图 5-24 所示，它没有加料室，仅利用凹模型腔装料，凸模和凹模没有引导环和配合环，而是依靠导柱和导套进行定位和导向，凸凹模接触面既是分型面又是承压面。为了使飞边变薄，凸凹模接触面积不宜太大，一般设计成单边宽度为 3~5 mm 的挤压面，如图 5-24（a）所示。为了提高承压面积，在溢料面（挤压面）外开设溢料槽，在溢料槽外再增设承压面，如图 5-24（b）所示。

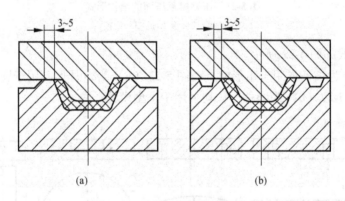

图 5-24　溢式压缩模的配合形式

（2）不溢式压缩模的配合形式

不溢式压缩模的配合形式如图 5-25 所示，其加料室为凹模型腔的向上延续部分，二者截面尺寸相同，没有挤压环，但有引导环、配合环和排气溢料槽，其中配合环的配合精度为 H8/f7 或单边 0.025~0.075 mm。图 5-25（a）为加料室较浅、无引导环的结构；图 5-25

(b) 为有引导环的结构。为顺利排气，两者均设有排气溢料槽。

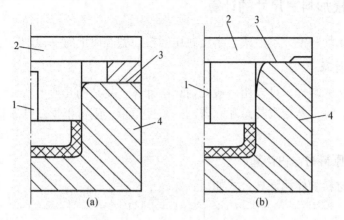

图 5-25　不溢式压缩模的配合形式
1—排气溢料槽；2—凸模；3—承压面；4—凹模

这种配合形式的最大缺点是凸模与加料室侧壁摩擦会使加料室逐渐损伤，造成塑件脱模困难，而且塑件外表面也很易擦伤。为克服这些缺点，可采用如图 5-26 所示的改进形式。

不溢式压缩模配合的改进形式如图 5-26 所示。

图 5-26（a）是将凹模型腔向上延长 0.8 mm 后，每边向外扩大 0.3~0.5 mm，减少塑料推出时的摩擦，同时凸模与凹模间形成空间，供排除余料用；图 5-26（b）是凹模型腔向上延长 0.8 mm 后，再倾斜 45°后把加料室扩大 1~3 mm 的形式，由于增加了加料室的面积，使型腔形状复杂而且深度又较高的凹模加工较方便，同时易于脱模；图 5-26（c）用于带斜边的塑件。当成型流动性差的塑料时，上述模具在凸模上均应开设溢料槽。

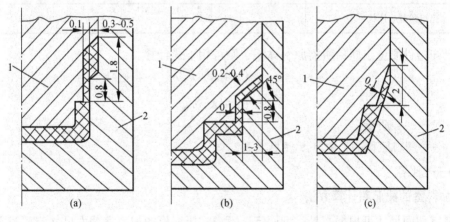

图 5-26　不溢式压缩模的改进形式
1—凸模；2—凹模

（3）半溢式压缩模的配合形式

半溢式压缩模的配合形式如图 5-17 所示。这种形式的最大特点是具有溢式压缩模的水平挤压环，同时还具有不溢式压缩模凸模与加料室之间的配合环和引导环，其中配合环的配合精度为 H8/f7 或单边留 0.025~0.075 mm 间隙，另外凸模上设有溢料槽进行排气溢料，这些内容在前面已经作过介绍。

5.3.3 凹模加料室尺寸的计算

溢式压缩模无加料室,不溢式、半溢式压缩模在型腔以上有一段加料室。

1. 塑件体积计算

简单几何形状的塑件,可以用一般几何算法计算;复杂的几何形状,可分为若干个规则的几何形状分别计算,然后求其总和。若已知塑件质量,则可根据塑件质量除以塑件密度求出塑件体积。

2. 塑件所需原料的体积计算

塑件所需原材料的体积计算公式如下:

$$V_{sl} = (1 + K)kV_s \tag{5-10}$$

式中 V_{sl}——塑件所需原料的体积;

K——飞边溢料的重量系数,根据塑件分型面大小选取,通常取塑件净量的5%~10%;

k——塑料的压缩比(见表5-2);

V_s——塑件的体积。

表5-2 常用热固性塑料的密度、压缩比

塑料名称	密度 $\rho/(g \cdot cm^{-3})$	压缩比
酚醛塑料(粉状)	1.35~1.95	1.5~2.7
氨基塑料(粉状)	1.50~2.10	2.2~3.0
碎布塑料(片状)	1.36~2.00	5.0~10.0

若已知塑件质量求塑件所需原料体积,则可用下式计算:

$$V_{sl} = (1 + K)km/\rho_{sl}$$

$$V_{sl} = (1 + K)vm$$

式中 m——塑件质量;

ρ_s——塑料原料的松散密度(见表5-2)。

v——比容。

3. 加料室的截面积计算方法

加料室截面尺寸可根据模具类型而定。不溢式压缩模的加料室截面尺寸与型腔截面尺寸相等;半溢式压缩模的加料室由于有挤压面,所以加料室截面尺寸等于型腔截面尺寸加上挤压面的尺寸,挤压面单边宽度一般为3~5mm。根据截面尺寸,加料室截面积就可以方便地计算出来。

4. 加料室高度的计算

在进行加料室高度的计算之前,应确定加料室高度的起始点。一般情况,不溢式加料室高度以塑件的下底面开始计算,而半溢式压缩模的加料室高度以挤压边开始计算。

不论不溢式还是半溢式压缩模,其加料室高度 H 都可用下式计算:

$$H = \frac{V_{sl} - (V_j - V_x)}{A} + (5 \sim 10)\,\text{mm}$$

式中　H——加料室高度,mm;

　　　V_{sl}——塑料原料体积,mm³;

　　　V_j——加料室高度起始点以下型腔的体积,mm³;

　　　V_x——下型芯占有加料室的体积,m³;

　　　A——加料室的截面积,mm³。

如图 5-27（a）所示,不溢式压缩模加料室高度为 $H = (V_{sl} + V_x)/A + (5 \sim 10)$ mm。

如图 5-27（b）所示,不溢式压缩模加料室高度为 $H = (V_{sl} - V_j)/A + (5 \sim 10)$ mm。

如图 5-27（c）所示为高度较大的薄壁塑件压缩模,如果按公式计算,其加料室高度小于塑件的高度,所以在这种情况下,加料室高度只需在塑件高度基础上再增加 10~20 mm。

图 5-27（d）所示为半溢式压缩模,其加料室高度为 $H = (V_{sl} - V_j + V_x)/A + (5 \sim 10)$ mm。在这里,有一部分塑料进入上凸模内成型,由于在加料后而未加压之前,它不影响加料室的容积,所以,一般计算时可以不考虑。

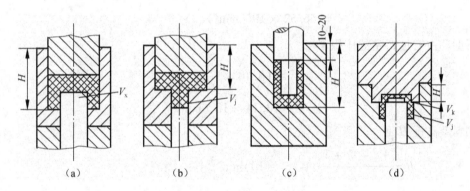

图 5-27　压缩模加料室的高度

[例]　有一塑件如图 5-28 所示,物料密度为 1.4 g/mm³,压缩比为 3,飞边重量按塑件净重的 10% 计算,求半溢式压缩模的加料室高度。

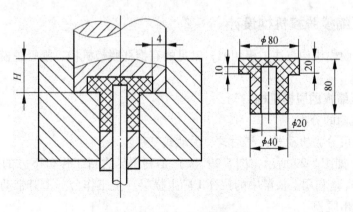

图 5-28　加料室高度计算

解：塑件的体积 V_s

$$V_s = 3.14 \times \frac{80^2}{4} \times 20 + 3.14 \times \frac{40^2 - 20^2}{4} \times (80 - 20) - 3.14 \times \frac{20^2}{4} \times 10$$

$$= 160.14 \times 10^3 (\text{mm}^3)$$

塑件所需原料的体积 V_{s1}

$$V_{s1} = (1 + K)kV_s$$

$$= (1 + 10\%) \times 3 \times 160.14 \times 10^3$$

$$= 528.46 \times 10^3 (\text{mm}^3)$$

加料室截面积 A

$$A = 3.14 \times \frac{(80 + 4 \times 2)^2}{4}$$

$$= 6.08 \times 10^3 (\text{mm}^2)$$

塑件在挤压边下面的型腔体积 V_j

$$V_j = 3.14 \times \frac{(40^2 - 20^2)}{4} \times (80 - 20)$$

$$= 56.52 \times 10^3 (\text{mm}^3)$$

下型芯占有加料室的体积 V_x

$$V_x = \left(3.14 \times \frac{20^2}{4}\right) \times 10$$

$$= 3.14 \times 10^3 (\text{mm}^3)$$

加料室高度 H

$$H = \frac{V_{s1} - V_j + V_x}{A} + (5 \sim 10)\text{mm}$$

$$= \frac{528.46 \times 10^3 - 56.52 \times 10^3 + 3.14 \times 10^3}{6.08 \times 10^3} + (5 \sim 10)\text{mm}$$

$$= 78.14 + (5 \sim 10)\text{mm}$$

加料室高度可取 85mm。

5.3.4 压缩模脱模机构设计

压缩模推出脱模机构与注射模相似，常见的有推杆脱模机构、推管脱模机构、推件板脱模机构等。

1. 固定式压缩模的脱模机构

（1）脱模机构的分类

按动力来源可分为机动式、气动式、手动式三种。

① 机动式。如图 5-29 所示，图 5-29（a）是利用压力机工作台下方的顶出装置推出脱模；图 5-29（b）是利用上横梁中的拉杆 1 随上横梁（上工作台）上升带动托板 4 向上移动而驱动推杆 6 推出脱模。

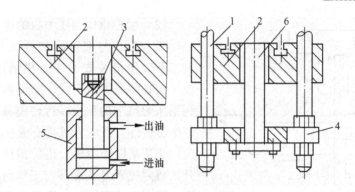

图 5-29　压力机推顶装置

1—拉杆；2—压力机工作台；3—活塞杆（顶杆）；4—托板；5—液压缸；6—推杆

② 气动式。如图 5-30 所示，即利用压缩空气直接将塑件吹出模具。

应用范围：当采用溢式压缩模或少数半溢式压缩模时，如果塑件对型腔的黏附力不大，则可采用气吹脱模。气吹脱模适用于薄壁壳形塑件。

当薄壁壳形塑件对凸模包紧力很小或凸模斜度较大时，开模后塑件会留在凹模中，这时压缩空气吹入塑件与模壁之间因收缩而产生的间隙里，将使塑件升起，如图 5-30（a）所示。图 5-30（b）为一矩形塑件，其中心有一孔，成型后压缩空气吹破孔内的溢边，压缩空气便会钻入塑件与模壁之间，使塑件脱出。

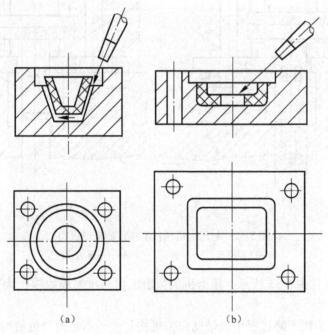

图 5-30　气吹脱模

③ 手动式。可利用人工通过手柄，用齿轮齿条传动机构或卸模架等将塑件推卸取出。图 5-31 所示即为摇动压力机下方带有齿轮的手柄，齿轮带动齿条上升进行脱模的形式。

(2) 脱模机构与压力机的连接方式

压力机有的带顶出装置也有的不带顶出装置，不带顶出装置的压力机适用于移动式压缩模。当必须采用固定式压缩模和机动顶出时，可利用压力机上的顶出装置使模具上的推出机构工作推出塑件。当压力机带有液压顶出装置时，液压缸的活塞杆即为压力机的顶杆，一般活塞杆上升的极限位置是其端部与工作台表面相平齐的位置。压力机的顶杆与压缩模脱模机构的连接方式有两种。

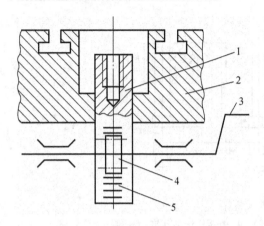

图 5-31　压力机中的手动推顶装置
1—推杆；2—压力机下工作台；
3—手柄；4—齿轮；5—齿条

① 间接连接。当压力机顶杆能伸出工作台面而且有足够高度时，在模具装好后直接调节顶杆顶出距离即可进行操作。当压力机顶杆端部上升的极限位置只能与工作台面平齐时，必须在顶杆端部旋入一适当长度的尾轴。尾轴的另一端与压缩模脱模机构无固定连接，如图5-32（a）所示；尾轴也可以反过来利用螺纹与模具推板相连，如图5-32（b）所示。这两种形式都要设计复位杆等复位机构。

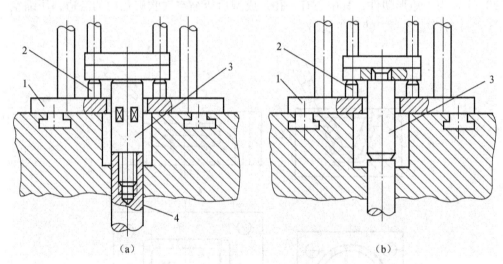

图 5-32　与压力机顶杆不相连的推出机构
1—下模座板；2—挡销；3—尾轴；4—压机顶杆

② 直接连接。如图 5-33 所示，压力机的顶出机构与压缩模脱模机构通过尾轴固定连接在一起。

这种方式在压力机下降过程中能带动脱模机构复位，不必设复位机构。

为便于使塑件留在下模，某些制品可按图5-34所示，在塑件上设计一些结构。

2. 半固定式压缩模的脱模机构

半固定式压缩模是指压缩模的上模或下模可以从压力机上移出，在上模或下模移出后，再进行塑件脱模和嵌件安装。

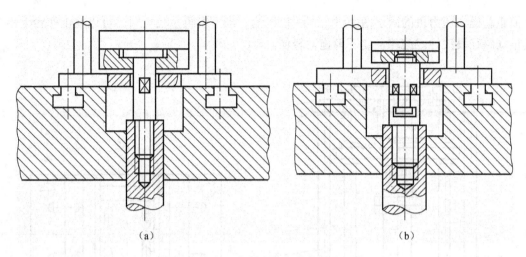

图 5-33　与压力机顶杆相连的推出机构

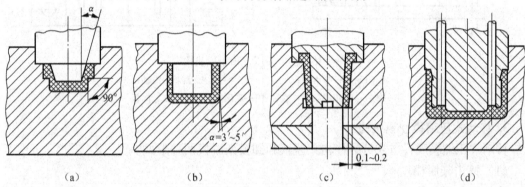

图 5-34　使塑件留模的方法

（1）带活动上模的压缩模

这类模具可将凸模或模板制成沿导滑槽抽出的形式，故又称抽屉式压缩模。

如图 5-35 所示，开模后塑件留在活动上模 2 上，用手把 1 沿导滑板 3 把活动上模拉出模外取出塑件，然后再把活动上模送回模内。

（2）带活动下模的压缩模

这类模具其上模是固定的，下模可移出，图 5-36 所示为一典型的模外脱模机构。

该脱模机构工作台 3 与压力机工作台等高，工作台支承在四根立柱 8 上。在脱模工作台 3

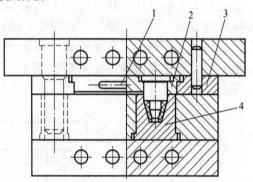

图 5-35　抽屉式压缩模
1—手把；2—活动上模；3—导滑板；4—凹模

上装有宽度可调节的导滑槽 2，以适应不同模具宽度。在脱模工作台正中装有推出板 4、推杆和推杆导向板 10，推杆与模具上的推出孔相对应，当更换模具时则应调换这几个零件。

工作台下方设有液压推出缸 9，在液压缸活塞杆上段有调节推出高度的丝杠 6，为方便脱模机构上下运动平稳而设有滑动板 5，该板上的导套在导柱 7 上滑动。为了将模具固定在正确的位置上，设有定位板 1 和可调节的定位螺钉。开模后将活动下模的凸肩滑入导滑槽 2 内，并推到与定位板相接触的位置。开动推出液压缸，推出塑件，待清理和安装嵌件后，将下模重新推入压力机的固定槽中进行下一模压缩。当下模重量较大时，可以在工作台上沿模具拖动路径设滚柱或滚珠，使下模拖动轻便。

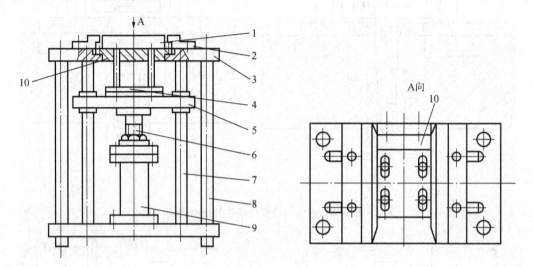

图 5-36　模外液压推顶脱模机构

1—定位板；2—导滑槽；3—工作台；4—推出板；5—滑动板；
6—丝杠；7—导柱；8—立柱；9—液压缸；10—推杆导向板

3. 移动式压缩模脱模机构

移动式压缩模脱模方式分为撞击架脱模和卸模架脱模两种形式。

（1）撞击架脱模

撞击架脱模如图 5-37 所示。压缩成型后，将模具移至压力机外；在特定的支架上撞击，使上下模分开，然后用手工或简易工具取出制件。撞击架脱模的特点是模具结构简单，成本低，可几副模具轮流操作，提高生产率。该方法的缺点是劳动强度大、振动大，而且由于不断撞击，易使模具过早地变形磨损，因此只适用于成型小型塑件。撞击架脱模的支架形式有两种，如图 5-38 所示，图 5-38（a）是固定式支架，图 5-38（b）是尺寸可调节的支架。

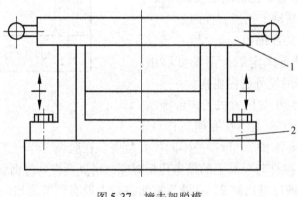

图 5-37　撞击架脱模

1—模具；2—支架

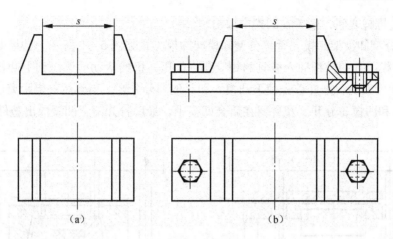

图 5-38 支架形式

（2）卸模架卸模

移动式压缩模可在特制的卸模架上利用压力机压力进行开模和卸模，这种方法可减轻劳动强度，提高模具使用寿命。对开模力不大的模具可采用单向卸模，对于开模力大的模具要采用上下卸模架卸模，上下卸模架卸模有下列几种形式。

① 单分型面卸模架卸模。单分型面卸模架卸模方式如图 5-39 所示。卸模时，先将上卸模架 1、下卸模架 6 的推杆插入模具相应的孔内。在压力机内，当压力机的活动横架即上工作台压到上卸模架或下卸模架时，压力机的压力通过上下卸模架传递给模具，使得凸模 2 和凹模 4 分开，同时，下卸模架推动推杆 3 推出塑件，最后由人工将塑件取出。

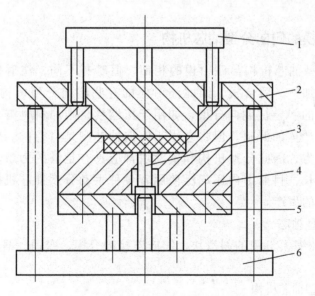

图 5-39 单分型面卸模架卸模
1—上卸模架；2—凸模；3—推杆；4—凹模；5—下模座板；6—下卸模架

② 双分型面卸模架卸模。双分型面卸模架卸模方式如图 5-40 所示。卸模时，先将上卸模架 1、下卸模架 5 的推杆插入模具的相应孔中。压力机的活动横梁压到上卸模架或下卸模架时，上下卸模架上的长推杆使上凸模 2、下凸模 4 和凹模 3 分开。分模后，凹模 3 留在上

下卸模架的短推杆之间,最后在凹模中取出塑件。

③ 垂直分型卸模架卸模。垂直分型卸模架卸模方式如图5-41所示。卸模时,先将上卸模架1、下卸模架6的推杆插入模具的相应孔中。压力机的活动横梁压到上卸模架或下卸模架时,上下卸模架的长推杆首先使下凸模5和其他部分分开,当到达一定距离后,再使上凸模2、模套4和凹模3分开。塑件留在瓣合凹模中,最后打开瓣合凹模取出塑件。

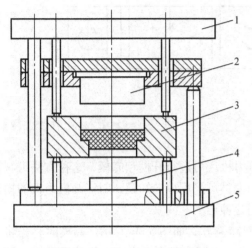

图5-40 双分型面卸模架卸模
1—上卸模架;2—上凸模;3—凹模;
4—下凸模;5—下卸模架

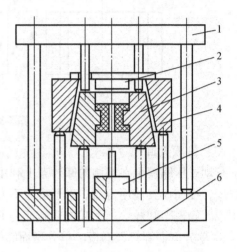

图5-41 垂直分型面卸模架卸模
1—上卸模架;2—上凸模;3—瓣合凹模;
4—模套;5—下凸模;6—下卸模架

5.3.5 压缩模的侧向分型抽芯机构

压缩模侧向分型抽芯机构与注射模的相似,但略有不同,注射模先合模后注入塑料,而压缩模是先加料,后合模,因此注射模的有些侧向分型机构不能用于压缩模,例如以开合模驱动的斜导柱侧向分型,如用于压缩模,则加料时瓣合模型腔是处于开启状态,必将引起严重的漏料,但将它用于侧向抽芯则是可行的。此外,由于压缩模具受力状况比较恶劣,因此分型机构和楔紧块都应具有足够的力量和强度,压缩模具由于总生产周期较长,目前国内还广泛使用着各种手动分型抽芯机构,机动分型抽芯仅用于大批量塑件的生产。

1. 机动侧向分型抽芯

这里主要介绍压缩模常用的斜滑块、铰链连接瓣合模、弯销、偏心转动分型等几种形式。

(1) 斜滑块分型抽芯机构

由于瓣合模锁紧楔常采用各种矩形模套,因此多适用于采用斜滑块分型机构。如图5-42所示的瓣合模块是带有矩形凸耳的滑块,在矩形模套内壁的导滑槽内滑动。为了制造方便,凹模采用镶嵌式结构,导滑槽也采用组合制造,滑块用端部带铰链的推杆推动,随着滑块向两侧移动,推杆上端向两侧分开而达到侧向分型与抽芯。回程时推杆将瓣合模拖回矩形模套,型芯固定板可避免瓣合模过度下沉。

(2) 铰链连接瓣合模分型机构

如图 5-43 所示的压缩模,其瓣合模 2 与下模块 4 间用铰链连接,下模块中间拧有推出装置的尾杆,铰链孔做成椭圆形,使其与铰链轴间存在着间隙,以免该轴在压缩成型时承受压力。成型后开模先抽出上凸模,然后推出瓣合模,由于模套内分模楔(图中未画出)的作用使瓣合模绕轴左右张开,即可取出压好的塑件。

(3) 弯销抽芯机构

前面已经介绍利用开合模动作驱动的斜导柱侧向分型用于压缩模是不合适的,但可用于侧抽芯。如图 5-44 所示矩形滑块上有两个侧型芯,在凸模下压到最终位置时,侧型芯滑块 4 向前运动才告完成,矩形截面的弯销 2 有足够的刚度,而侧型芯截面积又不大,因此不再采用别的楔紧块锁紧,滑动的抽出位置由弹簧和挡板 3 定位。

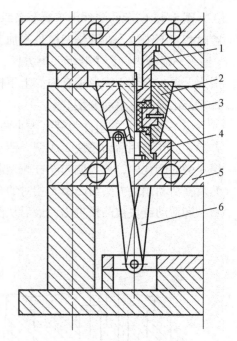

图 5-42 斜滑块侧向分型抽芯机构
1—凸模;2—瓣合模;3—模套;4—型芯固定板;
5—下加热板;6—铰链推杆

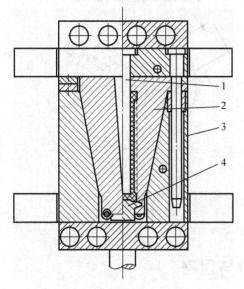

图 5-43 铰链连接瓣合模分型机构
1—凸模;2—瓣合模;3—模套;4—下模块

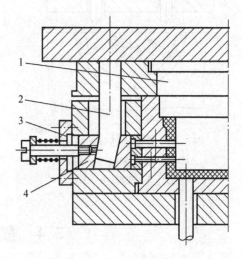

图 5-44 弯销侧向抽芯机构
1—凸模;2—弯销;3—挡板;4—侧型芯滑块

2. 手动模外分型抽芯机构

目前压缩模还大量使用手动模外分型抽芯,因为采用这种分型抽芯方式使模具结构简单、可靠,但缺点是劳动强度大、效率低。

模外分型瓣合模可做成两瓣或多瓣,其外形呈锥台形,装在圆锥形或矩形截锥形的模套中,压缩成型后利用顶出机构顶出瓣合模,然后在模外分开凹模取出塑件。

图 5-45 所示的塑件由于有 8 条垂直的凸筋，瓣合凹模型腔分为 8 块，为了镶件拼成型腔时相互不错位，在圆锥凹模外围加工一条矩形截面的环形槽，并用两个矩形截面的半圆环 3 嵌入环形槽内，为了装拆凹模方便，又把半圆环分别固定在两块瓣合模上，其余模块顺序嵌入，再一起装于锥形模套内。上下模之间利用型芯作为中心导柱，卸模时瓣合凹模 2 用推杆 6 推出模外，手动分型。

图 5-46 所示的塑件为带有大小两个侧向方孔的帽罩，小孔采用丝杠侧型芯 3 成型，长方形大侧孔采用活动镶块 2 成型，活动镶块带有圆杆和方头，压缩时将活动镶块圆杆插入凹模 4 旁的侧孔内，拧入侧向丝杠侧型芯 3，加入塑料进行压缩。成型后先拧出丝杠侧型芯 3，然后在活动镶块方头与凸模 5 相对的孔中插入一圆柱销 1，镶块即被固定在凸模上。开模时塑件和活动镶块被凸模带出，最后从凸模上拧下塑件。

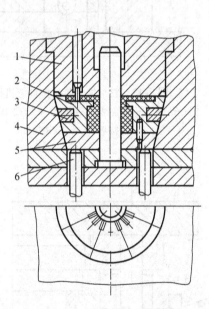

图 5-45　手动模外分型机构
1—凸模；2—瓣合模块；3—半圆环；
4—模套；5—底板；6—推杆

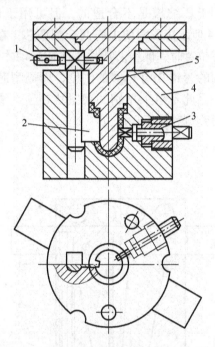

图 5-46　手动抽芯压缩模
1—圆柱销；2—活动镶块；3—丝杠侧型芯；
4—凹模；5—凸模

5.4　复习与思考

1. 压缩成型的方法是什么？
2. 压缩成型的优点是什么？
3. 压缩成型的缺点是什么？
4. 决定塑件在模具内加压方向的因素有哪些？如何选择塑件在模具中的加压方向？
5. 压缩模由哪几部分组成？
6. 设计压缩模时所遵循的原则有哪些？

7. 压缩模设计时，对压力机需进行哪些参数的校核？
8. 画图说明不溢式和半溢式压缩模的各部分参数。
9. 不溢式压缩模工作时凸模与加料腔易摩擦损伤，为了克服这一缺点，可采用哪些方法避免？
10. 压缩模凹模的加料腔大小如何确定？

第 6 章 压注模设计

配套资源

学习目标与要求

1. 掌握压注模的压注过程和各部分的功能。
2. 掌握压注模设计要点。

学习重点

掌握压注模的压注过程和各部分的功能。

学习难点

掌握压注模设计要点。

6.1 压注模类型与结构

6.1.1 压注模类型

1. 按固定方式分

压注模按其固定方式,可分为固定式压注模和移动式压注模。

(1) 移动式压注模

如图 6-1 所示,加料腔 3 与模具本体是可以分离的。成型时,首先闭合模具,然后将定量的塑料放入加料腔内,利用压机的压力,通过柱塞 2 将塑化后的塑料以高速经浇注系统注入型腔,待固化定型后,先取下加料腔,然后在卸模架上卸模,由脱模板将塑件脱出。

(2) 固定式压注模

如图 6-2 所示,模具上设有加热装置,它的上、下模座分别固定在压机的上、下压板上,开模时,压机上工作台带动上模座板上升,压柱 2 离开加料室 3,A 分型面分型,以便在该处取出主流道凝料。当上模上升到一定高度时,拉杆 11 上的螺母迫使拉钩 13 转动使之与下模部分脱开,接着定距导柱 16 起作用,使 B 分型面分型,最后由压机顶出活塞通过推板 8 推动推杆 6,将塑件从下模板中推出。

2. 按加料式形式分

压注模按其加料室的形式,可分为罐式压注模和柱塞式压注模。

(1) 罐式压注模

罐式压注模可分为移动式(图 6-1)和固定式(图 6-2)。

第 6 章 压注模设计

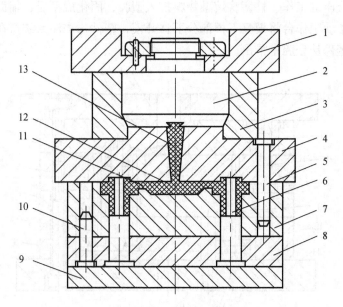

图 6-1 移动式压注模

1—上模板；2—柱塞；3—加料腔；4—浇口板；5、10—导柱；6—型芯；7—凹模；
8—型芯固定板；9—下模板；11—浇口；12—分流道；13—主流道

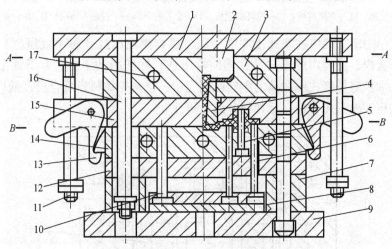

图 6-2 固定式压注模结构

1—上模座板；2—压柱；3—加料室；4—浇口套；5—型芯；6—推杆；7—垫块；8—推板；9—下模座板；
10—复位杆；11—拉杆；12—支承板；13—拉钩；14—下模板；15—上模板；16—定距导柱；17—加热器安装孔

（2）柱塞式压注模

柱塞式压注模没有主流道，主流道已扩大成为圆柱形的加料室，这时柱塞将物料压入型腔的力已起不到锁模的作用。因此柱塞式压注模应安装在特殊的专用压机上使用，锁模和成形需要两个液压缸来完成。可分为下面两种形式的压注模。

图 6-3 所示为上加料室柱塞式压注模的典型结构，上加料室柱塞式压注模所用压机其合模液压缸（称主液压缸）在压机的下方，自下而上合模；成型用液压缸（称为辅助液压缸）在压机的上方，自上而下将物料挤入模腔。合模加料后，当加入加料室内的塑料受热成熔融

· 237 ·

状时,压机辅助液压缸工作,柱塞将熔融物料挤入型腔,固化成型后,辅助液压缸带动柱塞上移,主液压缸带动工作台将模具下模部分下移开模,塑件与浇注系统留在下模。顶出机构工作时,推杆将塑件从型腔中推出。

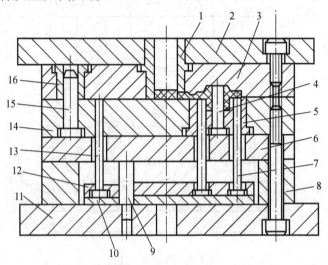

图 6-3 上加料室柱塞式压注模
1—加料室;2—上模座板;3—上模板;4—型芯;5—凹模镶块;6—支承板;7—推杆;8—垫块;9—推板导柱;
10—推板;11—下模座板;12—推杆固定板;13—复位杆;14—下模板;15—导柱;16—导套

图 6-4 所示为下加料室柱塞式压注模所用压机合模液压缸(称主液压缸)在压机的上方,自上而下合模;成型用液压缸(称辅助液压缸)在压机的下方,自下而上将物料挤入模腔。它与上加料室柱塞式压注模的主要区别在于:它是先加料,后合模,最后压注;而上加料室柱塞式压注模是先合模,后加料,最后压注。

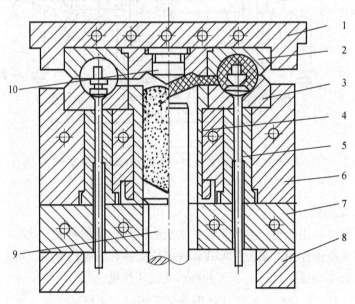

图 6-4 下加料室柱塞式压注模
1—上模座板;2—上凹模;3—下凹模;4—加料室;5—推杆;
6—下模板;7—加热板;8—垫块;9—柱塞;10—分流锥

6.1.2 压注模结构

从以上几个图例中可以看到,压注模的结构组成可以分成以下几大部分。

1. 成型零件

包括凸模、凹模、型芯和侧型芯等,如图6-1中型腔由零件4、6、7等组成。

2. 加料腔

包括加料腔和柱塞,如图6-1中由零件2、3组成。

3. 浇注系统

包括主流道、分流道、浇口和反料槽。

4. 导向机构

在柱塞和加料腔之间、在型腔和各部分型面之间及推出机构中,均应设导向机械。图6-1中的导向机构由零件5等组成。

5. 侧向分型与抽芯机械

其结构与压缩模、注射模基本相同。

6. 脱模机构

其结构与压缩模基本相同。

7. 加热系统

在固定式压注模中,对柱塞、加料腔和上下模部分应分别加热,一般多用电加热或蒸汽加热。

6.2 压注模结构设计

压注模的结构设计很多地方与压缩模、注射模相似,如型腔的总体设计、分型面位置的确定、合模导向机构、推出机构和侧向抽芯机构等。本节就压注模特殊结构部分给予讨论。

6.2.1 加料室设计

1. 加料室结构设计

压注模与注射模不同之处在于它有加料室。压注成形之前塑料必须加入到加料室内,进行预热、加压,才能压注成型。由于压注模的结构不同,所以加料室的形式也不相同。固定式压注模和移动式压注模的加料室具有不同的形式,罐式和柱塞式的加料室也具有不同的形式。

加料室断面形状常见的有圆形和矩形,应由制品断面形状和塑件尺寸大小决定,例如圆形塑件采用圆形断面加料室。多腔模具的加料室断面。应尽可能盖住模具的型腔,因而常采用矩形断面。如大型压注模的加料室断面,采用矩形,在加料室的底部可开设多个主流道通向型腔。

(1) 固定式压注模加料室

固定式压注模的加料室与上模连成一体,在加料室底部开设一个或数个流道通向型腔。当加料室和上模分别加工在两块板上时可在通向型腔的流道内加一主流道衬套。

(2) 移动式压注模加料室

移动式压注模加料室可单独取下,并有一定的通用性,加料室底部为一带有40°~45°

的台阶，其作用在于当压柱向加料室内的塑料加压时，压力也作用在台阶上，从而将加料室紧紧地压在模具的模板上，以免塑料从加料室的底部溢出。

(3) 柱塞式压注模加料室

柱塞式压注模加料室截面均为圆形，由于采用专用液压机，液压机上有锁模液压缸，所以加料室的截面尺寸与锁模力无关，尺寸较小，高度较大。

2. 加料室尺寸计算

(1) 罐式压注模加料室截面积

可从传热和锁模两个方面考虑。

① 从传热方面考虑。加料室的加热面积取决于加料量，根据经验，未经预热的热固性塑料每克约需 $1.4\ cm^2$ 的加热面积，加料室总表面积为加料室内腔投影面积的两倍与加料室装料部分侧壁面积之和。为简便起见，可将侧壁面积略去不计，因此，加料室截面积为所需加热面积的一半。

② 从锁模方面考虑。加料室截面积应大于型腔和浇注系统在合模方向上的投影面积之和，否则型腔内塑料熔体的压力将顶开分型面而溢料。根据经验，加料室截面积必须比塑件型腔与浇注系统投影面积之和大 10% ~ 25%。

(2) 柱塞式压注模加料室截面积

$$A \leqslant 10^2 \frac{F_p}{A} = p' \geqslant p$$

式中　　F_p——压机辅助缸的额定压力；

　　　　p——不同塑料所需单位挤压力；

　　　　A——加料室截面积；

　　　　p'——实际单位压力。

3. 压料柱塞设计

压料柱塞简称压柱，其作用是将加料腔中的塑料熔体经浇注系统压入型腔。

图 6-5 所示为罐式压注模几种常见的压柱结构。

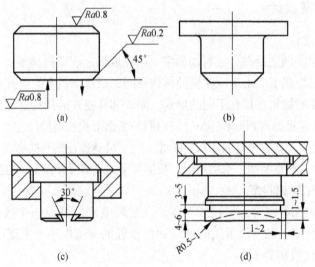

图 6-5　罐式压注模压柱结构

图 6-5（a）为简单的圆柱形，加工简便省料，常用于移动式压注模；图 6-5（b）为带凸缘的结构，承压面积大，压注平稳，移动式和固定式罐式压注模都能应用；图 6-5（c）为组合式结构，用于固定式模具，以便固定在压机上；图 6-5（d）在压柱上开环形槽，在压注时，环形槽被溢出的塑料充满并固化在其中，继续使用时起到了活塞环的作用，可以阻止塑料从间隙中溢出。

图 6-6 所示为柱塞式压注模的压柱结构。图 6-6（a）中，其一端带有螺纹，直接拧在液压缸的活塞杆上；图 6-6（b）中，在柱塞上加工出环形槽以便溢出的料固化其中，起活塞环的作用，柱塞端面的球形凹面能使塑料流动集中，减少侧面溢料。

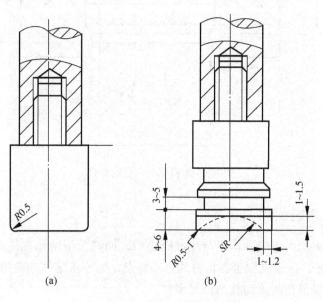

图 6-6 柱塞式压注模的压柱结构

为了拉出主流道废料，可在柱塞的端面设楔形槽，如图 6-7 所示。其中图 6-7（a）用于直径不大的柱塞；图 6-7（b）用于直径较大的柱塞；图 6-7（c）用于有多个主流道的模具。

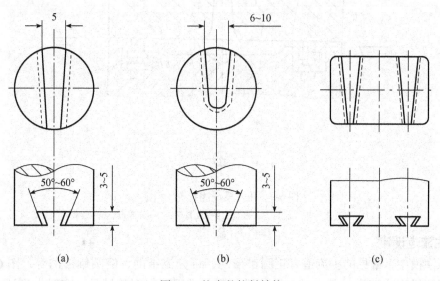

图 6-7 柱塞的拉料结构

柱塞选用的材料和热处理要求与加料室的相同。柱塞与加料室的配合关系如图6-8所示。柱塞高度H_1比加料腔高度H_2小0.5~1.0 mm，同时，在底部转角处也应留0.3~0.5 mm的储料间隙，加料室底部的倾角α一般为45°左右。

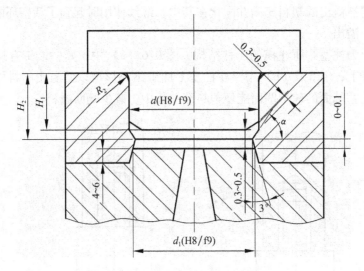

图6-8　加料室与压柱的配合

6.2.2　浇注系统设计

压注模的浇注系统的组成和作用与注射模相似，如都希望熔体在流动时压力损失小等，如图6-9所示；但是，压注成型也有自身的一些特点，如要求熔体在流道中进一步塑化和提高温度，以便熔体以最佳的流动状态进入型腔。

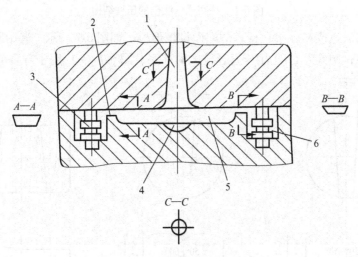

图6-9　压注模浇注系统的组成
1—主流道；2—浇口；3—嵌件；4—反料槽；5—分流道；6—型腔

1. 主流道设计

在压注模中，常见的主流道有正圆锥形的、带分流锥的、倒圆锥形的等，图6-10（a）所示为正圆锥形主流道，其大端与分流道相连，常用于多型腔模具，有时也设计成直接浇口的形式,用于流动性较差的塑料的单型腔模具。脱模时,主流道、分流道与塑件由拉料杆一同脱出。图6-10(b)所示为倒锥形主流道。这种主流道大多用于固定式罐式压注模,与端面带楔形槽的压柱配合使用。开模时,主流道连同加料室中的残余废料由压柱带出再予以清理。这种流道可用于多型腔模具,又可使其直接与塑件相连用于单型腔模具或同一塑件有几个浇口的模具。图6-10(c)所示为带分流锥的主流道,它用于塑件较大或型腔距模具中心较远时以缩短浇注系统长度,减少流动阻力及节约原料的场合,当型腔沿圆周分布时,分流锥可采用圆锥形;当型腔两排并列时,分流锥可做成矩形截面的锥形。

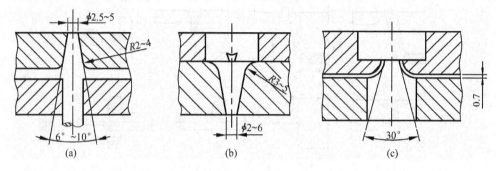

图6-10 压注模主流道

2. 分流道设计

为了获得理想的传热效果,使塑料受热均匀,压注模分流道一般设计成比较浅而宽的梯形截面形状。一般小型塑件分流道深度取2~4 mm,大型塑件深度取4~6 mm,最浅应不小于2 mm。如图6-11所示,梯形每边应有5°~15°的斜角。此外,也有半圆形分流道的,其半径可取3~4 mm。分流道的长度应尽可能短,而且流道应平直圆滑,尽量减少弯折以减小压力损失。

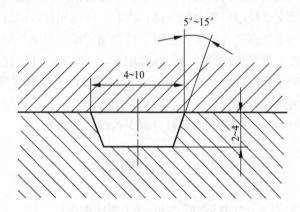

图6-11 梯形横截面分流道

3. 浇口设计

(1) 浇口的形式

压注模的浇口与注射模的基本相同,可以参照注射模的浇口进行设计。由于热固性塑料的流动性较差,所以设计压注模浇口时,其浇口应取较大的截面尺寸。常见的压注模的浇口形式有圆形点浇口、侧浇口、扇形浇口、环形浇口以及轮辐式浇口等。

图6-12 所示为常用浇口的几种形式。图6-12（a）为侧浇口中最常用的形式；图6-12（b）所示的塑件外表面不允许有浇口痕迹，采用的是端面进料形式；图6-12（c）浇口折断后，断痕不会伸出表面，不影响装配，可降低修浇口的费用；如果塑件用碎布或长纤维做填料，侧浇口应设在附加于侧壁的凸台上，以免去除浇口时损坏塑件，如图6-12（d）所示；宽度较大的塑件可用扇形浇口，如图6-12（e）所示；当成型带孔的塑件或环状、管状塑件时，可用环形浇口，如图6-12（f）、（g）所示。

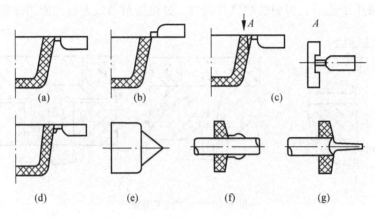

图6-12 压注模常用浇口形式

(2) 浇口位置选择

压注模浇口位置选择原则可参考注射模浇口位置的选择原则。

6.2.3 排气槽设计

压注成型时，由于在极短时间内需将型腔充满，需要及时排除型腔内原有的气体和塑料受热后挥发的气体以及交联反应所产生的气体，因此，压注模设计时应开设排气槽。从排气槽溢出少量的冷料有助于提高塑件的熔接强度。排气槽的截面形状一般为矩形或梯形。对于中、小型塑件，分型面上排气槽的尺寸为：深度取 0.04～0.13 mm，宽度取 32～64 mm。

排气槽的位置一般需开设在型腔最后填充处；靠近嵌件或壁厚最薄处，易形成熔接痕，应开设排气槽；排气槽最好开在分型面上，有利于加工和清理；也可以利用活动型芯或推杆间隙排气，但每次成型后须清除溢入的塑料，以保持排气的通畅。

6.3　复习思考题

1. 移动式压注模与固定式压注模在结构上的主要区别是什么？
2. 压注模主流道有几种形式？设计时应注意哪些问题？
3. 试比较压注模塑与压缩模塑成型的区别。
4. 热固性模压制品设计时，制品壁厚的考虑原则是什么？
5. 热固性塑料模塑成型时，压模的加热和温度控制的作用是什么？
6. 比较分析柱塞式压注模和罐式压注模的主要区别。
7. 试说明压注模塑时排气的意义和排气槽的设计方法。

第 7 章 挤塑模设计

配套资源

学习目标与要求

1. 掌握挤出模的各组成机构、原理和功能。
2. 了解管材机头的结构及主要零件的设计。

学习重点

掌握挤出模的各组成机构、原理和功能。

学习难点

机头主要零件的工艺参数的确定。

7.1 概 述

塑料挤出成型（挤塑成型）是用加热的方法使塑料成为流动状态，然后在一定压力的作用下，利用挤出机的螺杆旋转加压，使其通过安装在料筒头部的挤出成型模具和定型模具，从而生产出棒材、管材、板材、片材、薄膜、单丝、电线电缆及异形截面型材等塑件的加工工艺过程，是应用非常广泛的重要的塑料成型加工方法之一。

7.1.1 挤塑成型机头典型结构分析

机头是挤出成型模具的主要部分，它的作用如下：
① 使来自挤出机的熔融塑料由螺旋运动变为直线运动；
② 产生必要的成型压力，保证制品密实；
③ 使物料通过机头时进一步塑化；
④ 通过机头成型所需的断面形状相同的、连续的塑件。
现以直通式管材挤出机头（图 7-1）为例，分析一下机头的组成与结构。

1. 口模和芯棒

口模 3 和芯棒 4 是挤塑模的主要成型零件，口模用来成型塑件的外表面，芯棒用来成型塑件的内表面。

2. 过滤部分

过滤板和过滤网 9 的作用是将从挤出机出来的塑料熔体由螺旋运动变为直线运动，同时还能阻止未塑化的塑料和机械杂质进入机头。此外其还能形成一定的机头压力，使制品更加实心密实。

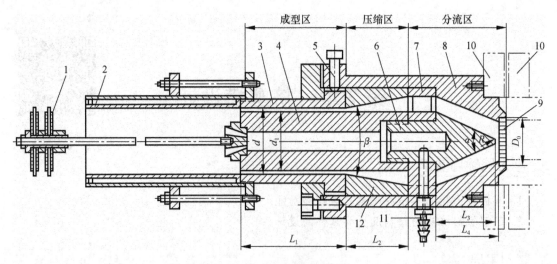

图 7-1　直通式管材挤塑机头

1—堵塞；2—定径套；3—口模；4—芯棒；5—调节螺钉；6—分流器；7—分流器支架；
8—机头体；9—过滤板和过滤网；10—连接法兰；11—通气嘴；12—连接套

3. 分流器和分流器支架

分流器 6（又称鱼雷体）使通过它的塑料熔体分流变成薄环状以平稳地进入成型区，同时进一步加热和塑化；分流器支架 7 主要用来支承分流器及芯棒，同时也能对分流后的塑料熔体加强剪切混合作用。小型机头的分流器与其支架可设计成一个整体。

4. 机头体

机头体 8 相当于模架，用来组装并支承机头的各零件。

5. 调节螺钉

调节螺钉 5 用来调节控制成型区内口模与芯棒间的环隙及同轴度，以保证挤出塑件壁厚均匀。

6. 定径套

定径套 2 的作用是通过冷却定型，使从机头口模挤出的高温塑件已形成的横截面形状稳定下来，并进行精整，从而获得精度更高的横截面形状、尺寸和良好的表面粗糙度。

7.1.2　挤出成型机头分类和设计原则

1. 分类

由于挤出塑件的形状和要求不同，因此机头的形式也各有不同，可按以下几种方式分类：

（1）按机头用途分类

可分为挤管机头、吹膜机头、吹管机头、板材机头、棒材机头、异型材机头等。

（2）按塑件出产品方向分类

可分为直向机头和横向机头，前者机头内料流方向与挤出机螺杆轴向一致，如硬管机头；后者机头内料流方向与挤出机螺杆轴向呈某一角度，如吹膜直角机头。

（3）按机头压塑料料流压力大小分类

可分为低压机头（料流压力小于 4 MPa）、中压机头（料流压力为 4～10 MPa）、高压机头（料流压力大于 10 MPa）。

2. 设计原则

（1）内腔呈流线型

为了使塑料熔体能沿着机头中的流道均匀平稳地流动而顺利挤出，机头的内腔应呈光滑的流线型，表面粗糙度应小于 $1.6 \sim 3.2~\mu m$。

（2）足够的压缩比

所谓压缩比，是指分流器支架出口处流道的横截面积与机头口模和芯棒之间形成的环隙面积之比。根据塑件和塑料种类不同，应设计足够的压缩比，以保证塑件密实和消除因分流器支架造成的熔接痕。

3. 正确的截面形状和尺寸

由于塑料的物理性能和压力、温度等因素引起的离模膨胀效应，及由于牵引作用引起的收缩效应使得机头的成型区截面形状和尺寸并非塑件所要求的截面形状和尺寸，因此设计时，要对口模进行适当的形状和尺寸补偿，合理确定流道尺寸，控制口模成型长度，以获得正确的截面形状及尺寸。

4. 选择合适的模具材料

机头内的流道与流动的塑料熔体相接触，磨损较大；有的塑料在高温成型过程中还会产生化学气体，腐蚀流道。因此为提高机头的使用寿命，机头材料应选择耐磨、耐腐蚀、硬度高的钢材或合金钢。

7.1.3 挤出成型机及辅助设备

挤出机组由主机、辅机及控制系统三部分组成。

1. 主机

挤出机主机由下列几部分组成。

（1）挤出系统

主要由螺杆和料筒组成，是挤出机的心脏，完成对塑料的塑化和挤出工作。塑料经过挤出系统塑化成均匀的熔体，并在挤出过程中所建立的压力下，连续、定量、定压、定温地通过挤出机头。

（2）传动系统

传动系统的作用是驱动螺杆旋转，保证螺杆在工作过程中所需要的扭矩和转速，它由各种大小齿轮、传动轴、轴承及电动机组成。

（3）加热冷却系统

其作用是对料筒（或螺杆）进行加热和冷却，以保证成型过程在工艺要求的温度范围内进行。

2. 辅机

成型塑件的形状不同，挤出机辅机的组成也不同，辅机一般由以下几个部分组成。

（1）冷却装置

由定型装置出来的塑料在此得到充分的冷却，获得最终的形状和尺寸。

（2）牵引装置

牵引装置的作用是均匀地牵引塑件，保证挤出过程连续，并对塑件的截面尺寸进行控制，使挤出过程稳定进行。

（3）切割装置

切割装置的作用是将连续挤出的塑件切成一定的长度和宽度。

（4）卷取装置

卷取装置的作用是将软塑件（薄膜、软管、单丝）卷绕成卷。

3. 控制系统

挤出机组的控制系统由各种电器、仪表和执行机构组成。它控制挤出机组的主机、辅机、驱动液压泵、液压缸（或气缸）和其他各种执行机构，使其满足工艺要求的转速和功率；保证主辅机能协调地运行；检测、控制主辅机的温度、压力、流量和塑件的质量，实现整个挤出机组的自动控制。

7.2 管材挤出成型机头

7.2.1 挤出成型机头结构

常用的管材挤出机头结构有直通式、直角式和旁侧式三种形式。

1. 直通式挤管机头

直通式挤管机头图7-1所示，机头主要用于挤出薄壁管材，其结构简单，容易制造。但芯棒加热困难，定型长度较长，而且塑件熔体经过分流器支架所形成的熔接痕难以消除，对管材力学性能有不良影响。适用于挤出成型软硬聚氯乙烯、聚乙烯、尼龙、聚碳酸酯等塑料管材。

2. 直角式挤管机头

直角式挤管机头如图7-2所示。其用于内径定径的场合，冷却水从芯棒3中穿过。成型时塑料熔体包围芯棒并产生一条熔接痕。熔体的流动阻力小，成型质量较高。但机头结构复杂，制造困难。

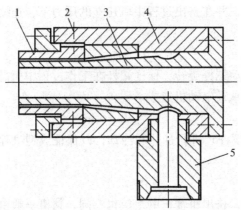

图7-2 直角式挤管机头

1—口模；2—调节螺钉；3—芯棒；4—机头体；5—连接管

3. 旁侧式挤管机头

旁侧式挤管机头如图 7-3 所示，其与直角式挤管机头相似，但其结构更复杂，制造更困难。

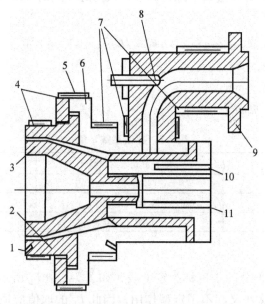

图 7-3　旁侧式挤管机头

1—计插孔；2—口模；3—芯棒；4、7—电热器；5—调节螺钉；
6—机头体；8、10—熔料测温孔；9—机头；11—芯棒加热器

三种机头的特征见表 7-1。

表 7-1　三种机头的特征

机头类型 项目特征	直通式	直角式	旁侧式
挤出口径	适用于小口径管材	大小均可	大小均可
机头结构	简单	复杂	更复杂
挤管方向	与螺杆轴线一致	与螺杆轴线垂直	与螺杆轴线一致
分流器支架	有	无	无
芯棒加热	较困难	容易	容易
定型长度	应该长	不宜过长	不宜过长

7.2.2　工艺参数的确定

管材挤出机头需设计的零件主要有口模、芯棒、分流器和分流器支架等。

1. 口模

口模是用于成型管子外表面的成型零件。在设计管材模时，口模的主要尺寸为口模的内径和定型段的长度。如图 7-1 所示。

（1）口模的内径 d

管材的外径由口模内径决定，但口模内径的尺寸不等于管材的外径的尺寸，因为挤出的管材在脱离口模后，由于压力突然降低，会因弹性回复而发生体积膨胀，使管径增大；同时

也可能由于冷却和牵引而使体积收缩使管径变小，此种现象为离模膨胀效应和收缩效应。这些膨胀或收缩都与塑料的性质、口模的温度、压力以及定径套的结构有关，由于影响因素较复杂，一般凭经验而定，并通过调节螺钉调节口模与芯棒间的环隙使其达到合理值。

按经验公式确定

$$d = D/k \tag{7-1}$$

式中　d——口模的内径，mm；

　　　D——管材的外径，mm；

　　　K——补偿系数，见表7-2。

表7-2　补偿系数k值

塑料种类	定径套定管材内径	定径套定管材外径
聚氯乙烯（PVC）	—	0.95~1.05
聚乙烯（PE）	1.05~1.10	—
聚烯烃	1.20~1.30	0.90~1.05

（2）定型段长度 L_1

口模和芯模的平直部分的长度称为定型段，如图7-1中L_1所示。定型段长度L_1过长，则会使阻力增加太大，太小又起不了定型作用，因此L_1的取值应适当。在设计实践中一般按如下经验公式确定：

$$L_1 = (0.5 \sim 3)D \tag{7-2}$$

$$L_1 = nt \tag{7-3}$$

式中　L_1——口模定型段长度；

　　　D——管材的外径；

　　　t——管材壁厚，mm；

　　　n——系数，见表7-3。

表7-3　定型段长度L_1的关系系数n

塑料品种	硬聚氯乙烯（HPVC）	软聚氯乙烯（SPVC）	聚酰胺（PA）	聚乙烯（PE）	聚丙烯（PP）
系数n	18~33	15~25	13~22	14~22	14~22

2. 芯棒

芯棒是用于成型管子内表面的成型零件。一般芯棒与分流器之间用螺纹连接。其结构如图7-1中4所示。芯棒的结构应利于物料流动，利于消除分流痕迹，容易制造，实现管材外径定径。其主要尺寸为：芯棒外径d、压缩段长度L_2和压缩角β。

（1）芯棒的外径

芯棒的外径由管材的内径决定，但由于与口模结构设计同样的原因，即离模膨胀和冷却收缩效应，所以芯棒外径的尺寸不等于管材内径尺寸。根据生产经验，可按式（7-4）计算：

$$d = D - 2\delta \tag{7-4}$$

式中　d——芯棒的外径，mm；

D——口模的内径，mm；

δ——口模与芯棒的单边间隙，mm，通常取 $(0.83\sim0.94)t$；

t——材料壁厚，mm。

(2) 定型段、压缩段和压缩角

塑料经过分流器支架后，先经过一定的收缩。为使多股料流很好地会合，压缩段 L_2 与口模口相应的锥面部分构成塑料熔体的压缩区，使进入定型区之前的塑料熔体的分流痕迹被熔合消去。

① 芯棒定型段的长度与 L_1 相等或稍长。

② L_2 可按下面经验公式计算：

$$L_2 = (1.5\sim2.5)D_0 \tag{7-5}$$

式中　L_2——芯棒的压缩段长度，mm；

　　　D_0——塑料熔体在过滤板出口处的流道直径，mm。

③ 压缩角 β：

低黏度塑料，$\beta = 45°\sim60°$。

高黏度塑料，$\beta = 30°\sim50°$。

3. 分流器和分流器支架

(1) 分流器

图 7-4 所示为分流器和分流器支架的结构图，塑料通过分流器，使料层变薄，这样便于均匀加热，以利于塑料进一步塑化，大型挤出机的分流器中还设有加热装置。

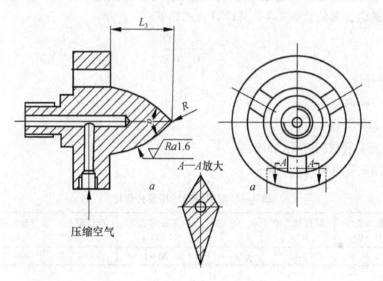

图 7-4　分流器和分流器支架的结构图

① 分流器的扩张角 α：

扩张角 α 值与塑料黏度有关，低黏度塑料 $\alpha = 30°\sim80°$，高黏度塑料 $\alpha = 30°\sim60°$。其大小选择应适宜，过大时料流的流动阻力大，熔体易过热分解；α 过小时不利于机头对其内的塑料熔体均匀加热，机头体积也会增大。角 α 扩张时，应小于芯棒的压缩角 β。

② 分流锥长度 L_3 可按式 (7-6) 计算：

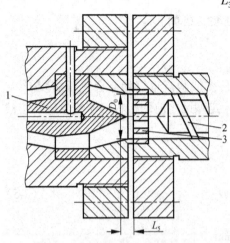

图 7-5 分流器与过滤板的相对位置
1—分流器；2—螺杆；3—过滤板

$$L_3 = (1 \sim 1.5)D_0 \tag{7-6}$$

式中 D_0——机头与过滤板相连处的流道直径，mm，如图 7-5 所示。

③ 分流锥尖角处圆弧半径 R：

$$R = (0.5 \sim 2)\text{mm}$$

R 不易过大，否则熔体容易在此处发生滞留。

④ 分流器表面粗糙度 Ra：

$$Ra < (0.4 \sim 0.2)\mu m$$

⑤ 栅板与分流锥顶间隔：

通常取 10~20 mm 或稍小于 $0.1D_1$（D_1 为螺杆直径），过小会使料流不均，过大则会使停料时间长。

⑥ 分流器支架主要用于支承分流器及芯棒，并起着搅拌物料的作用。支架上的分流肋应做成流线型，在满足强度要求的条件下，其宽度和长度尽可能小些，以减少阻力。出料端角度应小于进料端角度，分流时应可能少些，以免产生过多的熔接痕。一般小型机头 3 根，中型的 4 根，大型的 6~8 根。

(2) 拉伸比和压缩比

1) 拉伸比 I

拉伸比是指口模和芯棒在定型区的环隙截面积与管材截面积之比，它的影响因素很多，一般通过实验确定，其值见表 7-4，其计算公式如下：

$$I = \frac{d_1^2 - D_2^2}{D_1^2 - d_2^2} \tag{7-7}$$

式中 I——拉伸比；
d_1——口模内径，mm；
D_2——芯棒外径，mm；
D_1——塑料管材的外径，mm；
d_2——塑料管材的内径，mm。

表 7-4 常用塑料的挤管拉伸比

塑料品种	硬聚氯乙烯（HPVC）	软聚氯乙烯（SPVC）	ABS	高压聚乙烯（PE）	低压聚乙烯（PE）	聚酰胺（PA）	聚碳酸酯（PC）
拉伸比	1.00~1.08	1.10~1.35	1.00~1.10	1.20~1.50	1.10~1.20	1.40~3.00	0.90~1.05

2) 压缩比 ε

压缩比是指机头和过滤板相接处最大料流截面积与口模和芯棒在成型区的环隙截面积之比，反映出塑料熔体的压实程度。对于低黏度塑料，$\varepsilon = 4 \sim 10$；对于高黏度塑料，$\varepsilon = 2.5 \sim 6.0$。

7.2.3 管材的定径

当管材被挤出口模时，还具有很高的温度，没有足够的强度和刚度来承受自重和变形，为了使管子获得较细的表面粗糙度、准确的尺寸和几何形状，管子离开口模时，必须立即采取定径和冷却措施,由定径套来完成。经过定径套定径和初步冷却后的管子进入水槽继续冷却,管子离开水槽时已经完全定型。一般用外径定径和内径定径两种方法。

1. 外径定径

如果管材外径尺寸精度要求高,则一般使用外径定径。外径定径是使管子和定径套内壁相接触,为此,常用内部加压或在管子外壁抽真空的方法来实现,因而外径定径又分为内压法和真空法。

(1) 内压法

图 7-6 所示为在管子内部通入压缩空气预热,保持压力为 0.02~0.1 MPa,可用浮塞密封防止漏气。定径套的内径和长度一般根据经验和管材直径来确定,见表 7-5。

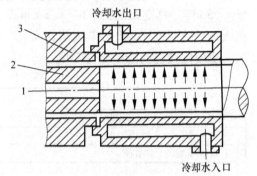

图 7-6 内压法外定径
1—芯棒;2—口模;3—定径管

表7-5 内压外定径套尺寸   mm

材 料	定径套的内径	定径套的长度
PE、PP	$(1.02 \sim 1.04) D_s$	$10 D_s$
PVC	$(1.00 \sim 1.02) D_s$	$10 D_s$

注: D_s 为管材的公称直径。

当管材直径 D_s = 40 mm 时,定径套的长度 L 小于 $10 D_z$,定径套的内径 d 大于 $0.008 D_s \sim 0.012 D_s$;当管材直径 D_s 大于 100 mm 时,定径套的长度 $L = 3 D_s \sim 5 D_s$,设计定径套的内径时,其尺寸不得小于口模内径。

(2) 真空法

如图 7-7 所示,在离开挤出机头与口模的软性管材外壁和定型套内壁之间抽取真空,以此产生一种很大的真空吸附力将管材外壁紧贴于定径套内壁冷却定型。这种方法称为真空吸附定型法。真空法的定径装置比较简单,管口不必堵塞,但需要一套抽真空设备,常用于生产小管。

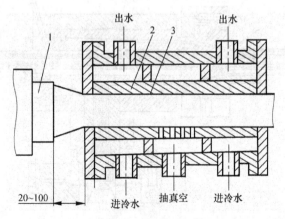

图 7-7 真空法外定径
1—机头;2—定径管;3—管材

真空定径套生产时与机头口模应有 20~100 mm 的距离，使口模中流出的管材先行离模膨胀和一定程度的空冷收缩后，再进入定径套中冷却定型。定径套内的真空度一般要求在 53~66 kPa。真空孔径在 0.6~1.2 mm 范围内选取，与塑料黏度和管壁厚度有关，如塑料黏度大或管壁厚度大，孔径取大值，反之取小值。

真空定径套的内径见表 7-6。

表 7-6 真空定径套的内径　　　　　　　　　　　　　　　　　mm

材　料	定径套内径
HPVC	$(0.993 \sim 1.99) D_s$
PE	$(0.98 \sim 1.96) D_s$

注：D_s 为管材的公称直径。

真空定径套的长度一般应大于其他类型定径套的长度。例如，对于直径大于 100 mm 的管材，真空定径套的长度可取 4~6 倍的管材外径。这样有助于更好地改善或控制离模膨胀（巴鲁斯效应）和冷却收缩对管材尺寸的影响。

2. 内径定径

内径定径是固定管材内径尺寸的一种定径方法。此种方法适用于侧向供料或直角挤管机头。该定径装置如图 7-8 所示，定径芯模与挤管芯模相连，在定径芯模内通入冷却水。当管坯通过定径芯模后，便获得内径尺寸准确、圆柱度较好的塑料管材。这种方法使用较少，因为管材的标准化系列多以外径为准。但内径公差要求严格，用于压力输送的管道，是这种定径方法的唯一应用，同时内径定径管壁的内应力分布较合理。

① 定径套应沿其长度方向带有一定的锥度，在 (0.6∶100) ~ (1.0∶100) 选取。

② 定径套外径一般取 $(1 + 2\% \sim 4\%) d_s$（d_s 为管材内径），定径套外径稍大于管材内径，使管材内壁紧贴在定径套上，则管壁获得较低的表面粗糙镀。另外，通过一段时间的磨损也能保证管材内径 d_s 的尺寸公差，提高定径套的寿命。

③ 定径套的长度一般取 80~300 mm。牵引速度较大或管材壁厚较大时取大值；反之，取小值。

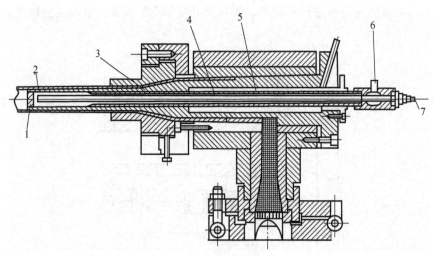

图 7-8　内径定径法
1—管材；2—定径芯模；3—芯棒；4—回水流道；5—进水管；6—排水嘴；7—进水嘴

7.3 异型材挤出成型机头

塑料异型材是指除圆管、圆棒、片材、薄膜等挤出塑件外具有其他截面形状的塑料挤出塑件。塑料异型材由于其优良的使用性能和技术特征，用途广泛。

塑料异型材按截面形状大致可以分为五大类，如图 7-9 所示。

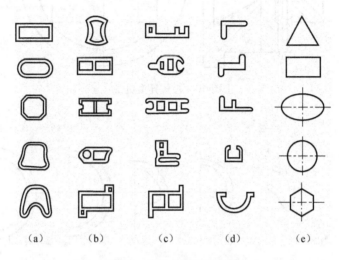

图 7-9 常见的异型材结构

① 异型管材：壁厚均匀，无尖角，用直支管机头或圆机头成型，如图 7-9（a）所示。
② 中空异型材：截面形状为由肋连接而成的中空状，壁厚不均匀，如图 7-9（b）所示。
③ 空腔异型材：截面为封闭的中空断面，结构不对称，且带锐角，如图 7-9（c）所示。
④ 开放式异型材，如图 7-9（d）所示。
⑤ 实心异型材：具有矩形、正方形、三角形、椭圆形等各种截面形状的型材，如图 7-9（e）所示。

为使挤出工艺顺利进行和保证塑件质量，必须认真设计异型材的结构形状及尺寸，常用的异型材挤出成型机头有板式机头和流线型挤出机头。

7.3.1 板式机头

图 7-10 所示为板式机头结构图，从机头圆形截面入口过渡到口模成型段，截面形状呈急剧变化，熔体容易形成局部滞流，引起塑料分解，故这种机头不适于挤出热敏性塑料（如硬聚氯乙烯），而适用于挤出熔融黏度低而热稳定性高的塑料（如聚丙烯、聚苯乙烯等）。但这种机头结构简单，制造较容易，成本低。

7.3.2 流线型机头

如图 7-11 所示，这种机头截面变化特征是，从圆形逐渐变为所需要的异形截面。
这种挤出机头挤出的塑件质量好，但机头加工困难，成本高。为了改善加工性，口模和芯模可采用拼合结构，或将机头沿轴线分段后组合而成。

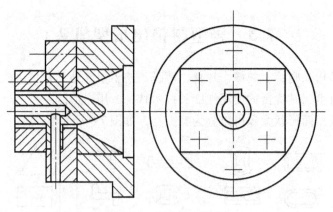

图 7-10 板式异型机头

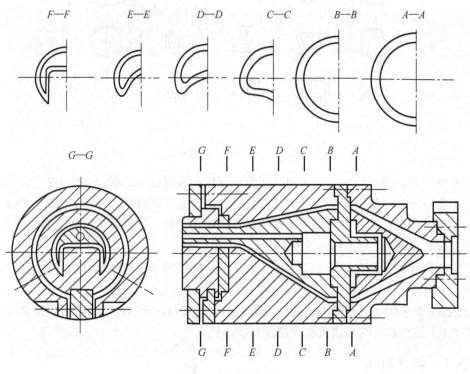

图 7-11 流线型机头

7.4 复习思考题

1. 何谓塑料挤出成型?
2. 挤出成型机头结构由哪几部分组成?各有哪些作用?
3. 何谓机头?机头在挤出成型中主要实现什么功能作用?
4. 为实现其功能,机头应能发挥哪些作用?
5. 何为口模?为什么口模要有一定的长度?

6. 了解棒材挤出机头及定径套的典型结构设计加工的基本要求。
7. 直通机头和直角机头有什么不同?
8. 简述直通管机头和直角管机头的优缺点。
9. 管材定径方法有哪几种?管材外径定径套设计主要考虑哪些问题?
10. 了解管机头的典型结构及设计加工的基本要求。

第8章 其他成型模具

配套资源

学习目标与要求

1. 掌握其他成型模具,即中空吹塑成型模具、真空成型模具及压缩空气成型模具的成型原理及其特点。
2. 掌握三种成型方法模具的结构零部件设计及模具设计要点。

学习重点

三种其他成型模具方法的成型原理及其特点、模具的结构和设计方法。

学习难点

三种其他成型模具方法的成型原理及其特点、模具的结构和设计方法。

除了前面已经叙述的塑料注射成型、压缩成型、压注成型和挤出成型外,塑料还有多种其他的成型方法,如中空吹塑成型、真空吸塑成型、压缩空气成型、发泡成型等。本章只简单地介绍前三种塑料成型方法。

8.1 中空吹塑成型模具

塑料的中空成型是指用压缩空气吹成中空容器和用真空吸成壳体容器。吹塑中空容器主要用于制造薄壁塑料瓶、桶以及玩具类塑件。吸塑中空容器主要用于制造薄壁塑料包装用品、杯、碗等一次性使用的容器。中空吹塑成型是把塑性状态的塑料型坯置于模具内,压缩空气注入型坯中将其吹胀,使吹涨后制品的形状与模具内腔的形状相同,冷却定型后得到需要的产品。根据成型方法的不同,可分为挤出吹塑成型、注射吹塑成型、注射拉伸吹塑成型、多层吹塑成型、片材吹塑成型等形式。

8.1.1 中空吹塑成型工艺分类

1. 挤出吹塑成型

挤出吹塑成型是成型中空塑件的主要方法。挤出吹塑成型工艺如图 8-1 所示。首先挤出机挤出管状型坯;截取一段管坯趁热将其放入模具中,闭合对开式模具的同时夹紧型坯上下两端;向型腔内通入压缩空气,使其膨胀附着模腔壁而成型,然后保压;最后经冷却定型,便可排除压缩空气并开模取出塑件。挤出吹塑成型模具结构简单,投资少,操作容易,适合多种塑料的中空吹塑成型。缺点是壁厚不易均匀,塑件需后加工去除飞边。

· 258 ·

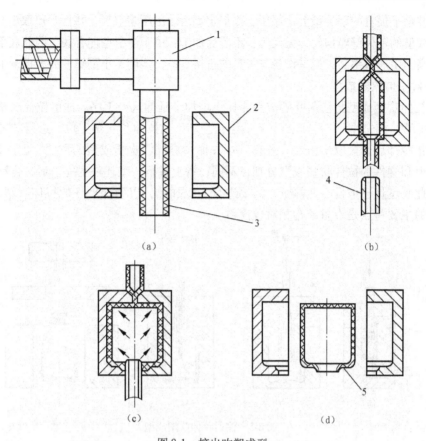

图 8-1 挤出吹塑成型
(a) 挤出型坯；(b) 模具闭合；(c) 通入压缩空气、保压；(d) 取出制件
1—挤出机头；2—吹塑模；3—管状型坯；4—压缩空气吹管；5—塑件

2. 注射吹塑成型

注射吹塑成型是用注射机在注射模中制成型坯，然后把热型坯移入中空吹塑模具中进行中空吹塑。注射吹塑成型工艺如图 8-2 所示。首先注射机在注射模中注入熔融塑料制成型坯；型芯与型坯一起移入吹塑模内，型芯为空心并且壁上带有孔；从芯棒的管道内通入压缩空气，使

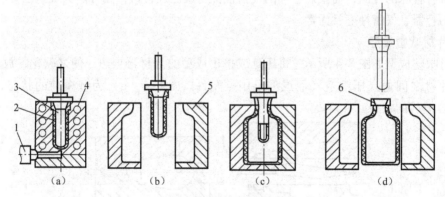

图 8-2 注射吹塑成型
(a) 注射型坯；(b) 移入吹塑模内；(c) 通入压缩空气、吹胀；(d) 取出制件
1—注塑机喷嘴；2—注塑型坯；3—空心凸模；4—加热器；5—吹塑模；6—塑件

型坯吹涨并贴于模具的型腔壁上；保压、冷却定型后放出压缩空气，并且开模取出塑件。经过注射吹塑成型的塑件壁厚均匀，无飞边，不需后加工，由于注射型坯有底，因此底部没有拼和缝，强度高，生产效率高，但是设备与模具的价格高昂，多用于小型塑件的大批量生产。

3. 注射拉伸吹塑成型

注射拉伸吹塑成型与注射吹塑成型相比，增加了延伸这一工序。注射拉伸吹塑成型工艺如图 8-3 所示。首先注射一空心的有底型坯；型坯移到拉伸和吹塑工位，进行拉伸；吹塑成型、保压；冷却后开模取出塑件。还有另外一种注射拉伸吹塑成型的方法，即冷坯成型法，型坯的注射和塑件的拉伸吹塑成型分别在不同设备上进行，型坯注射完以后，再移到吹塑机上吹塑，此时型坯已散发一些热量，需要进行二次加热，以确保型坯的拉伸吹塑成型温度，这种方法的主要特点是设备结构相对较简单。

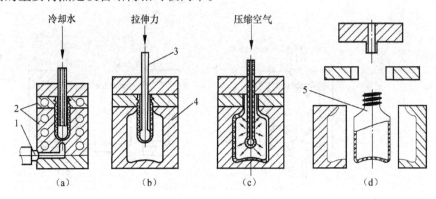

图 8-3　注射拉伸吹塑成型

(a) 注塑型坯；(b) 拉伸型坯；(c) 吹塑型坯；(d) 塑件脱模

1—注塑机喷嘴；2—注塑模；3—拉伸芯棒（吹管）；4—吹塑模；5—塑件

4. 多层次吹塑成型

多层吹塑是指不同种类的塑料，经特定的挤出机头挤出一个坯壁分层而又黏结在一起的型坯，再经吹塑制得多层中空塑件的成型方法。发展多层吹塑的主要目的是解决单独使用一种塑料不能满足使用要求的问题。例如单独使用聚乙烯，但它的气密性较差，所以其容器不能盛装带有香味的食品，而聚氯乙烯的气密性优于聚乙烯，可采用外层为聚氯乙烯、内层为聚乙烯的容器，气密性好且无毒。

5. 片材吹塑成型

片材吹塑成型如图 8-4 所示。将压延或挤出成型的片材再加热，使之软化，放入型腔，合模在片材之间通入压缩空气而成型出中空塑件。图 8-4（a）为合模前的状态，图 8-4（b）为合模后的状态。

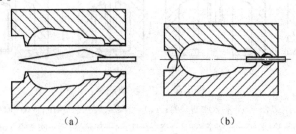

图 8-4　片材吹塑中空成型

8.1.2 吹塑塑件设计

中空成型时,对塑件设计的要求主要有塑件的吹胀比、延伸比、螺纹、塑件上的圆角、支承面及外表面等。

1. 吹胀比

吹胀比是指塑件最大直径与型坯直径之比。实践表明,吹胀比越大,塑料瓶的横向强度越高,但只能在一定的范围内。型坯断面形状一般要做成与塑件的外形轮廓大体一致,如吹塑圆形截面的瓶子型腔截面应是管形,若吹塑方桶或矩形桶,则型坯断面应制成方管状或矩形管状,其目的是使型坯各部位塑料的吹胀情况趋于一致。

2. 延伸比

延伸比是在注射拉伸吹塑中,塑件的长度与型坯的长度之比。延伸比确定后,型坯的长度就能确定。实验证明,延伸比越大的塑件,即相同型坯长度而生产出壁厚越薄的塑件,其纵向的强度越高。也就是延伸比和吹胀比越大,得到的塑件强度越高。在实际生产中,必须保证塑件的实用刚度和实用壁厚。

3. 螺纹

吹塑成型的螺纹通常采用梯形或半圆形的截面,而不采用细牙或粗牙螺纹,这是因为后者难以成型。为了便于对塑件上飞边的处理,在不影响使用的前提下,螺纹可制成断续状的,即在分型面附近的一段塑件上不带螺纹。

4. 圆角

吹塑成型塑件的角隅处不允许设计成尖角,如其侧壁与底部的交接部分一般设计成圆角,因为尖角难于成型。对于一般容器的圆角,在不影响使用的前提下,圆角以大为好,圆角大则壁厚均匀,对于有造型要求的产品,圆角可以减小。

5. 塑件支承面

在设计塑料容器时,不可以将整个平面作为塑件支承面,应尽量减小底部的支承面,特别要减少结合缝作为支承面,因为切口的存在将影响塑件放置平稳。

6. 塑件的外表面

吹塑塑件大部分都对外表面的艺术质量有要求。如雕刻图案、文字和容积刻度等,有的还要做成镜面等。这就要求对模具的表面进行艺术加工。其加工方式如下:

① 用喷砂做成雾面;
② 用镀铬抛光做成镜面;
③ 用电铸方法铸成模腔壳体然后嵌入模体;
④ 用钢材热处理后的碳化物组织形状,通过酸腐蚀做成类似皮革纹;
⑤ 涂覆感光材料后经过感光显影腐蚀等过程做成花纹。

成型聚氯乙烯塑件的模具型腔表面,最好采用喷砂处理过的粗糙表面,因为粗糙的表面在吹塑成型过程中可以存储一部分空气,可避免塑件在脱模时产生吸真空现象,有利于塑件脱模,并且粗糙的型腔表面并不妨碍塑件的外观,表面粗糙程度类似于磨砂玻璃。

7. 塑件收缩率

通常容器类的塑件对精度要求不高,成型收缩率对塑件尺寸影响不大,但对有刻度的定容量的瓶子和螺纹制品的收缩率有相当的影响。

8.1.3 吹塑模具设计

1. 上吹口式

上吹口式结构如图 8-5 所示。

2. 下吹口式

下吹口式结构如图 8-6 所示。

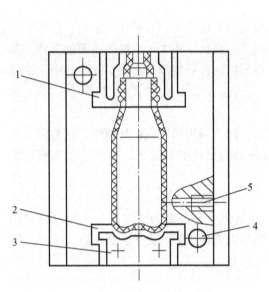

图 8-5 上吹口模具结构

1—口部镶块；2—底部镶块；3，6—余料槽；
4—导柱；5—冷却水道

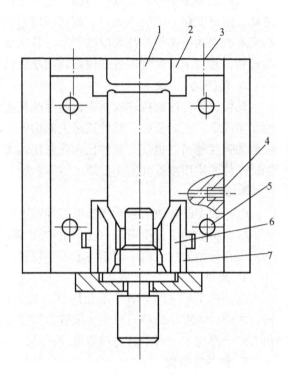

图 8-6 下吹口模具结构

1，6—余料槽；2—底部镶块；4—冷却水道；
5—导柱；7—瓶颈（吹口）镶块

模具设计要点：

（1）模口

模口在瓶颈板上，是吹管的入口，也是塑件的瓶口，吹塑后对瓶口尺寸进行校正和余料切除。口部内径校正是由装在吹管外面的校正芯棒，通过模口的截断部分，同时进行校正和截断的。

（2）夹坯口

夹坯口也称切口。挤出吹塑过程中，模具在闭合的同时需将型坯封口将余料切除，因此在模具相应部位要设置夹坯口。切口部分的制造是关键部位，切口接合面的表面粗糙度值要尽可能地减小，热处理后要经过磨削和研磨加工，在大量生产中应镀硬铬抛光。

（3）余料槽

型坯在刃口的切断作用下，会有多余的塑料被切除，它们将容纳在余料槽内。余料槽通常设在切口的两侧，其大小应依型坯夹持后余料的宽度和厚度来确定，以模具能严密闭合为准。

(4) 排气孔（槽）

模具闭合后，型腔呈封闭状态，应考虑在型坯吹胀时，模具内原有空气的排出问题。排气不良会使塑件表面出现斑纹、麻坑和成型不完全等缺陷。为此，吹塑模还要考虑设置一定数量的排气孔（槽）。一般开设在模具的分型面上和模具的"死角部位"（如在多面角部位或圆瓶的肩部）。

(5) 冷却

吹塑模具的温度一般控制在 20 ℃ ~ 50 ℃，冷却要求均匀。

(6) 锁模力

锁模力的大小应使两个半模闭合严密，应大于胀模力。

8.2 真空成型模具

8.2.1 真空成型工艺分类

1. 凹模真空成型（图 8-7）

首先将塑料板材置于模具上方将其四周固定，并进行加热软化，然后在模具下方抽真空，抽出板材与模具之间空隙中的空气，使软化的板材紧密地贴合模具，当塑件冷却后，再从模具下方充入空气，取出塑件。

用凹模成型法成型的塑件外表面尺寸精度较高，一般用于成型深度不大的塑件。如果塑件深度很大时，特别是小型塑件，其底部转角处会明显变薄。多型腔的凹模真空成型比相同个数的凸模真空成型节省原料，因为凹模模腔间距可以较近，用同样面积的塑料板，可以加工出更多的塑件。

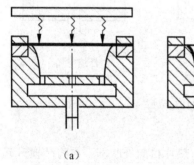
(a)
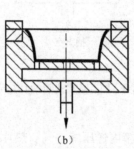
(b)
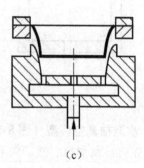
(c)

图 8-7 凹模真空成型

2. 凸模真空成型（图 8-8）

有些要求底部厚度不减薄的吸塑件，可以用凸模真空成型，被夹紧的塑料板在加热器下加热软化，当加热后的片材首先接触凸模时，即被冷却而失去减薄能力。当材料继续向下移动，一直到完全与凸模接触；抽真空开始，边缘及四周都由抽真空而成型。

凸模真空成型多用于有凸起形状的薄壁塑件，成型塑件的内表面尺寸精度较高。

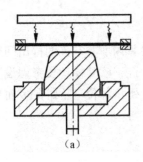 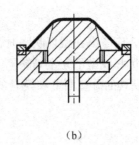 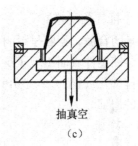

图 8-8　凸模真空成型

3. 凹、凸模先后抽真空成型（图 8-9）

凹凸模先后抽真空成型首先把塑料板紧固在凹模上加热，软化后将加热器移开，然后通过凸模吹入压缩空气，而凹模抽真空使塑料板鼓起，最后凸模向下插入鼓起的塑料板中并且从中抽真空，同时凹模通入压缩空气，使塑料板贴附在凸模的外表面而成型。

该成型方法，由于将软化了的塑料板吹鼓，使板材延伸后再成型，故壁厚比较均匀，可用成型深型腔塑件。

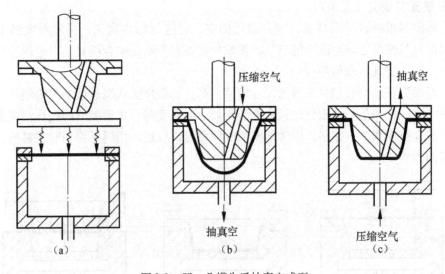

图 8-9　凹、凸模先后抽真空成型

4. 吹泡抽真空成型（图 8-10）

首先将片材加热，然后向密闭箱内送压缩空气。热片材向外吹涨，再将凸模升起，与片材之间形成密闭状态；最后由凸模上的气孔抽真空，利用外面的大气压力使它成型。

5. 辅助凸模真空成型（柱塞下推真空成型）（图 8-11）

辅助凸模真空成型分为下向真空成型和上向真空成型。

下向真空成型首先将固定于凹模的塑料板加热至软化状态；接着移开加热器，用辅助凸模将塑料板推下，这凹模里的空气被压缩，软化的塑料板由于辅助凸模的推力和型腔内封闭的空气移动而延伸；然后凹模抽真空成型。

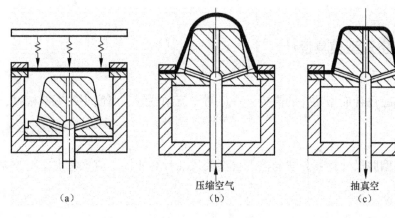

图 8-10 吹泡真空成型

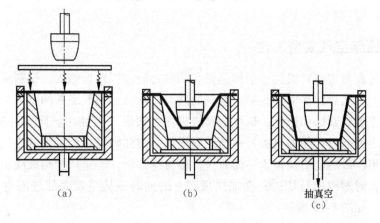

图 8-11 下向真空成型

8.2.2 真空成型塑件设计

真空成型对于塑件的几何形状、尺寸精度、塑件的深度与宽度之比、圆角、脱模斜度、加强肋等都有具体要求。

1. 塑件的几何形状和尺寸要求

用真空成型方法成型塑件，成型后冷却收缩率较大，很难得到较高的尺寸精度。一般凸模真空成型时，塑件内部尺寸精确；而凹模真空成型时，塑件外部尺寸精确。

2. 塑件的深度 H 与宽度（或直径）D 之比

塑件的深度 H 与宽度（或直径）D 之比称为引伸比，引伸比在很大程度上反映了塑件成型的难易程度。引伸比越大，成型越难。引伸比和塑件的均匀程度有关，引伸比过大会使最小壁厚处变得非常薄，这时应选用较厚的塑料来成型。引伸比和塑料品种、成型方法有关。

3. 圆角

塑件设计时应使连接处圆滑过渡，圆角半径不小于型坯厚度。

4. 斜度

斜度即工艺倾斜面，以便从模具中取出塑件。

5. 加强肋

加强肋可减少型坯厚度，缩短加热时间，降低制品成本。加强肋应沿制品外形或面的方向设计。

8.2.3 真空成型模具设计

1. 抽气孔

抽气孔大小应适合成型塑件的需要,一般对于流动性好、厚度小的塑料板材,抽气孔要小,反之则大。

2. 型腔尺寸

该成型模具型腔尺寸计算方法与注射模型腔尺寸计算相同,应该考虑塑料收缩率和成型模具的精度。

8.3 压缩空气成型模具

8.3.1 压缩空气成型工艺

塑件成型过程是将塑料板材置于加热板和凹模之间,固定加热板,塑料板材只被轻轻地压在模具刃口上,然后,在加热板抽出空气的同时,从位于型腔底部的空气口向型腔中送入空气,使被加工板材紧贴加热板;这样塑料板很快被软化,达到适合于成型的温度。这时加强从加热板进出的空气,使塑料板材逐渐贴紧模具。与此同时,型腔内的空气通过其底部的通气孔迅速排出,最后使塑料板紧贴模具。待板材冷却后,停止从加热板喷出压缩空气,再使加热板下降,对塑件进行切边;在加热板回升的同时,从型腔底部进入空气使塑件脱模后,取出塑件。如图8-12所示。

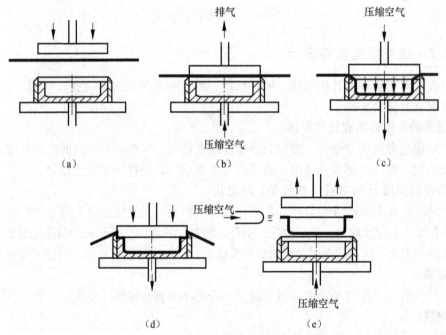

图 8-12 压缩空气成型工艺过程

压缩空气成型的方法与真空成型的原理相同，都是使加热软化的板材紧贴模具成型。所不同的是，对板材所施加的成型外力由压缩空气代替抽真空。在真空成型时，很难达到对板材施加 0.1 MPa 以上的成型压力。而用压缩空气时，可对板材施加 1 MPa 以上的成型压力。由于成型压力很高，因而用压缩空气时可以获得充满模具形状的塑件及深腔的塑件。

8.3.2 压缩空气成型模具设计

压缩空气成型用的模具结构，与真空成型模具的不同点是增加了模具型刃，因此塑件成型后，在模具上就可将余料切除，并且塑料板直接接触加热板，加热速度快。如图 8-13 所示。

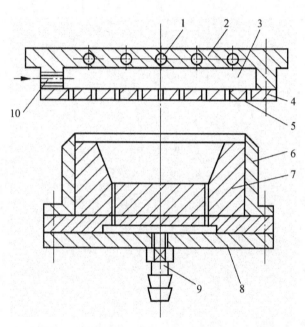

图 8-13　压缩空气成型模具
1—加热棒；2—加热板；3—热空气室；4—面板；5—空气孔；
6—型刃；7—凹模；8—底板；9—通气孔；10—压缩空气管

模具设计要点：

压缩空气成型的模具型腔与真空成型模具型腔基本相同。压缩空气成型模具的主要特点是在模具边缘设置型刃。

在模具的边缘设置型刃是为了切除成型中的余料，常用的型刃是把顶端削平 0.1～0.15 mm，型刃的角度以 20°～30°为宜，它的尖端必须比型腔的端面高出板材的厚度加上 ±0.1 mm。成型时，放在凹模型腔端面上的板材同加热板之间就能形成间隙，此间隙可使板材在成型期间不与加热板接触，避免板材过热造成产品缺陷。

8.4 复习与思考

1. 简述真空成型原理。
2. 真空成型模具的成型过程及原理是什么？
3. 真空成型模具的成型特点是什么？

附　录

附录1　常用塑料名称中英文对照表

缩写代号	中文化学名	英文名
AAS	丙烯腈、丙烯酸酯、苯乙烯共聚物	Acrylnitril-Acrylicester-Styrene Copolymer
ABR	丙烯酸酯-丁二烯橡胶（参见 AR）	Acrylester-Butadiene Rubber（ASTM）
ABS	丙烯腈-丁二烯-苯乙烯共聚物	Acrylonitrile-butadiene-styrene copolymer
A/S	丙烯腈苯乙烯共聚物	Acrylonitrile-styrene copolymer
ACM	丙烯酸酯-2-氯乙烯醚橡胶（参见 AR）	Acrylester-2-Chlorovinylether rubber（ASTM）
ACS	苯乙烯、丙烯腈与氯化聚乙烯混合物	SAN blend with chlorinated polyethylene
AFMU	亚硝基橡胶；三氟亚硝基甲烷、亚硝基全氟丁酸	Nitrosorubber; Terpolymers of TFE, Trifluoronitroso methane and Nitrosoper fluorobutyric acid（ASTM）
AL	藻朊酸纤维	Alginate Fibers
ALK	醇酸树脂	Alkyd Resin
A/MMA	丙烯腈-甲基丙烯酸酯共聚物	Acrylonitrile-metry1 methacrylate copolymer
ANM	丙烯酸酯丙烯腈橡胶（参见 AR）	Acrylester-Acrylnitril Rubber（ASTM）
AP	乙丙橡胶（参见 APK，EPM，EPR）	Ethylene-Propylene Rubber
APK	乙丙橡胶（参见 AP，APT，EPM，EPR）	Ethylene-Propylene Rubber
APT	三元乙丙橡胶（参见 EPDM，EPT，EPTR）	Ethylene-Propylene Terpolymerisate Rubber
AR	丙烯酸酯橡胶（参见 ABR，ACM，ANM）	Acrylester Rubber（BS）
A/S/A	丙烯腈-苯乙烯-丙烯酸酯共聚物	Acrylonitrile-styrene-acrylate copolymer
BBP	邻苯二酸丁酯苯酯	Benzyl Butyl Phthalate（DIN，ISO）
BOA	己二酸辛酯苄酯	Benzyl Octyl Adipate（ISO）
BMC	块状模塑料	Bulk Moulding Compound
BR	聚丁二烯橡胶	Polybutadiene Rubber（ASTM）
Buty1	丁基橡胶（参见 IIR，PIBI）	Buty1 Rubber（BS）
CA	乙酸纤维素	Cellulose acetate
CAB	乙酸-丁酸纤维素	Cellulose acetate butyrate
CAP	乙酸-丙酸纤维素	Cellulose acetate propionate
CF	甲酚-甲醛树脂	Cresol-formaldehyde resin
CFK	化纤增强塑料（参见 KFK）	Chemical Fiber Reinforced Plastics
CFM	聚三氟氯乙烯（参见 PCTFE）	Polychloro-Trifluoro Ethylene（ASTM）
CFRP	碳纤维增强塑料	Carbon Fiber Reinorced Plastics
CHC	共聚氯醇乙烯化氧橡胶（参见 CHR，CO，ECO）	Epichlorohydrin Ethyleneoxide Rubber
CHR	均聚氯醇橡胶（参见 CHC，CO，ECO）	Epichlorohydrin Rubber
CM	氯化聚乙烯（参见 CPE）	Chlorinated Polyethyene（ASTM）

续表

缩写代号	中文化学名	英文名
CMC	羧甲基纤维素	Carboxymethyl cellulose
CN	硝酸纤维素	Cellulose nitrate
CP	丙酸纤维素	Cellulose propiomate
CS	酪素塑料	Casein plastics
CT	三醋酸纤维	Triacetate Fiber
CTA	三乙酸纤维素	Cellulose Triacetate（GB）
CTA	三乙酸纤维素	Cellulose triacetate
DABCO	三乙撑二胺	Triethylene Diamine
DAP	苯二酸二烯丙酯树脂（参见 FDAP）	Diallyl Phthalate Resin（DIN, ASTM）
DBP	邻苯二（甲）酸二丁酯	Dibutyl Phthalate（DIN, ISO, IUPAC）
DCP	邻苯二酸辛酯	Dicapryl Phthalate（DIN, ISO, IUPAC）
DDP	邻苯二酸二癸酯	Didecyl Phthalate（DIN, ISO, IUPAC）
DEP	邻苯二酸二乙酯	Diethyl Phthalate（ISO）
DHP	邻苯二酸二庚酯	Diheptyl Phthalate（ISO）
DHXP	邻苯二酸二己酯	Dihexyl Phthalate（ISO）
DIBP	邻苯二酸二异丁酯	Diisobutyl Phthalate（DIN, ISO）
DIDA	己二酸二异癸酯	Diisodecyl Adipate（DIN, ISO, IUPAC）
DIDP	邻苯二酸二异癸酯	Diisodecyl Phthalate（DIN, ISO, IUPAC）
DINA	己二酸二异壬酯	Diisononyl Adipate（ISO）
DINP	邻苯二酸二异壬酯	Diisononyl Phthalate（DIN, ISO）
DIOA	己二酸二异辛酯	Diisooctyl Adipate（DIN, ISO, IUPAC）
DIOP	邻苯二酸二异辛酯	Diisooctyl Phthalate（DIN, ISO, IUPAC）
DIPP	邻苯二酸二异戊酯	Diisopentyl Phthalate
DITDP	邻苯二酯二异十三酯	Diisotridecyl P（DIN, ISO）
DITP	邻苯二酯二异十三酯（参见 DITDP）	Diisotridecyl Phthalate（DIN）
DMC	面团模塑料	Dough Molding Compound
DMF	二甲基甲酰胺	Dimethyl Formamide
DMP	邻苯二酸二甲酯	Dimethyl Phthalate（ISO）
DMT	对苯酯二甲酯	Dimethyl Terephthalate
DNP	邻苯二酸二壬酯	Dinonyl Phthalate（ISO, IUPAC）
DOA	己二酯二辛酯，己二酸二（2-乙己基）酯	Dioctyl Adipate, Di-2-Ethyexyl Adipate（DIN, ISO, IUPAC）
DODP	邻苯二酸辛、癸酯（参见 ODP）	Dioctyl Decyl Phthalate（ISO）
DOIP	间苯二酸二辛酯，间苯二酸二（2-乙己基）酯	Dioctyl Isophthalate, Di-2-Ethylhexyl Isophthalate（DIN, ISO）
DOP	邻苯二酸二辛酯，邻苯二酯二（2-乙己基）酯	Dioctyl Phthalate Di-2-Ethylhexyl Phthalate（DIN, ISO, IUPAC）
DOS	癸二酸二辛酯，癸二酸二（2-乙己基）酯	Dioctyl Sebacate, Di-2-Ethylhexyl Sebacate（DIN, ISO, IUPAC）
DOTP	对苯二酸二辛酯，对苯二酸二（2-乙己基）酯	Dioctyl Terephthalate, Di-2-Ethylhexyl Terephthalate（DIN, ISO）
DOZ	壬二酸二辛酯，壬二酸二（2-乙己基）酯	Dioctyl Azelate, Di-2-Ethylhexyl Azelate（DIN, ISO, IUPAC）

续表

缩写代号	中文化学名	英文名
DPCF	磷酸二苯甲苯酯	Diphenyl Cresyl Phosphate (ISO)
DPOF	磷酸二苯辛酯	Diphenyl Octyl Phosphate (ISO)
DUP	苯二酸十一烷酯	Diundecyl Phthalate
EC	乙基纤维素	Ethyl cellulose
ECB	乙烯共聚体与沥青混合物	Ethylene Copolymer Bitumen Mixture
ECO	氯醇橡胶（参见CHC, CHR, CO）	Epichlorohydrin Rubber (ASTM)
EEA	乙烯/丙烯酸乙酯共聚物	Ethylene Ethylacrylate Copolymer (ISO)
ELO	环氧化亚麻仁油	Epoxydized Linseed Oil (DIN, ISO)
EP	环氧树脂	Epoxide resin
E/P	乙烯-丙烯共聚物	Ethylene-propylene copolymer
E/P/D	乙烯-丙烯-二烯三元共聚物	Ethylene-tetrafluoroethylene copolymer
E/TFE	乙烯-四氟乙烯共聚物	Ethhlene-tetrafluoroethylene copolymer
E/VAC	乙烯-乙酸乙烯酯共聚物	Ethylene-vinylacetate copolymer
E/VAL	乙烯-乙烯醇共聚物	Ethylene-vinylalcohol copolymer
EVOH	乙烯-乙烯醇共聚树脂	
FDAP	苯二酸二烯丙酯（树脂）（参见DAP）	Diallyl Phthalate (Resin)
FEP	全氟（乙烯-丙烯）共聚物，四氟乙烯-六氟丙烯共聚物	Perfluorinated ethvlence-propylene copolymer
FLU	维通橡胶	Viton
FPM	偏氟乙烯/六氟丙烯橡胶	Vinylidene Fluoride Hexaflyoropropylene Rubber (ASTM)
FRP	纤维增强塑料	Fiber Reinforce Plastics
FSI	含氟甲基硅烷橡胶	Fluoro Methylsilicon Rubber (ASTM)
GPS	通用聚苯乙烯	General polystyene
GRP	玻璃纤维增强塑料	Glass fibre reinforced plastics
HDPE	高密度聚乙烯（低压）	High density polyethylene
HIPS	高冲击强度聚苯乙烯	High impact polyethylene
HMWPE	高分子量聚乙烯	High Molecular Weight Polyethylene
HR	丁基橡胶（参见Butyl, PIBI）	Brtyl Rubber, Isprene Isobutylene Copolymer (ASTM)
IR	异戊二烯橡胶	Isoprene Rubber, Cis 1, 4-Polyisoprene "Synthetic Natural Rubber" (ASTM, BS)
KFK	碳纤维增强塑料	Carbon fiber Reinforced Plastics (DIN)
LDPE	低密度聚乙烯（高压）	Low density polyethylene
LLDPE	线性低密度聚乙烯	
MBS	甲基丙烯酸甲酯/丁二烯/苯乙烯共聚物	Methyl Methacrylate Butadiene Styrene Copolymer
MC	甲基纤维素	Methyl cellulose
MDPE	中密度聚乙烯	Middle density polyethylene
MF	三聚氰胺-甲醛树脂	Melamine- formaldehyde resin
MPF	三聚氰胺-酚甲醛树脂	Melamine-phenlo-formaldehyde resin
NBR	丁腈橡胶（参见PBAN）	Butadiene Acrylonitrile Rubber, Nitrile Rubber (ASTM, BS)
NC	硝基纤维素（参见CN）	Nitrocellulose
NCR	腈基氯丁橡胶	Nitrile Chloroprene Rubber (ASTM)
NDPE	低压法聚乙烯	Low Pressure Polyethylene

续表

缩写代号	中文化学名	英文名
NK, NR	天然橡胶	Natural Rubber (ASTM)
ODP	苯二酸辛、癸酯（参见 DODP）	Octyl Decyl Phthalate (ISO)
OER	油充橡胶	Oil Extended Rubber
PA	聚酰胺	Polyamide
PA4	尼龙4，聚丁内酰胺及纤维	Pa from Butyrolactam
PA6	尼龙6，聚己内酰胺及纤维	Pa from Caprolactam (DIN, ISO)
PA6I	尼龙6I，间苯二酯六甲基二胺及纤维	Pa from Hexamethylene Diamine and Isophthalacid
PA6T	尼龙6T，聚对苯二甲酰己二胺及纤维	Pa from Hexamethylenediamine and Terephthalicacid
PA66	尼龙66，聚己二酰己二胺及纤维	PA from Hexamothylene diamine and Adipic acid
PA610	尼龙610，聚癸二酸己二胺及纤维	PA from Hexamethylene diamine and Sebacic acid (DIN, ISO)
PA1010	尼龙1010，聚癸二栈癸二胺及纤维	PA from Sebacicdiamine and Sebacic acid
PA11	尼龙11，聚氨基十一酸及纤维	PA from 11 amine-Undeca acid (DIN, ISO)
PA12	尼龙12，聚十二内酰胺及纤维	PA from Lauric Lactam (DIN, ISO)
PA6/12	尼龙612，聚己内酰胺和聚十二内酰胺混合物及纤维	Mixed PA from Caprolactam and Dcdecanlactam (DIN, ISO)
PA66/610	尼龙66/610及纤维	Mixed PA from Hexamethylene diamine Adipic acid and Sebacic acid
PAA	聚丙烯酸	Poly (acrylic acid)
PAC	聚丙烯腈及纤维（参见 PAN, PC）	Polyacrylonitrile (IUPAC)
PAN	聚丙烯腈	Polyacrylonitrile
PB	聚丁烯-1	Polybutene-1
PBTP	聚对苯二甲酸丁二（醇）酯	Poly (butylenes terephthalate)
PC	聚碳酸酯	Polycarbonate
PCR	氯丁橡胶	Polychloroprene Rubber
PCTFE	聚三氟氯乙烯	Polychlorotrifluoroethylene
PDAP	聚邻苯二甲酸二烯丙酯	Poly (diallyl phthalate)
PDAIP	聚间苯二甲酸二烯丙酯	Poly (diallyl isophthalate)
PE	聚乙烯	Polyethylene
PEC	氯化聚乙烯	Chlorinated polyethylene
PeCe	氯化聚氯乙烯及纤维（参见 CPVC, PC, PVCC）	After Chlorinated PVC
PEOX	聚氧化乙烯；聚环氧乙烷	Poly (ethylene oxide)
PETP	聚对苯二甲酸乙二（醇）酯	Poly (ethylene terephthalate)
PF	酚醛树脂	Phenol-formaldehyde resin
PFEP	四氟乙烯/六氟丙烯共聚物（参见 FEP）	Tetrafluoroethylene Hexafluoropropylene Copolymer
PI	聚酰亚胺	Polyimide
PMCA	聚α-氯化丙烯酸甲酯	Poly (methyl-α-chloroacrylate)
PIB	聚异丁烯	Polyisobutylene (DIN, BS)
PIBI	丁基橡胶（参见 Butyl, IIR）	Butyl Rubber, Isoprene Isobutene Rubber
PMI	聚甲基丙烯酰亚胺	Polymethacrylimide
POM	聚甲醛	polyformaldehyde (polyoxymethylene)
PMMA	聚甲基丙烯酸甲酯	Poly (methyl methacrylate)
POR	环氧丙烷橡胶	Polyepoxy Rubber

续表

缩写代号	中文化学名	英文名
PP	聚丙烯	Polypropylene
PPC	氯化聚丙烯	Chlorinated polypropylene
PPO	聚苯醚（聚2,6-二甲基苯醚），聚苯撑氧	Poly（phenylene oxide）
PPOX	聚氧化丙烯，聚环氧丙烷	Poly（propylene oxide）
PPS	聚苯硫醚	Poly（phenylene sulfide）
PPSU	聚苯砜	Poly（phenylene sulfone）
PS	聚苯乙烯	Polystyrene
PSAN	苯乙烯/丙烯腈共聚物（参见SAN）	Styrene Acrylnitrile Copolymer（DIN）
PSB	苯乙烯/丁二烯共聚物（参见SB）	Styrene Butadiene Copolymer（DIN）
PSI	甲基苯基硅橡胶	Methylsilicone Rubber With Phonyl Group（ASTM）
PSU	聚砜	Polysulfone
PTFE	聚四氟乙烯	Polytetrafluoroethylene
PUR	聚氨酯	polyurethane
PVAC	聚乙酸乙烯酯	polyurethane
PVAL	聚乙烯醇	Poly（vinyl alcohol）
PVB	聚乙烯醇缩丁醛	Poly（vinylbutyral）
PVC	聚氯乙烯	Poly（vinyl chloride）
PVA	聚乙烯醇及纤维（参见PVAC）	Polyvinylalcohol
PVAA	聚乙烯醇缩醛纤维	Polyvinyl Acetal
PVCA	氯乙烯-乙酸乙烯酯共聚物	Poly（vinyl chloride-acetate）
PVCC	氯化聚氯乙烯	Chlorinated poly（vinyl chloride）
PVDC	聚偏二氯乙烯	Poly（vinylidene chloride）
PVDF	聚偏二氟乙烯	Poly（vinylidene fluorde）
PVF	聚氟乙烯	Poly（vinyl fluoride）
PVF2	聚偏二氟乙烯（参见PVDF）	Polyvinylidene Fluoride
PVFM	聚乙烯醇缩甲醛	Poly（vinyl formal）
PVK	聚乙烯基咔唑	Poly（vinyl carbazole）
PVFO	聚乙烯醇缩甲醛（参见PVFM）	Polyvinylformal（DIN）
PVSI	甲基苯乙烯基硅橡胶	Methylsilicone Rubber with Phenyl and Vinyl Group（ASTM）
PVP	聚乙烯基吡咯烷酮	Poly（vinyl pyrrolidone）
PVSI	甲基苯乙烯基硅橡胶	Methylsilicone Rubber with Phenyl and Vinyl Group（ASTM）
PY	不饱和聚酯树脂	Unsaturated Polyester Resin（BS）
RP	增强塑料	Reinforced plastics
RF	间苯二酚-甲醛树脂	Resoreinol-formaldehyde resin
S/AN	苯乙烯-丙烯腈共聚物	Styrene-acrylonitrile copolymer
SAN	苯乙烯/丙烯腈共聚物（参见PSAN）	Styrene-Acrylnitrile Copolymer（GB，DIN，ISO）
SB	苯乙烯/丁二烯（参见PSB）	Styrene-Butadiene（DIN，ISO）
SBR	丁苯橡胶	Styrene Butadiene Rubber（ASTM，BS）
SBS	苯乙烯/丁二烯/苯乙烯嵌段共聚物	Styrene Butadiene Styrene block Polymer
SCR	苯乙烯氯丁二烯橡胶	Styrene Chloroprene Rubber（ASTM）
SI	聚硅氧烷	silicone
S/MS	苯乙烯-甲基苯乙烯共聚物	Styrene-a-methy styrene copolymer
S-PVC	悬浮聚合聚氯乙烯	PVC Suspension Polymerized
SYN	合成纤维类	Synthetic Fibers

续表

缩写代号	中文化学名	英文名
TCEF	磷酸三氯乙酯	Tricresyl phosphate (ISO)
TCF	磷酸三甲苯酯（参见 TCP，TKP，TTP）	Tricresyl phosphate (DIN, ISO)
TCP	磷酸三甲苯酯（参见 TCP，TKP，TTP）	Tricresyl phosphate (IUPAC)
TDI	甲代苯撑异氰酸酯	Toluylene Diisocyanate
TIOTM	偏苯三酸三异辛酯	Triisooctyl Trimellitate (DIN, ISO)
TKP	磷酸三甲苯酯（参见 TCF，TCP，TTP）	Tricresyl phosphate
TM	聚硫橡胶	Polysulfide Rubbers
TMC	聚酯粘稠模塑料	Thick Molding Compound
TOF	磷酸三辛酯，磷酸三（2-乙己基）酯（参见 TOP）	Triocty Phosphate, Tri-2-Ethylhexyl Phosphate (DIN, ISO)
TOP	磷酸三辛酯（参见 TOF）	Trioctyl Phosphate (IUPAC)
TOPM	均苯四甲酸四辛酯	Tetraoctyl Pyromellitate (DIN, ISO)
TOTM	偏笨三酸三辛酯	Trioctyl Trimellitate (DIN, ISO)
TPA	1，5-反式聚戊烯橡胶（参见 TPR）	1, 5-Trans Polypentene Rubber
TPF	磷酸三酚酯（参见 TPP）	Triphenyl Phosphate (DIN, ISO)
TPP	醚酸三酚酯（参见 TPF）	Triphenyl Phosphate (IUPAC)
TPR	1. 1，5-反式聚戊烯橡胶（参见 TPA） 2. 热塑性橡胶（参见 TR）	1, 5-Trans Polypentene Rubber Thermoplastic Rubber
TR	热塑性橡胶 丁苯嵌段共聚物（参见 TPR）	Thermoplastic Rubber Butadiene Styrene Block Copolymer
TTP	磷酸三甲苯酯（参见 TCF，TCP，TKP）	Tricresyl Phosphate
UF	脲甲醛树脂	Urea-formaldehyde resin
UHMWPE	超高分子量聚乙烯	Ultra-high mojecular weight polyethylene
UP	不饱和聚酯	Unsaturated polyester
UP-G-G	玻纤织物聚酯预浸渍物	Polyester prepregnated Glassfiber Texfile
UP-G-M	玻璃毡聚酯预浸渍物	Polyester Textilglass Mat Prepreg
UP-G-R	玻璃束聚酯预浸渍物	Polyester Textilglass Roving Prepreg
UR	聚氨酯橡胶	Polyurethane Rubber (BS)
UA	醋酸乙烯	Vinyl Acetate
VAC	醋酸乙烯	Vinyl Acetate
VC	氯乙烯（参见 VCM）	Vinylchloride
VC/E	氯乙烯-乙烯共聚物	Vinylchloride-ethylene copolymer
VC/E/MA	氯乙烯-乙烯-丙烯酸甲酯共聚物	Vinylchloride-ethylene-methylacrylate copomer
VC/E/VAC	氯乙烯-乙烯-乙酸乙烯酯共聚物	Vinylchloride-ethylene-vinylacetate copolymer
VC/MA	氯乙烯-丙烯酸甲酯共聚物	Vinylchloride-methylacrylate copolymer
VC/MMA	氯乙烯-甲基丙烯酸甲酯共聚物	Vinylchloride-methyl methylac-rylate copolymer
VC/OA	氯乙烯-丙烯酸辛酯共聚物	Vinylchloride-octylacrylate copolymer
VC/VAC	氯乙烯-乙酸乙烯酯共聚物	Vihylchloride-vinylacetate copolymer
VC/VDC	氯乙烯-偏二氯乙烯共聚物	Vihylchloride-vinylidene chloride copolymer
VF	硬化纸板	Vulcanized Fiber
VPF	交联聚乙烯	Crosslinked Polyethylene
VSI	甲基乙烯基硅橡胶	Methylsilicone Rubber with Vinyl Group (ASTM)
WM	ll 增塑剂	Plasticizer

附录2 内地与港台（珠三角）地区模具与加工设备术语对照表

内 地	香港、台湾地区	内 地	香港、台湾地区
注射机	啤机	三板模	细水口模（简化细水口模）
二板模	大水口模	动模	后模（港）、公模（台）
定模	前模（港）、母模（台）	动模板	B板（港）、公模板（台）
定板模	A模（港）、母模板（台）	三板模和二板模动、定模导柱	边钉（港）或导承销（台）
三板模流道板导柱	水口边（港）、长导柱（台）		
凹模	前模镶件Cavity（港）或母模仁（台）	凸模	后模镶件（Core）（港）或公模仁（台）
型芯	镶可（Core）（港）或入子（台）	圆形芯	镶针（港）或型芯（台）
推杆板导套	中托司（EGB）	推杆板导柱	中托边（EGP）
直身导套	直司（GP）	带法兰导套	托司（或杯司）
推杆固定板	面针板（或顶针面板）	流道推板	水口推板（水口板）
定位圈	定位器（Loc. Ring）（水口圈）	支承板	托板
定模座板	面板（港）或上固定板（台）	动模座板	底板（港）或下固定板
分型面	分模面（P.L面）	推板	后顶板
垫块	方铁	浇口套	唧嘴（港）或灌嘴（台）
限位钉	垃圾钉（Stp.）	支承柱	撑头（SP.）
弹簧	弹弓（Sping）	螺栓	螺丝（SCROW）
复位杆	回（位）针R.P	销钉	管钉
锲紧块	铲基（或锁紧块）	侧向滑块	行位（Slider）
侧抽芯	滑块入子（台）	斜导柱	斜边
斜滑块	弹块（港）、胶杯（台）	斜推杆	斜顶（港）、斜方（台）
推杆	顶针（E.J.PIN）	推管（推管型芯）	司筒（司筒针）
定距分型机构	开闭器	加强筋	骨位
挡销	垃圾钉（PAD）	浇口	入水（或水口）
侧浇口	大水口	点浇口	细水口
潜伏式浇口	潜水（港）、隧道浇口（台）	热射嘴	热唧嘴
冷却水	运水	型腔布置	排位
分模隙	排气槽	脱模斜度	啤把
管位	限位块	间隙	虚位
垫块	方铁	水管接头	水喉
塑料注射模具	塑胶模（注塑模）	虎口钳	批士
内六角螺钉	杯头螺丝	飞边	披锋（flash）
电极	铜公	熔接痕	夹水纹（weld line）
配研	飞（fit）模	蚀纹	咬花
抛光	省模	填充不足	啤不满（short shot）
电火花放电间隙	火花位	收缩凹陷	缩水（sink mark）
打电火花	电蚀	银纹	水花（silver streak）
数控铣	电脑锣	止口	两塑料件接合处扣位（子扣）
铣床	锣床	倒扣	塑件局部无法脱模结构或模具变形

附录3 常用塑料的收缩率

塑料种类	收缩率/%	塑料种类	收缩率/%
聚乙烯（低密度）	1.5~3.5	ABS（抗冲）	0.3~0.8
聚乙烯（低密度）	1.5~3.0	ABS（耐热）	0.3~0.8
聚丙烯	1.5~2.5	ABS（30%玻璃纤维增强）	0.5~0.6
聚丙烯（玻璃纤维增强）	0.4~0.8	聚甲醛	1.2~3.0
聚氯乙烯（硬质）	0.6~1.5	聚碳酸酯	0.5~0.8
聚氯乙烯（半硬质）	0.6~2.5	聚砜	0.5~0.7
聚氯乙烯（软质）	1.5~3.0	聚砜（玻璃纤维增强）	0.4~0.7
聚苯乙烯（通用）	0.6~0.80	聚苯醚	0.7~1.0
聚苯乙烯（耐热）	0.2~0.8	改性聚苯醚	0.2~0.7
聚苯乙烯（增韧）	0.3~0.6	氯化聚醚	0.3~0.8
尼龙6	0.8~2.5	氟塑料F-3	1.0~2.5
尼龙6（30%玻璃纤维增强）	0.35~0.45	氟塑料F-2	2
尼龙9	1.5~2.5	氟塑料F-46	2.0~5.0
尼龙11	1.2~2.5	酚醛塑料（木粉填料）	0.5~0.9
尼龙66	1.5~2.2	酚醛塑料（石棉填料）	0.2~0.7
尼龙66（30%玻璃纤维增强）	0.4~0.55	酚醛塑料（云母填料）	0.1~0.5
尼龙610	1.2~2.0	酚醛塑料（棉纤维填料）	0.3~0.7
尼龙610（30%玻璃纤维增强）	0.35~0.45	脲醛塑料（纸浆填料）	0.6~1.3
尼龙1010	0.5~4.0	脲醛塑料（木粉填料）	0.7~1.2
醋酸纤维素	1.0~1.5	三聚氰胺甲醛（纸浆填料）	0.5~0.7
醋酸丁酸纤维素	0.2~0.5	三聚氰胺甲醛（矿物填料）	0.4~0.7
丙酸纤维素	0.2~0.5	聚邻苯二甲酸二丙烯酯（石棉填料）	0.28
聚丙烯酸酯类塑料（通用）	0.2~0.9	聚邻苯二甲酸二丙烯酯（石棉填料）	0.42
聚丙烯酸酯类塑料（改性）	0.5~0.7	聚间苯二甲酸二丙烯酯（玻璃纤维填料）	0.3~0.4
聚乙烯醋酸乙烯	1.0~3.0		
氟塑料F-4	1.0~1.5		

附录4 常用热塑性塑料的软化或熔融温度范围

塑料品种	软化或熔融范围/℃	塑料品种	软化或熔融范围/℃
聚醋酸乙烯	35~85	聚氧化甲烯	165~185
聚苯乙烯	70~115	聚丙烯	160~170
聚氯乙烯	75~90	尼龙12	170~180
聚乙烯:		尼龙11	180~190
密度0.92 g/cm³	110	聚三氟氯乙烯	200~220
密度0.94 g/cm³	约120	尼龙610	210~220
密度0.96 g/cm³	约130	尼龙6	215~225
聚-1-丁烯	125~135	聚碳酸酯	220~230
聚偏二氯乙烯	115~140（软化）	聚-4-甲基戊烯-1	240
有机玻璃	126~160	尼龙66	250~260
醋酸纤维素	125~175	聚对苯二甲酸乙二醇酯	250~260
聚丙烯腈	130~150（软化）		

附录5 常用塑料的质量（密度或比重）

密度/(g·cm⁻³)	材 料	密度/(g·cm⁻³)	材 料
0.80	硅橡腔（可用二氧化硅填充到1.25）	1.19～1.35	增塑聚氯乙烯（大约含有40%增塑剂）
0.83	聚甲基戊烯	1.20～1.22	聚碳酸酯（双酚A型）
0.85～0.91	聚丙烯	1.20～1.26	交联聚氨酯
0.89～0.93	高压（低密度）聚乙烯	1.26～1.28	苯酚甲醛树脂（未填充）
0.91～0.92	1-聚丁烯	1.26～1.31	聚乙烯醇
0.9～0.93	聚异丁烯	1.25～1.35	乙酸纤维素
0.92～1.00	天然橡胶	1.30～1.41	苯酚甲醛树脂（填充有机材料:纸,织物）
0.92～0.98	低压（高密度）聚乙烯	1.30～1.40	聚氟乙烯
1.01～1.04	尼龙12	1.34～1.40	赛璐珞
1.03～1.05	尼龙11	1.38～1.41	聚对苯二甲酸乙二醇酯
1.04～1.06	丙烯腈-丁二烯-苯乙烯共聚物（ABS）	1.38～1.50	硬质PVC
1.04～1.08	聚苯乙烯	1.41～1.43	聚氧化甲烯（聚甲醛）
1.05～1.07	聚苯醚	1.47～1.52	脲-三聚氰胺树脂（加有机填料）
1.06～1.10	苯乙烯-丙烯腈共聚物	1.47～1.55	氯化聚氯乙烯
1.07～1.09	尼龙610	1.50～2.00	酚醛塑料和氨基塑料（加有无机填料）
1.12～1.15	尼龙6	1.70～1.80	聚偏二氟乙烯
1.13～1.16	尼龙66	1.80～2.30	聚酯和环氧树脂（加有玻璃纤维）
1.10～1.40	环氧树脂,不饱和聚酯树脂	1.86～1.88	聚偏二氯乙烯
1.14～1.17	聚丙烯腈	2.10～2.20	聚三氟-氯乙烯
1.15～1.25	乙酰丁酸纤维素	2.10～2.30	聚四氟乙烯
1.16～1.20	聚甲基丙烯酸甲酯		
1.17～1.20	聚乙酸乙烯酯		
1.18～1.24	丙酸纤维素		

附录6 国产注塑机型号及主要技术性能参数（1）

型 号	XS-Z-30	XS-Z60	SZA-YY60	XS-ZY125	XS-ZY 125 (A)	XS-ZY 250	XS-ZY 250 (A)	XS-ZY350 (G54-S200/400)
理论注射量(最大)/cm³	30	60	62	125	192	250	450	200～400
螺杆（柱塞）直径/mm	28	38	35	42	42	50	50	55
注射压力/MPa	119	122	138.5	119	150	130	130	109
注射行程/mm	130	170	80	115	160	160	160	160
注射时间/s	0.7	0.85	1.6	1.8	2		1.7	
螺杆转速/(r·min⁻¹)			25～160	29、43、56、69、83、101	10～140	25、31、39、58、32、89	13～304	16, 28, 48
注射方式	柱塞式	柱塞式	螺杆式	螺杆式	螺杆式	螺杆式	螺杆式	螺杆式

续表

型号	XS-Z-30	XS-Z60	SZA-YY60	XS-ZY125	XS-ZY 125（A）	XS-ZY 250	XS-ZY 250（A）	XS-ZY350（G54-S200/400）
锁模力/kN	250	500	440	900	900	1800	1650	2540
最大成型面积/cm^2	90	130	160	320	360	500		645
模板最大行程/mm	160	180	270	300	300	500	350	260
模具厚度（最大）/mm	180	200	250	300	300	350	400	406
模具厚度（最小）/mm	60	70	150	200	200	200	200	165
喷嘴球 R 半径/mm	12	12	12	12	12	18	18	18
喷嘴孔直径/mm	2	2	4	4	4	4	4	4
动、定模固定尺寸/（mm×mm）	250×280	330×440			598×520		532×634	
拉杆间距/mm	235	190×300	330×300	260×290	360×360	295×373	370×370	290×368
合模方式	肘杆	肘杆	液压	肘杆	肘杆	液压	肘杆	肘杆
油泵流量/（L·min^{-1}）	50	70、12	48	100J2		180J2	129、74、26	170J2
压力/MPa	6.5	6.5	14	6.5			7.0、14.0	6.5
电动机功率/kW	5.5	11	15	11		18.5	30	18.5
螺杆驱动功率/kW			−40	4		5.5	9	5,5
加热功率/kW		2.7		5	6	9.83		10
外形尺寸/m	2.34×0.80×1.46	3.61×0.85×1.55	3.30×0.83×1.6	3.34×0.75×1.55		4.70×1.00×1.82	5.00×1.30×1.90	4.70×1.40×1.80
电源电压/V	380	380	380	380	380	380	380	380
电源频率/Hz	50	50	50	50	50	50	50	50
机器质量/t	0.9	2	3	3.5		4.5	6	7

附录7 国产注塑机型号及主要技术性能参数（2）

型号	XS-ZY500	ES-ZY500（B）	XS-ZY1000	XS-ZY1000（A）	SZY-2000	XS-ZY3000	XS-ZY4000	XS-ZY32000
理论注射量（最大）/cm^3	500	538	1 000	2 000	2 000	3 000	4 000	32 000
螺杆（柱塞）直径/mm	65	65	85	100	110	120	130	250
注射压力/MPa	104	135	121	121	90	90	127.5	130
注射行程/mm	200	190	260		280	340	380	
注射时间/s	2.7	2.7	3		4	3.8	约4	约10
螺杆转速/（r·min^{-1}）	20、25、32、38、42、50、60、80	19~152	21、27、35、40、45、50、65、83	21、27、35、40、45、50、65、83	0~47		0~60	0~45
注射方式	螺杆式	螺杆式	螺杆式	螺杆式	螺杆式	螺杆式	螺杆式	螺杆式
锁模力/kN	3 500	2 000	4 500	5 500	6 000	6 300	10 000	35 000
最大成型面积/cm^2	1 000	1 000	1 800	2 000	2 600	2 520	3 800	14 000
模板最大行程/mm	500	560	700	700	750	1 120	1 100	3 000
模具厚度（最大）/mm	450		700	700	800	960.68	1000	2000

续表

型　号	XS-ZY500	ES-ZY 500（B）	XS-ZY 1000	XS-ZY 1000（A）	SZY-2000	XS-ZY 3000	XS-ZY 4000	XS-ZY 32000
模具厚度（最小）/mm	300	240（440）	300	300	500	400	250	1000
喷嘴球R半径/mm	12	18	18	18	18	18		
喷嘴孔直径/mm		3、5、6、8	7.5	7.5	10	10		
模版尺寸/mm	700×850			1 180×1 180		1 350×1 250		2 650×2 460
拉杆间距/mm	540×440	540×440	650×550	650×550	760×700	900×800	1 050×950	2 260×2 000
合模方式	肘杆	液压	特殊液压	特殊液压	肘杆	液压	特殊液压	特殊液压
油泵流量/(L·min^{-1})	200、25	148、26	200、18、1.8	200、25	17.5×2、14.2	194×2.048、63		
压力/MPa	6.5	14	14	14.15	14	14、21		
电动机功率/kW	22	30	40、5.5、	40、55	40、40	45、55	142	3×155、30
螺杆驱动功率/kW	7.5	7.5	13	13	23.5		30	
加热功率/kW	14	17	16.5	18、25	21	40	45.2	
外形尺寸/(m×m×m)	6.50×1.30×2.00	6.0×1.5×2.0	7.67×1.74×2.38	7.4×1.7×2.4	10.908×1.9×3.43	11×2.9×3.2	14×2.4×2.85	20×3.24×3.85
电源电压/V	380	380	380	380	380	380	380	380
电源频率/Hz	50	50	50	50	50	50	50	50
机器质量/t	12	9	20	25	37	50	65	240

参 考 文 献

[1] 叶久新，王群. 塑料成型工艺与模具设计［M］. 北京：机械工业出版社，2008.
[2] 朱光力. 模具设计与制造实训［M］. 北京：高等教育出版社，2004.
[3] 齐晓杰. 塑料成型工艺与模具设计［M］. 北京：机械工业出版社，2005.
[4] 林慧国. 模具材料应用手册［M］. 北京：机械工业出版社，2004.
[5] 天津轻工学院，等. 塑料成型工艺学［M］（第二版）. 北京：中国轻工业出版社，2002.
[6] 俞芙芳. 塑料成型工艺与模具设计［M］. 武汉：华中科技大学出版社，2007.
[7] 俞芙芳. 新编简明塑料模具实用手册［M］. 福建：福建科学技术出版社，2006.
[8] 申开智. 塑料成型模具［M］.（第二版）. 北京：中国轻工业出版社，2004.
[9] 翁其金. 塑料模塑成型技术［M］. 北京：机械工业出版社，2001.
[10] 李学锋. 塑料模设计与制造［M］. 北京：机械工业出版社，2001.
[11] 邹继强. 塑料制品及其成型模具设计［M］. 北京：清华大学出版社，2005.
[12] 塑料模具技术手册编委会. 塑料模具技术手册［M］. 北京：机械工业出版社，1999.
[13] 李忠文. 注塑机操作与调试技术［M］. 北京：化学工业出版社，2005.
[14] 张晓黎，李海梅. 塑料加工和模具专业英语［M］. 北京：化学工业出版社，2005.
[15] 刘晋春，等. 特种加工［M］. 北京：机械工业出版社，2004.
[16] 胡亚民. 塑料模具的设计与制造问答［M］. 北京：机械工业出版社，2005.
[17] 唐志玉，等. 塑料制品设计师指南［M］. 北京：国防工业出版社，1999.
[18] 奚永生. 塑料橡胶成型模具设计手册［M］. 北京：中国轻工业出版社，2000.
[19] 冯炳尧. 模具设计与制造简明手册（第二版）. 上海：上海科技出版社，2002.
[20] 全国模具标准化技术委员会秘书处. 模具技术标准应用［M］. 北京：机械工业出版社，1992.